山东省普通高等教育专升本入学考试公共课辅导丛书

（依据最新考试要求编写）

计算机复习指导

师大教育　组编

李 少 辉　编著

机 械 工 业 出 版 社

本书依据《中国高等院校计算机基础教育课程体系 2008》、教育部高等学校计算机科学与技术教学指导委员会编制的《关于进一步加强高等学校计算机基础教学的意见暨计算机基础课程教学基本要求（试行）》、山东省教育厅《关于加强普通高校计算机基础教学的意见》以及《山东省 2018 年普通高等教育专升本计算机（公共课）考试要求》进行编写，以适应当前山东省高校计算机公共基础课程教学的实际情况，满足了专升本考试要求有效增强考生使用计算机解决实际问题的意识，提高考生的计算思维能力和计算机应用能力。

本书可以帮助考生达到新时期计算机文化的基础层次：

（一）具备信息技术和计算机文化的基础知识，了解计算机系统的组成和各组成部分的功能。

（二）了解操作系统的基本知识，掌握 Windows 7 的基本操作和应用，熟练掌握信息采集、信息存储、信息传输和信息处理的常用方法。

（三）了解文字处理的基本知识，掌握 Word 2010 的基本操作和应用。

（四）了解电子表格软件的基本知识，掌握 Excel 2010 的基本操作和应用。

（五）了解演示文稿的基本知识，掌握 PowerPoint 2010 的基本操作和应用。

（六）了解数据库的基本知识及简单应用。

（七）了解计算机网络及 Internet 的初步知识，掌握 Internet 的简单运用。了解 HTML 的基本知识，会使用 Dreamweaver 制作网页。

（八）了解多媒体的基础知识，掌握常用多媒体软件的简单使用。

（九）了解网络信息安全的基本知识。

图书在版编目（CIP）数据

计算机复习指导/李少辉编著. —北京：机械工业出版社，2018.5

（山东省普通高等教育专升本入学考试公共课辅导丛书：依据最新考试要求编写）

ISBN 978-7-111-59753-7

Ⅰ.①计… Ⅱ.①李… Ⅲ.①电子计算机 – 成人高等教育 – 升学参考资料 Ⅳ.①TP3

中国版本图书馆 CIP 数据核字（2018）第 074414 号

机械工业出版社（北京市百万庄大街 22 号 邮政编码 100037）
策划编辑：张金奎 责任编辑：张金奎 王 荣 刘丽敏
责任校对：陈 越 封面设计：张 静
责任印制：孙 炜
北京玥实印刷有限公司印刷
2018 年 5 月第 1 版第 1 次印刷
184mm×260mm·17.75 印张·454 千字
标准书号：ISBN 978-7-111-59753-7
定价：39.80 元

凡购本书，如有缺页、倒页、脱页，由本社发行部调换

服务咨询热线：010-88379833

前　言

　　编者自 2004 年以来一直从事于山东省专升本公共课"计算机文化基础"的教学、研究和辅导工作，对该课程考点有较为深入的研究，最近三年年均辅导学生超 1 万人次，网络辅导超 24 万人次（截至 2018 年 3 月），辅导效果显著，受到广大考生的喜爱，被称为"山东专升本辉哥"。

　　本书是应广大考生的强烈要求，根据最新《山东省 2018 年普通高等教育专升本计算机（公共课）考试要求》（Windows 7 + Office 2010）在对编者多年积攒的辅导资料进行精心修订和编排的基础上编写而成。

　　本书由考试大纲要求的核心考点组成。每章考点均由知识点分析（含经典例题解析、你问我答等）、习题及参考答案组成。

　　本书是历年来山东省专升本计算机公共课考试的考生必备用书，年销量 5 万多册，被考生誉为此书在手，升本不愁。本书配合师大教育编写的《计算机文化基础试题库》和《计算机文化基础历年真题》使用效果更佳。

　　由于编者水平有限，时间紧迫，加之计算机技术日新月异，书中难免存在错漏之处，对此表示歉意，并恳请读者批评指正，请读者务必加入以下联系方式，编者将会定时发布最新的考试消息，读者如有问题也可以与编者互动。

　　微信号：huige20191314；微信公众号：lsh7802191314；腾讯课堂：http：//sdzsb. ke. qq. com；QQ 号：2860439327。

微信公众号：lsh7802191314

编者

目 录

第一章

计算机基础知识

本章主要考点如下：

数据和信息，信息社会，信息技术，"计算机文化"的内涵等基本知识。计算机的概念、起源、发展、特点、类型、应用及其发展趋势。

有关进制的相关概念，二、八、十、十六进制之间的相互转换。数值、字符（西文、汉字）在计算机中的表示，数据的表示和存储单位（位、字节、字）。

计算机硬件系统的组成和功能：CPU、存储器（ROM、RAM）以及常用的输入输出设备的功能。计算机软件系统的组成：系统软件和应用软件，程序设计语言（机器语言、汇编语言、高级语言）及语言处理程序的概念。微型计算机硬件配置及常见硬件设备。

 知识点分析

1. 信息和数据

信息是自然界、人类社会和人类思维活动中普遍存在的一切物质和事物的属性。

数据是指存储在某种媒体上可以加以鉴别的符号资料。

数据是信息的具体表现形式，是信息的载体，信息是对数据进行加工得到的结果。

在使用计算机处理信息时，必须将要处理的有关信息转换成计算机能识别的符号，信息的符号化就是数据，所以数据是信息的具体表现形式。

信息是具体的物理形式抽象出来的逻辑意义，而数据是信息的物理表示。

『经典例题解析』

1. 信息的符号就是数据，所以数据是信息的具体表示形式，信息是数据的（　　）。

A. 数据类型　　　　B. 数据表示范围　　　　C. 逻辑意义　　　　D. 编码形式

【答案】C。

【解析】信息是具体的物理形式抽象出来的逻辑意义，而数据是信息的物理表示。

2. 信息的符号化就是数据。（　　）

A. 正确　　　　B. 错误

【答案】B。

【解析】在使用计算机处理信息时，必须将要处理的有关信息转换成计算机能识别的符号，只有计算机能识别的那些符号，才被称为数据。

3. 信息是自然界、人类社会和人类思维活动中普遍存在的一切物质和事务的属性。（　　）

A. 正确　　　　B. 错误

【答案】A。

4. 信息的符号化就是数据，所以数据是信息的_____。

【答案】具体表现形式

【解析】数据是信息的具体表现形式，是信息的载体，信息是对数据进行加工得到的结果。

5. 简单地讲，信息技术是指人们获取、存储、传递、处理、开发和利用（　　）的相关技术。

　　A. 多媒体数据　　　　B. 信息资源　　　　C. 网络资源　　　　D. 科学知识

【答案】B。

6. 信息能够用来消除事物不确定性的因素。（　　）

　　A. 正确　　　　　　B. 错误

【答案】A。

2. 计算机文化

"计算机文化"的提法最早出现在 20 世纪 80 年代初，在瑞士洛桑召开的第三次世界计算机教育大会上。

『经典例题解析』

计算机文化是伴随着计算机的出现而出现的。（　　）

　　A. 正确　　　　　　B. 错误

【答案】B。

【解析】先有计算机后出现计算机文化，1946 年第一台真正意义上的计算机就诞生了，而 20 世纪 80 年代初才提出计算机文化的概念。

3. 计算机起源

世界上第一台真正意义上的计算机是 ENIAC（Electronic Numerical Integrator And Calculator），于 1946 年在美国宾夕法尼亚大学投入运行，采用十进制进行数据的存储。

『经典例题解析』

1. 世界上公认的第一台计算机是在（　　）年诞生的。

　　A. 1846　　　　　　B. 1864　　　　　　C. 1946　　　　　　D. 1964

【答案】C。

【解析】世界上第一台真正意义上的计算机是 ENIAC，于 1946 年在美国宾夕法尼亚大学投入运行。

2. 世界上第一台电子计算机是 1946 年在美国诞生的，该机的英文缩写为_____。

【答案】ENIAC。

4. 计算机发展

计算机按照采用元器件的不同可分为：

1）第一代（1946-1956）：电子管计算机，主要逻辑元件是电子管。

2）第二代（1956-1964）：晶体管计算机，主要逻辑元件是晶体管。

3）第三代（1964-1971）：集成电路计算机，主要逻辑元件是中小规模集成电路。

4）第四代（1971 至今）：超大规模集成电路计算机，主要逻辑元件是大规模或超大规模集成电路。

计算机的发展趋势：

1）巨型化（科技发展）：巨型化不是从计算机的体积上考量的，主要是指研制速度更快、存储量更大和功能更强的巨型计算机，用于国家的尖端科技领域。巨型计算机是衡量一个国家科学技术和工业发展水平的重要标志。

2）微型化（应用）：微型化主要是从应用上考虑的。将计算机的体积进一步缩小，以便于携带和方便使用。

3）网络化（共享）：实际上是对联网计算机的一次所有资源的全面共享。利用先进的算法，依据计算机系统的超强的处理能力，可以实现计算资源、存储资源等的共享。

4）智能化。

『经典例题解析』

1. 当前计算机正朝两级方向发展，即（   ）。

A. 专用机和通用机   B. 微型化和巨型化

C. 模拟机和数字机   D. 个人机和工作站

【答案】B。

2. 计算机发展的趋势是（   ）。

A. 巨型化   B. 微型化   C. 网络化   D. 智能化

【答案】ABCD。

3. 计算机的发展阶段通常是按计算机所采用的（   ）来划分的。

A. 内存容量   B. 物理器件   C. 程序设计语言   D. 操作系统

【答案】B。

4. 当前计算机正在向（   ）、网格化、智能化方向发展。

A. 巨型化   B. 硬件系统   C. 微型化   D. 软件系统

【答案】AC。

5. 20 世纪六七十年代产生了以中小规模集成电路为主的计算机。（   ）

A. 正确   B. 错误

【答案】A。

【解析】第三代集成电路也被称为中小规模集成电路。

6. 计算机的（   ）是与其他计算工具最重要的区别。

A. 存储性   B. 通用性   C. 高速性   D. 自动性

【答案】A。

【解析】其他计算工具如算盘、结绳计数法等无法完成数据的长期存储。

『你问我答』

问题一：计算机可以根据体积不同分为巨型机、大型机、小型机和微型机等。

答：错误。是根据性能指标的不同进行划分的。

问题二：微型计算机最早出现在哪一代计算机中？

答：第四代，微型计算机主要是民用。

问题三：在计算机产品中，我国的自主品牌有戴尔吗？

答：联想、海尔、浪潮等才是我国的自主品牌，戴尔是美国品牌。

5. 计算机的特点及分类

（1）计算机的特点：1）运算速度快；2）存储容量大；3）通用性强；4）工作自动化；5）精确度高；6）具有逻辑判断能力。

（2）计算机的分类

1）按处理对象分：模拟计算机、数字计算机、混合计算机。

2）按用途分：专用计算机、通用计算机。

3）按规模分：巨型机、大型机和中型机、小型计算机、微型计算机、工作站。

注意：计算机的规模由计算机的一些主要技术指标来衡量，如字长、运算速度、存储容量、输入和输出能力及价格高低等。

『经典例题解析』

1. 计算机的特点有运算速度快以及（　　）。

A. 安全性高、网络通信能力强　　　　B. 工作自动化、通用性强

C. 可靠性高、适应性强　　　　　　　D. 存储容量大、精确性高

【答案】BD。

2. 从计算机的用途上看，人们家里使用的普通计算机都是专用计算机。（　　）

A. 正确　　　　　　B. 错误

【答案】B。

3. 计算机的特点是存储容量大，运算精度低。（　　）

A. 正确　　　　　　B. 错误

【答案】B。

【解析】计算机的运算精度高。

『你问我答』

问题：数字计算机和混合计算机哪一种应用更广泛呢？

答：数字计算机。

6. 计算机的应用领域

计算机的应用领域：1）科学计算；2）信息管理；3）过程控制；4）计算机辅助系统；5）人工智能；6）计算机网络与通信；7）多媒体技术应用系统；8）嵌入式系统。

注意：计算机辅助系统有计算机辅助设计（CAD）、计算机辅助制造（CAM）、计算机辅助教育（CBE）、计算机辅助测试（CAT）和计算机集成制造系统（CIMS）。其中计算机辅助教育又包括计算机辅助教学（CAI）和计算机管理教学（CMI）。

『经典例题解析』

1. 某单位自行开发的工资管理系统，按计算机应用的类型划分，它属于（　　）。

A. 科学计算　　B. 辅助设计　　　　C. 数据处理　　　　D. 实时控制

【答案】C。

【解析】现代计算机的主要功能是信息管理也被称为数据处理。

2. 计算机的应用领域包括（　　）、计算机辅助系统和计算机网络与通信。

A. 高速运算、网络管理　　　　　　B. 科学计算、信息管理

C. 过程控制、人工智能　　　　　　D. 卫星发射、导弹控制

【答案】BC。

3. 计算机智能化是指计算机具有人的感觉和思维过程的能力，从而取代人的全部能力。（　　）

A. 正确　　　　　　　　B. 错误

【答案】B。

【解析】人工智能（AI）是研究、开发用于模拟、延伸和扩展人的智能的理论、方法、技术及应用系统的一门新的技术科学。人工智能是计算机科学的一个分支，它企图了解智能的实质，并生产出一种新的能以人类智能相似的方式做出反应的智能机器，该领域的研究包括机器人、语言识别、图像识别、自然语言处理和专家系统等。

4. 将计算机用于天气预报，是其在（　　）方面的主要应用。

A. 信息处理　　　　B. 数值计算　　　　C. 自动控制　　　　D. 人工智能

【答案】B。

【解析】科学计算（或数值计算）指利用计算机来完成科学研究和工程技术中提出的数学问题的计算。在现代科学技术工作中，科学计算问题是大量的和复杂的。利用计算机高速计算、大存储容量和连续运算能力，可以实现人工无法解决各种科学计算问题。

7. 存储程序的工作原理

冯·诺依曼的主要贡献是提出采用二进制进行数据的存储。

指令：计算机执行某种操作的命令，包括操作码和地址码两部分。操作码规定了操作的类型，地址码规定了要操作的数据存放在什么地址。

指令系统：所有指令的集合称为指令系统。

程序：一组排列有序的计算机指令的集合。将程序输入计算机并存储在外存储器中，控制器将程序读入内存储器并运行程序，控制其按照顺序取出存放在内存中的指令，然后分析指令、执行指令。

软件：软件就是程序、数据及其文档的集合，即软件 = 程序 + 文档。

『经典例题解析』

1. 计算机软件由（　　）组成。

A. 数据和程序　　　B. 程序和工具　　　C. 文档和程序　　　D. 工具和数据

【答案】C。

【解析】软件就是程序、数据及其文档的集合，即软件 = 程序 + （数据）文档。

2. 为解决某一特定问题而设计的指令序列称为（　　）。

A. 文档　　　　　　B. 语言　　　　　　C. 程序　　　　　　D. 系统

【答案】C。

3. 计算机中的指令和数据采用（　　）存储。

A. 十进制形式　　　B. 八进制形式　　　C. 十六制形式　　　D. 二进制形式

【答案】D。

4. 软件就是计算机运行时所需的程序。（　　）

A. 正确　　　　　　　　B. 错误

【答案】B。

5. 世界首次提出存储程序计算机体系结构的科学家是_____。

【答案】冯·诺依曼

【解析】1944 年，科学家冯·诺依曼提出了二进制与存储程序原理，奠定了现代计算机的理论基础。

6. 计算机指令中规定该指令执行功能的部分称为（　　）

A. 数据码　　　　B. 操作码　　　　C. 源地址码　　　　D. 目标地址码

【答案】B。

7. "程序存储和程序控制"思想是微型计算机的工作原理，对巨型机和大型机不适用。（　　）

A. 正确　　　　B. 错误

【答案】B。

8. 电子计算机自动地按照人们的意图进行工作的最基本思想是_____。

【答案】程序存储

9. 冯·诺依曼计算机工作原理的核心是（　　）和"程序控制"。

A. 顺序存储　　　　B. 存储程序　　　　C. 集中存储　　　　D. 运算存储分离

【答案】B

10. 计算机是通过执行（　　）所规定的各种指令来处理各种数据的。

A. 程序　　　　B. 数据　　　　C. CPU　　　　D. 运算器

【答案】A。

【解析】程序是一组排列有序的计算机指令的集合。将程序输入计算机并存储在外存储器中，控制器将程序读入内存储器并运行程序，控制其按照顺序取出存放在内存中的指令，然后分析指令、执行指令。

11. 指令是指示计算机执行某种操作的命令，它包括（　　）两部分。

A. 指令地址　　　　B. 操作码　　　　C. 地址码　　　　D. 寄存器地址

【答案】BC

8. 计算机硬件的基本组成

冯·诺依曼体系的计算机由五大部分组成：运算器、控制器、存储器、输入设备和输出设备。

运算器和控制器组成了 CPU，四大部分主要为 CPU、存储器、输入设备和输出设备。

CPU 和内存储器组成了主机，外存储器、输入设备、输出设备组成了外设，两大部分为主机和外设。

运算器由逻辑运算单元（ALU）、寄存器（和一些控制门）组成，能进行数学运算及逻辑运算。

控制器指挥计算机各部分协调工作。

『经典例题解析』

1. 一台完整的微型计算机是由存储器、输入设备、输出设备和（　　）组成的。

A. CPU　　　　B. 硬盘　　　　C. 键盘　　　　D. 光驱

【答案】A。

2. 冯·诺依曼（Von Neumann）提出的计算机系统结构规定计算机由运算器、（　　）、存储器、输入设备和输出设备五个基本部分组成。

A. 控制器　　　　　　B. 寄存器　　　　　　C. 指令译码器　　　　D. CPU

【答案】A。

3. 计算机硬件一般包括中央处理器和外部设备。（　　　）

A. 正确　　　　　　B. 错误

【答案】B。

4. 计算机中对数据进行加工与处理的部件，通常称为（　　　）。

A. 运算器　　　　　　B. 控制器　　　　　　C. 显示器　　　　　　D. 存储器

【答案】A。

5. 计算机的运算器由算术逻辑单元和累加器组成。（　　　）

A. 正确　　　　　　B. 错误

【答案】B。

6. 在计算机中，用来解释、执行程序中指令的部件是控制器。（　　　）

A. 正确　　　　　　B. 错误

【答案】A。

7. 冯·诺依曼（Von Neumann）提出的计算机体系结构决定了计算机硬件系统由输入设备、输出设备、运算器和（　　　）五个基本部分组成。

A. 主机　　　　　　B. 控制器　　　　　　C. 外部设备　　　　　　D. 存储器

【答案】BD。

9. 计算机软件的分类及各自特点

计算机软件由系统软件和应用软件组成。

系统软件：包括操作系统、系统支撑及其服务程序、数据库管理系统、语言处理程序等。

操作系统：如 DOS、OS/2、UNIX、XENIX、Linux、Windows、Netware 等。

系统支撑及其服务程序：又称为工具软件，如系统诊断程序、调试程序、排错程序、编辑程序、查杀病毒程序。

数据库管理系统：如 FoxBase、Access、SQLServer、Oracle、Sybase 等。

语言处理程序：如 Fortran、Delphi、C++、PB、VB、Java 等。

应用软件：为解决实际问题而编写的软件，如财务管理系统、Office 组件、Photoshop 等。

『经典例题解析』

1. 计算机系统由（　　　）。

A. 主机和系统软件组成　　　　　　　　B. 硬件系统和应用软件组成

C. 微处理器和软件系统组成　　　　　　D. 硬件系统和软件系统组成

【答案】D。

2. 下列属于系统软件的有（　　　）。

A. Windows 7　　　B. Windows XP　　　C. DOS　　　D. 浏览器

【答案】ABC。

【解析】浏览器属于应用软件。

3. 一个完整的计算机系统由（　　　）两大部分组成。

A. 主机　　　　　　B. 硬件系统　　　　　　C. 外部设备　　　　　　D. 软件系统

【答案】BD。

4. 软件是指使计算机运行所需的程序、数据和有关文档的总和，计算机软件通常分为（　　）两大类。

A. 系统软件　　　　B. 机器语言　　　　C. 高级语言　　　　D. 应用软件

【答案】AD。

5. 计算机中系统软件的核心是＿＿＿＿＿＿＿，它主要用来控制和管理计算机的所有软硬件资源。

【答案】操作系统。

【解析】系统软件包括操作系统、系统支撑及其服务程序、数据库管理系统和语言处理程序四类，其中操作系统（OS）主要用于控制和管理计算机的所有软硬件资源，它是最核心的系统软件。

6. 下列软件中（　　）是系统软件。

A. 用 C 语言编写的求解圆面积的程序　　　　B. UNIX

C. 用汇编语言编写的一个练习程序　　　　D. Windows

【答案】BD。

7. 用户可以通过（　　）软件对计算机软、硬件资源进行管理。

A. Windows 7　　　　B. Office　　　　C. VB　　　　D. VC

【答案】A。

8. 以下属于系统软件的是（　　）。

A. 杀毒软件　　　　B. 编译程序　　　　C. Office 2010　　　　D. 操作系统

【答案】BD。

9. 语言编译软件按分类来看是属于＿＿＿＿＿＿＿软件。

【答案】系统。

10. 软件是指使计算机运行所需的程序、数据和有关文档的总和。计算机软件通常分为（　　）两大类。

A. 高级语言和机器语言　　　　B. 硬盘文件和光盘文件

C. 可执行和不可执行　　　　D. 系统软件和应用软件

【答案】D。

11. 系统软件居于计算机系统中最靠近硬件的一层，它主要包括（　　）、数据库管理系统、系统支撑及其服务软件等。

A. 操作系统　　　　B. 语言处理程序　　　　C. 文字处理系统　　　　D. 电子表格软件

【答案】AB。

10. 程序设计语言及语言处理程序

程序语言的分类如下：

1）机器语言：计算机能直接识别并执行这种语言，效率高。

2）汇编语言：源程序与机器语言源程序相比，阅读和理解都比较方便，但计算机却无法识别和执行了。汇编程序的任务是将用汇编语言编写的源程序翻译成计算机能够直接理解并执行的机器语言程序，即目标程序。

机器语言、汇编语言被称为低级语言。

3）高级语言：用高级语言编写的程序称为高级语言源程序，计算机也不能理解和执行，需要编译程序或解释程序。编译程序是将用高级程序设计语言书写的源程序，翻译成等价的机器语言表示的目标程序的翻译程序；解释程序是高级语言书写的源程序作为输入，解释一句后就提交计算机执行一句，并不形成目标程序。

『经典例题解析』

1. 计算机语言的发展经历了（　　）三个发展阶段。

A. 机器语言、Basic 语言和 C 语言

B. 二进制代码语言、机器语言和 FORTRAN 语言

C. 机器语言、汇编语言和高级语言

D. 机器语言、汇编语言和 C＋＋语言

【答案】C。

2. 计算机能直接执行（　　）。

A. 英语程序　　　　B. 机器语言程序　　　　C. 十进制程序　　　　D. 高级语言源程序

【答案】B。

3. （　　）语言是用助记符代替操作码、地址符号代替操作数的面向机器的语言。

A. FORTRAN　　　B. 汇编　　　　　　C. 机器　　　　　　D. 高级

【答案】B。

4. 将高级语言翻译成机器语言的方式有（　　）两种。

A. 图像处理　　　　B. 文字处理　　　　C. 解释　　　　　　D. 编译

【答案】CD。

5. 将汇编语言源程序转换成等价的目标程序的过程称为_____。

【答案】汇编。

6. 机器语言中每一个语句又称为_____。

【答案】指令。

7. 计算机能够直接识别或执行的语言是_____。

【答案】机器语言。

8. 机器语言中的每个语句（称为指令）都是（　　）的指令代码。

A. 十进制形式　　　　　　　　　　　B. 八进制形式

C. 十六进制形式　　　　　　　　　　D. 二进制形式

【答案】D。

9. 程序设计语言可以分为三类：机器语言和（　　）。

A. 逻辑语言　　　　B. 汇编语言　　　　C. 高级语言　　　　D. 描述语言

【答案】BC。

11. 字、字节和位

（1）计算机中数据的单位

位（bit）是最小的存储单位；字节（Byte）是基本的存储单位，一个字节由 8 位组成。

$1B = 8bit$；$1KB = 1024B$；$1MB = 1024KB = 2^{20}B$；$1GB = 1024MB = 2^{30}B$；$1TB = 1024GB = 2^{40}B$。

字（Word）：CPU 一次存取、加工和传送的数据称为一个字。该字的二进制位数称为字长。字长是衡量计算机性能的重要指标：字长越长，速度越快，精度越高。常见的字长有 8

位、16 位、32 位、64 位。字长与 CPU 的型号有关。

（2）计算机中数值的表示

计算机中，所有的数据都以二进制表示。数的正负用 0、1 表示：0 正 1 负，符号位放在左边最高位，一般占一位。

机器数：将数据的符号数码化后得到的表示形式。

真值：机器数对应的由正负号表示的数。

『经典例题解析』

1. 存储容量 1GB 等于（　　）。

A. 1024B　　　　B. 1024KB　　　　C. 1024MB　　　　D. 1000MB

【答案】C。

2. 12 位二进制数对颜色进行编码，最多可以表示（　　）种颜色。

A. 1024　　　　B. 256　　　　C. 65535　　　　D. 4096

【答案】D。

3. 存储容量 1TB 等于（　　）。

A. 1024KB　　　　B. 1024MB　　　　C. 1024GB　　　　D. 2048MB

【答案】C。

4. 一个字节（Byte）占_____个二进制位。

【答案】8。

5. 在计算机内部，所有信息都是以（　　）表示的。

A. ASCII 码　　　　B. 机内码　　　　C. 十六进制　　　　D. 二进制

【答案】D。

6. 在计算机系统中，1MB = _____KB。

【答案】1024。

7. 通常规定一个数的_____作为符号位，"0"表示正，"1"表示负。

【答案】最高位。

【解析】数的正负用 0、1 表示：0 正 1 负，符号位放在左边最高位，一般占一位。

8. 字长是指计算机一次所能处理的（　　），字长是衡量计算性能的一个重要指标。

A. 字符个数　　　　B. 十进制位长度　　　　C. 二进制位长度　　　　D. 小数位数

【答案】C。

『你问我答』

问题一：计算机中的浮点数与定点数分别指的是什么？

答：定点数指小数点在数中的位置是固定不变的，通常有定点整数和定点小数。在对小数点位置做出选择之后，运算中的所有数均应统一为定点整数或定点小数，在运算中不再考虑小数问题。

浮点数中，小数点的位置是不固定的，用阶码和尾数来表示。通常尾数为纯小数，阶码为整数，尾数和阶码均为带符号数。尾数的符号表示数的正负，阶码的符号则表明小数点的实际位置。

问题二：已知一补码 10000101，求其真值的二进制表示。

答：补码为 10000101，反码为 10000100，原码为 11111011，真值为 –1111011。

问题三：16 个二进制位可表示的整数范围是 –32768 ~ 32767，0 ~ 65535，这是怎么得到的？

答：如果是无符号数，那么范围为 $0 \sim 2^{16} - 1$，即 $0 \sim 65535$；如果是有符号数，那么范围为 $-2^{15} \sim 2^{15} - 1$，即 $-32768 \sim 32767$。

问题四：在计算机内，一切被计算机部件传送、存放、运算的对象都是二进制数码的形式，计算机中的数据单位有（　　）。

A. bit　　　　　　　B. byte　　　　　　　C. data　　　　　　　D. word

答：计算机中数据的单位：位（bit）是最小的存储单位；字节（Byte）是基本的存储单位；字（word）是一次存取、加工和传送的数据。

问题五：16 色，420×300 像素的位图为多少字节？

答：记录每个 16 色的像素需要 4 位，一个字节由 8 位组成，所以答案是 $420 \times 300 \times 4/8$ 字节 $=63000$ 字节。

问题六：在计算机中一个字节可表示（ACD）

A. 二位十六进制数　　　　　　　　　　B. 四位十进制数

C. 一个 ASCII 码　　　　　　　　　　D. 256 种状态

答案 A 项是否错了？

答：A 项正确，二位十六进制数最大为 FF（十进制 255）。

问题七：计算机处理数据时，CPU 通过数据总线一次存取、加工和传输的数据称为什么？有的资料答案是字，有的资料答案是数据信息。字和数据信息有什么区别吗？

答：是字，字和数据信息没有关系。

问题八："微处理器的数据单位是字，一个字的长度通常与微处理器的芯片型号有关。"这句话对吗？如果不对该怎么说？

答：对。常见的字长有 8 位、16 位、32 位、64 位。

问题九：计算机"字"的长度等于两个字节，这句话什么意思？

答：一个字节占 8 个二进制位，而一个"汉字"的机内码占连续的两个字节，这里的字长指的是 CPU 一次能够加工处理的二进制的位数，所以这句话不对。

问题十：-127 的补码是多少？

答：原码为 11111111，反码为 10000000，补码为 10000001。

12. 不同进制数的表示

进位计数制：用进位的方法进行计数，简称进制。常用的有二进制、八进制、十六进制、十进制。

数码：一组用于表示某种数制的符号。

基数：进制中数码的个数（2、8、16、10）。

位权：数码在不同的位置上有不同的权值。

进制特点：

1）二进制：逢二进一、借一当二。

2）八进制：逢八进一、借一当八。

3）十六进制：逢十六进一、借一当十六。

『经典例题解析』

1. 某种数制每位上所使用的数码个数称为该数制的（　　）。

A. 基数　　　　　　B. 位权　　　　　　C. 数值　　　　　　D. 指数

【答案】A。

2. 下列四个无符号十进制数中，能用八位二进制表示的是（　　）。

A. 256　　　　　　B. 299　　　　　　C. 199　　　　　　D. 312

【答案】C。

【解析】八位二进制表示的范围为 00000000 ~ 11111111，即 0 ~ 255。

『你问我答』

问题一：与十六进制数 AB 等值的二进制数是（　　）

A. $1.0101e + 007$　　B. $1.0101e - 007$　　C. $1.0111e + 007$　　D. $1.0111e - 007$

答：A。ABH = 10101011B，如用科学计数法应为 $1.0101011e + 007$。

问题二：二进制的十进制的编码指的是 BCD 码吗？BCD 码是什么？

答：用 4 位二进制数来表示 1 位十进制数中的 0 ~ 9 这 10 个数码，简称 BCD 码，也称 8421 码。

问题三：下列说法正确的是（　　）。

A. 任何二进制数都可用十进制数来准确表示

B. 任何二进制小数都可用十进制小数来准确表示

C. 任何十进制整数都可用二进制整数来准确表示

D. 任何十进制小数都可用二进制小数来准确表示

答：ABC。D 错误的原因是十进制小数采用乘 2 取整法，如 0.3 等数就无法准确进行运算。

13. 不同进制数间的相互转换

（1）任意进制转为十进制

按权展开即可。

（2）十进制转为其他进制

10→2：整数部分除 2 取余，倒序排列；小数部分乘 2 取整，正序排列，合并两部分即可。

10→8：先转二进制，再以小数点为左右起点，三位一组，缺位补 0，按 2—8 对应关系转换。

10→16：先转二进制，再以小数点为左右起点，四位一组，缺位补 0，按 2—16 对应关系转换。

注意：如十进制数非常大，且要转化为八进制或十六进制，为减少计算量，可利用整数部分除 8 或 16 取余法，小数部分乘 8 或 16 取整法。

『经典例题解析』

1. 与十进制数 291 等值的十六进制数为（　　）。

A. 123　　　　　　B. 213　　　　　　C. 231　　　　　　D. 132

【答案】A。

2. 下列各数制的数中，最大的数是（　　）。

A. $(231)_{10}$　　B. $(F5)_{16}$　　C. $(375)_8$　　D. $(11011011)_2$

【答案】C。

【解析】把它们统一转换成相同的进制可以方便地比较各选项间的大小。各选项分别转化为十进制：A 为 231，B 为 245，C 为 253，D 为 219，所以答案为 C。

3. 与十六进制数 B5 等值的二进制数是（　　）。

A. 10101010　　　B. 10101011　　　C. 10110101　　　D. 10110011

【答案】C。

4. 下列四组数依次为二进制、八进制和十六进制，不符合要求的是（　　）。

A. 11，78，19　　　　　　　　　B. 10，77，1A

C. 12，80，FF　　　　　　　　　D. 11，77，1B

【答案】AC。

5. 二进制数 1101101.10101 转换成十六进制数是_____，转换成十进制数是_____。

【答案】6D. A8，109.65625。

【解析】除传统方法外，考生还可以尝试其他简便方法。

（1）二进制转十进制

64　32　16　8　4　2　1　0.5　0.25　0.125　0.0625　0.03125

1　1　0　1　1　0　1. 1　0　1　0　1

如上所示，将二进制数与相应权数对应排开，将二进制位的位置取其权数相加，即可得到需要的十进制结果，即 $64 + 32 + 8 + 4 + 1 + 0.5 + 0.125 + 0.03125 = 109.65625$。

（2）二进制转十六进制

以小数点作起点，以 4 位为一单元分别向左和向右进行切割，不足 4 位时分别补 0 凑足 4 位；然后将每个单元分别对应转换成十六进制数，如下所示，6D. A8 即为所得结果。

0110　1101　1010　1000

6　D　A　8

6. 二进制数 111011 转换成八进制为_____。

【答案】73。

【解析】使用二进制数转换成八进制数的分组转换法，111 为一组，011 为一组，分别转换成八进制的 7 和 3。

7. 二进制数 1011.11 的等值十进制数为_____。

【答案】11.75。

【解析】$(1011.11)_2 = 1 \times 2^0 + 1 \times 2^1 + 0 \times 2^2 + 1 \times 2^3 + 1 \times 2^{-1} + 1 \times 2^{-2} = 11.75$。

8. 十进制数 0.6875 转换为二进制数为_____。

【答案】0.1011。

9. 已知 $a = (111101)_2$，$b = (3C)_{16}$，$c = (64)_{10}$，则不等式（　　）成立。

A. a < b < c　　　B. b < a < c　　　C. b < c < a　　　D. c < b < a

【答案】B。

【解析】$a = (111101)_2 = 61$，$b = (3C)_{16} = 60$。

10. 二进制数 110110.11 等值的八进制数是_____。

【答案】66.6。

11. 将八进制数 56 转化为二进制数为_____。

【答案】101110。

14. 各种进制数的运算规则

（1）算术运算（加减乘除）

加：$0+0=0$；$0+1=1$；$1+0=1$；$1+1=10$（进位）

减：$0-0=0$；$0-1=1$（借位）；$1-0=1$；$1-1=0$

乘：$0 \times i=0$（$i=0/1$）；$1 \times 1=1$

除：$0/1=0$；$1/1=1$（0 不能作除数）

（2）逻辑运算（与、或、非、异或）

AND：$0 \wedge i=0$（$i=0/1$）；$1 \wedge 1=1$

OR：$1 \vee i=1$；$0 \vee 0=0$

NOT：$\sim 1=0$；$\sim 0=1$

XOR：$i \oplus i=0$；$i \oplus \sim i=1$（相同为 0，不同为 1）

『经典例题解析』

1. 执行下列二进制逻辑乘法运算（即逻辑与运算）$01011001 \wedge 10100111$，其运算结果是（　　）。

A. 00000000　　　　B. 11111111　　　　C. 00000001　　　　D. 11111110

【答案】C。

【解析】此题可以分别使用最高位，最低位分别"与"运算，采用排除法就可以了。

2. 执行逻辑与运算 $10101110 \wedge 10110001$，其运算结果为_____。

【答案】10100000。

【解析】
```
  10101110
∧ 10110001
  10100000
```

3. 执行运算 $01010100+01010011$，其运算结果为_____。

【答案】10100111。

【解析】
```
   01010100
 + 01010011
   10100111
```

4. 将二进制数"或"运算，$01010100 \vee 10010011$，其运算结果是_____。

【答案】11010111。

【解析】运算规则为只要有一个为 1，运算结果就为 1。

『你问我答』

问题：十六进制数 1AB 与 1B6 不转化成其他数制，如何计算相加？

答：采用逢十六进 1 法，$1AB+1B6=361$。

15. ASCII 码

ASCII 码是国际标准，是通用的信息交换标准代码，是目前采用的主要字符编码。

标准 ASCII 码只用右侧 7 位，最高位补 0，可表示 128 个不同字符，包括：数字 0~9、26 个大写字母、26 个小写字母、各种标点符号、运算符号、控制命令符号等。

注意："A"的 ASCII 码是 41H（十进制：65），"a"的 ASCII 码是 61H（十进制：97），两者相差 20H（十进制：32）；"0"的 ASCII 码是：30H（十进制：48）。

『经典例题解析』

1. 7 位标准 ASCII 码，用一个字节表示一个字符，并规定其（　　）。

A. 最高位为 1　　　　B. 最高位为 0　　　　C. 最低位为 1　　　　D. 最低位为 0

【答案】B。

2. ASCII 码在计算机中的表示方式为 1 个字节。（　　）

A. 正确　　　　　　B. 错误

【答案】A。

3. 按对应的 ASCII 码比较，"F"比"Q"＿＿＿＿＿＿＿。

【答案】小。

4. ASCII 码表中字符"C"的编码为 1000011，则字符"G"的编码为＿＿＿＿＿＿＿。

【答案】1000111。

5. 计算机中的字符，一般采用 ASCII 码编码方案。若已知"H"的 ASCII 码为 48H，则可能推断出"J"的 ASCII 码为 50H。（　　）

A. 正确　　　　　　B. 错误

【答案】B。

【解析】H 表示十六进制，"H"的 ASCII 码值为 48H，则，"I"为 49H，"J"为 4AH。

『你问我答』

问题一：已知"K"的 ASCII 码的十六进制是 4BH，则二进制数 01001000 的对应字符是什么？

答：二进制数 01001000 转化为十六进制是 48H，K 的 ASCII 码的十六进制是 4BH，根据英文字符顺序可知二进制数 01001000 的对应字符为"H"。

问题二："N"的 ASCII 码为 4EH，由此可推算出 ASCII 码为 01001010B 所对应的字符是什么？

答：解析如问题一，此题考点为二进制到十六进制之间的转化关系和字符编码顺序。

问题三：下列字符对应的 ASCII 码值最小的是？（　　）

A. 空格　　　　　　B. e　　　　　　　　C. T　　　　　　　　D. 7

答：空格为 32。

16. 汉字编码

（1）汉字交换码

用连续两个字节表示一个汉字。

GB 2312—1980，称为国标码，收录了 6763 个汉字以及 682 个符号，共计 7445 个字符。

GBK18030，基于 GB 2312—1980 进行了扩展，收录 27484 个汉字。

（2）汉字机内码

国标码不能直接应用于计算机，因为它没有考虑同 ASCII 码的冲突。修改方法：将国标码的两个字节的最高位改为 1，即改为机内码。

机内码是计算机内部处理汉字信息时所用的汉字代码，是真正的计算机内部用来存储、加工和处理汉字信息的代码。

（3）字形码

字形码是用来将汉字显示到屏幕上或者打印到纸上所需的图形数据。字形码记录汉字的外形，是汉字的输出形式。汉字字形的表示有两种方式：点阵法和矢量法。

常用点阵：16×16、24×24 、32×32。

例如，一个 32×32 点阵的汉字要占用 $32 \times 32/8$ 字节 $=128$ 字节的存储空间。

（4）汉字输入码

汉字输入码是将汉字通过键盘输入到计算机采用的代码，分为流水码（顺序码）、音码、形码、音形结合码。

智能 ABC、微软拼音为音码，重码较多，输入较慢；五笔字型为形码，有重码，但重码较少，输入速度较快，不易掌握。

流水码的编码同汉字之间没有意义上的相连，仅是硬性地给一个汉字一个编码。没有重码现象，但是较难记忆。

『经典例题解析』

1. 汉字系统中的汉字字库里存放的是汉字的？（　　）。

A. 机内码　　　　　　B. 输入码　　　　　　C. 字形码　　　　　　D. 国标码

【答案】A。

2. 用于在计算机内部存储、处理汉字的编码称为汉字（　　）。

A. 交换码　　　　　　B. 机内码　　　　　　C. 字形码　　　　　　D. 输入码

【答案】B。

3. 国际码 GB 2312—1980 是国家制订的汉字_____标准。

【答案】交换码。

4. 存储一个汉字的内码需要_____字节。

【答案】2。

17. CPU

CPU 主要生产商有 Intel 公司和 AMD 公司。

CPU 可以直接访问的存储器是内存储器，外存储器中的数据必须被调入内存中才能被 CPU 所执行。

『经典例题解析』

1. 微处理器是将运算器、（　　）、高速内部缓存集成在一起的超大规模集成电路芯片，是计算机中最重要的核心部件。

A. 系统总线　　　　B. 控制器　　　　　　C. 对外接口　　　　　D. 指令寄存器

【答案】B。

2. 微型计算机系统中的中央处理器通常是指（　　）。

A. 控制器和运算器　　　　　　　　　　B. 内存储器和运算器

C. 内存储器和控制器　　　　　　　　　D. 内存储器、控制器和运算器

【答案】A。

3. CPU 是由计算机的_____和_____两部分组成的。

【答案】控制器、运算器。

4. 关于 CPU，以下说法正确的是（　　）。

A. CPU 是中央处理器的简称   B. PC 的 CPU 也称为微处理器

C. CPU 可以代替存储器   D. CPU 由运算器和存储器组成

【答案】AB。

5. 微处理器是将（   ）和高速内部缓存集成在一起的超大规模集成电路芯片，是计算机中最重要的核心部件。

A. 系统总线   B. 控制器   C. 对外接口   D. 运算器

【答案】BD。

6. 微处理器是将运算器、控制器、高速内部缓存集成在一起的超大规模集成电路芯片，没有它计算机也可以工作。（   ）

A. 正确   B. 错误

【答案】B。

7. 某微机标明 PIV3.2GHz，其中 PIV 的含义是（   ）。

A. CPU 的类型   B. CPU 的速度   C. CPU 的容量   D. CPU 的功能

【答案】A。

【解析】Intel 公司领导着 CPU 的世界潮流，从 286、386、486、Pentium、Pentium Ⅱ、Pentium Ⅲ 到现在主流的 Pentium I8。

AMD 公司的产品现在已经形成了以 Athlon XP 及 Duron 为核心的一系列产品。

VIA Cyrix Ⅲ（C3）处理器是由威盛公司生产的。

18. 存储器

存储器分为两大类：内存储器和外存储器。内存储器又称为主存储器，外存储器又称为辅助存储器。

内存储器分为 ROM、RAM 和 Cache。

外存储器分为磁表面存储器、光表面存储器、半导体存储器。

磁表面储存器有软盘、硬盘；光表面储存器有光盘（包括 CD-ROM、DVD 等）；半导体储存器有闪存（U 盘等）。

『经典例题解析』

1. 计算机工作时，需首先将程序读入（   ）中，控制器按指令地址从中取出指令（按地址顺序访问指令），然后分析指令、执行指令的功能。

A. 运算机   B. 高速缓冲存储器   C. 内存储器   D. 硬盘

【答案】C。

2. 计算机工作时突然电源中断，则计算机（   ）将全部丢失，再次通电后也不能恢复。

A. 软盘中的信息   B. RAM 中的信息   C. 硬盘中的信息   D. ROM 中的信息

【答案】B。

3. ROM 是指（   ）。

A. 光盘存储器   B. 磁介质表面存储器

C. 随机存取存储器   D. 只读存储器

【答案】D。

4. 存储器是计算机中重要的设备，下列关于存储器的叙述中，正确的是（   ）。

A. 存储器分为外存储器和内存储器

B. 用户的数据几乎全部保存在硬盘上，所以硬盘是唯一外存储器

C. RAM 是指随机存储器，通电时存储器的内容可以保存，断电内容就丢失

D. ROM 是只读存储器，只能读出原有的内容，不能由用户再写入新内容

【答案】ACD。

5. 微机中的内存一般指高速缓冲存储器。（   ）

A. 正确　　　　　　　B. 错误

【答案】B。

6. 配置高速缓冲存储器（Cache）是为了解决（   ）。

A. 内存与外存之间速度不匹配的问题　　B. CPU 与外存之间速度不匹配的问题

C. CPU 与内存之间速度不匹配的问题　　D. 主机与外设之间速度不匹配的问题

【答案】C。

7. RAM 中的数据并不会因关机或断电而丢失。（   ）

A. 正确　　　　　　　B. 错误

【答案】B。

8. 微型计算机存储器系统中的 Cache 是（   ）。

A. 只读存储器　　　　　　　　　　B. 高速缓冲存储器

C. 可编程只读存储器　　　　　　　D. 可擦除可再编程只读存储器

【答案】B。

9. 下列说法中，错误的是（   ）。

A. 每个磁道的容量是与其圆周长度成正比的

B. 每个磁道的容量与其圆周长度不成正比

C. 磁盘驱动器兼具输入和输出的功能

D. 软盘驱动器属于主机，而软盘片属于外设

【答案】AD。

【解析】存储容量采用电磁原理和圆周体积等大小无关。

10. PC 性能指标中的内存容量一般指的是 RAM 和 ROM。（   ）

A. 正确　　　　　　　B. 错误

【答案】A。

11. 主存储器多由半导体存储器组成，按读写特性可以分为（   ）。

A. ROM 和 RAM　　B. 高速和低速　　C. Cache 和 RAM　　D. RAM 和 BIOS

【答案】A。

【解析】读写特性就是可读可写问题，ROM 为只读存储器，RAM 为随机存储器。

12. 使用 Cache 可以提高计算机运行速度，这是因为（   ）。

A. Cache 增大了内存的容量　　　　　B. Cache 扩大了硬盘的容量

C. Cache 缩短了 CPU 的等待时间　　　D. Cache 可以存放程序和数据

【答案】C。

【解析】Cache 是用于缓解主存和 CPU 之间的速度差异而设置的高速缓存。

『你问我答』

问题一：有关 Cache 的说法中，正确的是（   ）。

A. Cache 是在硬盘上的一块区域

B. Cache 不能与中央处理器直接交换信息

C. Cache 不能与内存直接交换信息

D. Cache 是速度介于主存和 CPU 之间的高速小容量存储器

答：D。

问题二：需要长期保存的数据或程序只能存放在外存储器中。那内存储器中的 ROM 是空的？不是说 ROM 有数据和程序？

答：外存储器中数据可以长期保存，内存储器中的数据通常存在 RAM 中，ROM 中的数据是厂家写入的。

问题三：微型计算机中的主存通常采用半导体存储器物质。"半导体存储器"是什么物质？

答：半导体就是我们通常说的电路。

问题四：计算机的内存中每个基本存储单元都被赋予一个唯一的序号，此序号称为（　　　）。

A. 地址　　　　　　B. 编号　　　　　　C. 字节　　　　　　D. 容量

答：A。

问题五：指令和数据在计算机中都是以区位码的形式储存的，对吗？

答：错。应为二进制代码。

问题六："内存中只有程序和数据"这句话对吗？

答：对。

问题七：ROM 算不算内存？

答：内存的一部分。

问题八：内存不能与硬盘直接交换数据，这样说对吗？如果不对该怎么说？

答：不对。外存必须调入内存才能被 CPU 所访问。

问题九：运行程序时如果内存容量不够，可以通过增加内存来解决，对吗？

答：错，通过虚拟内存。

问题十：计算机要运行磁盘上的程序时，应把程序文件读入到 RAM 还是 ROM？

答：读入 RAM，再被 CPU 处理。

问题十一：计算机要运行某个程序都必须将其调入 RAM 中才能运行，对吗？

答：对。

19. 显示系统

显示系统由显示器和显示适配器组成，主要特性有显示分辨率、颜色质量、刷新速度。

显示器分类：阴极射线管（CRT）、显示器、液晶显示器（LCD）、等离子显示器。

分辨率的单位是像素。

颜色主要有：8 位、16 位、24 位、32 位。

例如，一副 120×80 像素的 24 位真彩色图像，所占用得存储空间为 28800 字节（$120 \times 80 \times 24/8 = 28800$）。

『经典例题解析』

1. 显示器显示图像的清晰程度，主要取决于显示器的（　　）。

A. 显示区域　　　　B. 分辨率　　　　　　C. 形状　　　　　　D. 电磁辐射

【答案】B。

2. 计算机的显示系统指的就是显示器。（　　）

A. 正确　　　　　　B. 错误

【答案】B。

3. CRT 显示器的分辨率一般不能随便调整。（　　）

A. 正确　　　　　　B. 错误

【答案】A。

『你问我答』

问题一：显示器的像素越高，分辨率越高，显示的字符或图像就越清晰、逼真。这句话错在哪里？

答：是分辨率越高，显示器的像素点越多。

问题二：分辨率一般不能调整，这只是针对 CRT 显示器来说的吗？

答：CRT 显示器、LCD 通用。

问题三：假如一个显示器的颜色质量为 256 色，那么一个像素用多少字节表示？请给出解答过程。

答：$256 = 2^8$，8 个二进制位等于一个字节，所以 256 色是用一字节表示一个像素。

20. 总线

总线（Bus）是计算机各种功能部件之间传送信息的公共通信干线，按照计算机所传输的信息种类，计算机的总线可以划分为数据总线、地址总线和控制总线，分别用来传输数据、数据地址和控制信号。

PCI 总线（32 位，可扩至 64 位）。

AGP 总线：加速图形端口。

USB：通用串行总线。

IEEE 1394 总线：是一种串行接口标准，是目前最快的高速外部串行总线。

『经典例题解析』

1. 计算机中地址的概念是内存储器各存储单元的编号，现有一个 32KB 的存储器，用十六进制数对它的地址进行编码，则编号可从 0000H 到（　　）H。

A. 32767　　　　　B. 7FFF　　　　　　C. 8000　　　　　　D. 8EEE

【答案】B。

2. 微型计算机的系统总线是 CPU 与其他部件之间传送（　　）信息的公共通道。

A. 输入、输出、运算　　　　　　　　B. 输入、输出、控制

C. 程序、数据、运算　　　　　　　　D. 数据、地址、控制

【答案】D。

3. 计算机与不同类型的打印机连接，可能用到的接口包括（　　）。

A. 并行接口　　　　B. PS/2　　　　　　C. 视频接口　　　　D. USB 接口

【答案】AD。

4. CPU 与其他部件之间的联系是通过（　　）实现的。

A. 控制总线　　　　B. 外部总线　　　　C. 内部总线　　　　D. 地址总线和数据总线

【答案】AD。

5. 按照总线上传输信息类型的不同，总线可分为多种类型，以下属于总线的是（　　）。

A. 交换总线　　　　B. 地址总线　　　　C. 数据总线　　　　D. 运输总线

【答案】BC。

6. 微型计算机采用总线结构连接 CPU、内存储器和外部设备。总线由三部分组成，它包括数据总线、地址总线和控制总线。（　　）

A. 正确　　　　　　B. 错误

【答案】A。

7. CPU 与其他部件之间的联系是通过（　　）实现的。

A. 控制总线　　　　　　　　　　B. 数据、地址和控制总线三者

C. 数据总线　　　　　　　　　　D. 地址总线

【答案】B。

21. 主板

主板是微机中最大的一块电路板，又叫主机板、系统板或母板；它安装在机箱内，是微机最基本的也是最重要的部件之一。主板上面安装了组成计算机的主要电路系统，有 BIOS 芯片等元件。

BIOS 芯片：是一块 ROM 存储器，里面存有与该主板搭配的基本输入输出系统程序。它能够让主板识别各种硬件，还可以设置引导系统的设备、调整 CPU 外频等。

芯片组是主板的灵魂，决定了主板所能够支持的功能。

『经典例题解析』

1. 主板是微型计算机系统中最大的一块电路板，它需要插到插槽中才能工作。（　　）

A. 正确　　　　　　B. 错误

【答案】B。

2. 主板上 CMOS 芯片的主要用途是（　　）。

A. 管理内存与 CPU 的通信

B. 增加内存的容量

C. 储存时间、日期、硬盘参数与计算机配置信息

D. 存放基本输入输出系统程序、引导程序和自检程序

【答案】C。

『你问我答』

问题：芯片的作用是什么？

答：芯片就是 IC，泛指所有的电子元器件，是在硅板上集合多种电子元器件实现某种特定功能的电路模块。它是电子设备中最重要的部分，承担着运算和存储的功能。

22. 磁盘驱动器与磁盘

磁盘驱动器分为硬盘驱动器、软盘驱动器和光盘驱动器三种。

磁盘驱动器既能将存储在磁盘上的信息读进内存中，又能将内存中的信息写到磁盘上。

因此，认为它既是输入设备，又是输出设备。

『经典例题解析』

1. 下列既具有数据输入功能的同时又具有数据输出功能的设备是（　　　）。

A. U盘　　　　　　　B. 扫描仪　　　　　C. 磁盘存储器　　　D. 音响设备

【答案】C。

【解析】既是输入设备，又是输出设备的是磁盘驱动器和磁带机。

2. 磁盘是一种输入输出设备。（　　　）

A. 正确　　　　　　　B. 错误

【答案】B。

【解析】磁盘是采用磁性存储介质的存储器。

3. 从信息的输入输出角度来说，磁盘驱动器和磁带机既可以看作输入设备，又可以看作输出设备。（　　　）

A. 正确　　　　　　　B. 错误

【答案】A。

『你问我答』

问题一：下列说法正确的是（　　　）。

A. 任何存储器都有记忆能力，保存在其中的信息计算机断电后也不会丢失

B. 所有存储器只有当电源电压正常时才能存储信息

C. 计算机的主频越高，运算速度越快

D. 显示器的像素越多，分辨率越高，显示的字符或图像就越清晰、逼真

答案选的A肯定是不对的，但CD选项我不会判断了，望老师解答。

答：C。

问题二：一片存储容量是1.44MB的软磁盘，可以存储大约140万个_____。

答案是ASCII字符，怎么算的啊？

答：一个字符占一个字节，MB大约是百万个，所以大约140万。

23. 输入、输出设备

输入设备：包括键盘、鼠标、扫描仪、光笔、手写板、数字化仪、条形码阅读器、数码相机、触摸屏、模-数（A-D）转换器、话筒等。

输出设备：包括显示器、打印机、绘图仪、声音系统（音响）、数-模（D-A）转换器等。

磁盘驱动器和磁带机既属于输入设备也属于输出设备。

打印机：分为点阵打印机（针式打印机）、喷墨式打印机和激光打印机等。

『经典例题解析』

1. 下列外部设备中，属于输入设备的是（　　　）。

A. 鼠标　　　　　　　B. 扫描仪　　　　　C. 显示器　　　　　D. 麦克风

【答案】ABD。

2. （　　　）既是输入设备又是输出设备。

A. 键盘　　　　　　　B. 打印机　　　　　C. 磁盘驱动器　　　D. 鼠标

【答案】C。

3. 输入设备是将原始信息转化为计算机能接收的（　　），以便计算机能够处理的设备。

A. 二进制数　　　　B. 八进制数　　　　C. 十六进制数　　　　D. 十进制数

【答案】A

4. 下列关于打印机的描述中，（　　）是正确的。

A. 喷墨打印机是非击打式打印机　　　　B. LQ-1600K 是激光打印机

C. 激光打印机是页式打印机　　　　D. 分辨率最高的打印机是针式打印机

【答案】AC。

5. 下列一组设备包括输入设备、输出设备和存储设备的是（　　）。

A. CRT、CPU、ROM　　　　B. 磁盘、鼠标、键盘

C. 鼠标、绘图仪、光盘　　　　D. 磁带打印机、激光打印机

【答案】C。

【解析】鼠标是输入设备，绘图仪是输出设备，光盘是存储设备。

6. 计算机与不同类型的打印机连接，可能用到的接口包括（　　）。

A. 并行接口　　　　B. PS/2　　　　C. 视频接口　　　　D. USB 接口

【答案】AD。

【解析】PS/2 是鼠标、键盘接口；视频接口是连接视频设备的。

『你问我答』

问题一：安装打印机不一定安装打印机驱动程序，对吗？

答：不对，打印机属于即插即用设备，但需要安装驱动程序。

问题二：键盘上某个键的功能是固定的，用户不能随意改变。这句话对吗？

答：错。用户可以改变键盘上键的功能。

问题三：U 盘属于输入设备还是属于输出设备？

答：U 盘属于存储设备。

问题四：并行接口、串行接口各自的特点是什么？

答：并行接口的传输速率较大，适用于打印机、投影机等；串行接口包括 USB、IEEE1394 总线等接口；鼠标、键盘一般使用 PS/2 接口，只输入不输出。

24. 微型计算机的主要技术指标

计算机的主要性能指标包括主频、字长、内核、内存容量和运算速度（MIPS）。

1）主频：也称时钟频率，指 CPU 在单位时间内发出的脉冲数，它在很大程度上决定了计算机的运行速度，基本单位是赫兹（Hz）。

2）字长：是指 CPU 一次能同时处理、传送的二进制数据的位数。

3）内核：是对 CPU 的描述。

4）内存容量：一般是指 RAM 的容量，内存的容量越大，计算机的运算速度一般也越快。

5）运算速度：是一个综合性指标，以每秒钟平均执行的指令条数来表示，单位有 MIPS 和 BIPS，MIPS 的含义是"每秒钟百万条指令"，BIPS 的含义是"每秒钟十亿条指令"。

『经典例题解析』

1. "32 位微型计算机"中的"32 位"是指（　　）。

A. 微型机　　　　B. 内存容量　　　　C. 存储单位　　　　D. 机器字长

【答案】D。

2. 计算机的运行速度主要取决于 (　　　)。

A. 字长　　　　　　　　　　　　B. 软盘容量

C. 主频　　　　　　　　　　　　D. 输入、输出设备速度

E. 存储周期

【答案】AC。

3. 计算机能够按照人们的意图自动、高速地进行操作，是因为程序存储在内存中。
(　　　)

A. 正确　　　　　　B. 错误

【答案】B。

4. 计算机执行两条指令需要的时间称为指令周期。(　　　)

A. 正确　　　　　　B. 错误

【答案】B。

5. "64 位计算机"中的"64 位"是指计算机的_____。其越长，计算机运算精度越高。

【答案】字长。

【解析】"64 位计算机"是指该计算机处理数据的字长值是 64 位。

6. 下列属于微型计算机主要技术指标的是 (　　　)。

A. 字长　　　　B. 重量　　　　C. 字节　　　　D. 主频

【答案】AD。

7. 主频即时钟频率，是指计算机 CPU 在单位时间内发出的脉冲数，它在很大程度上决定了计算机的运算速度。(　　　)

A. 正确　　　　　　B. 错误

【答案】A。

25. 多媒体技术

多媒体计算机系统的特点：1) 多样性；2) 实时性；3) 交互性；4) 集成性。

多媒体技术的核心技术：数据压缩和编码技术。

数据压缩方法：

JPEG：静态图片的压缩。静态图片格式有 BMP、JPEG、JPG、PNG、TIF（F）、PSD 和 GIF 等。

MPEG：动态图像的压缩。GIF 图片可以是静态格式也可以是动态格式。

视频格式：AVI、MOV、MPEG、RM、ASF、RMVB、DVD 等。

『经典例题解析』

1. 下列不属于多媒体范畴的是 (　　　)。

A. 图像　　　　B. 音频　　　　C. 文本　　　　D. 程序代码

【答案】D。

【解析】信息的表现形式（或者说传播形式）有文字、声音、图像、动画等。多媒体计算机（MPC）中所说的媒体，是指计算机不仅能处理文字、数值之类的信息，而且还能处理声音、图形、图像等各种不同形式的信息。

2. 下列设备中，(　　　) 通常不属于多媒体设备。

A. 麦克风　　　　　B. 音箱　　　　　C. 光驱　　　　　D. 扫描仪

【答案】D。

3. 下列属于静态图像格式的文件有（　　）。

A. BMP　　　　　B. GIF　　　　　C. JPEG　　　　　D. MPEG

【答案】ABC。

4. 具有多媒体处理能力的计算机叫作多媒体计算机，多媒体具有（　　）、实时性和集成性的特点。

A. 可见性　　　　　B. 多样性　　　　　C. 交互性　　　　　D. 稳定性

【答案】BC。

5. 下列不属于音频文件的格式是（　　）。

A. MP4　　　　　B. PNG　　　　　C. WMA　　　　　D. TIF

【答案】BD。

6. 在计算机内，多媒体数据最终以_____形式存在。

【答案】二进制代码。

【解析】由于计算机只能处理数字信号，因此，在计算机内多媒体数据最终是以二进制代码的形式存在的。

7. JPEG 是一种图像压缩标准，其含义是_____。

【答案】联合图像专家组。

8. MPEG 是数字存储（　　）图像压缩编码和伴音编码标准。

A. 静态　　　　　B. 动态　　　　　C. 点阵　　　　　D. 矢量

【答案】B。

9. 多媒体技术中的数据压缩方法有很多，其中尤以（　　）较常用。

A. BMP　　　　　B. JPEG　　　　　C. GIF　　　　　D. MPEG

【答案】BD。

『你问我答』

问题：想使用 WINDOWS 的多媒体功能，必须安装下面设备（　　）？

A. 声卡　　　　　B. 麦克风　　　　　C. 音响　　　　　D. CDROM 驱动器

答案是全选，其中的 D 是必须安装的吗？

答：如果要使用光盘就必须有 CDROM 驱动器。

26. 信息表示

广义的信息表示泛指信息的获取、描述、组织全过程。

狭义的信息表示指其中的信息描述过程。

同一种信息可以用不同的符号系统的符号来表示，它们之间存在等价关系，可以互相转换。

 习　题

一、单项选择题

1. 世界上公认的第一台电子计算机诞生在（　　）。

  A. 1945 年   B. 1946 年   C. 1948 年   D. 1952 年

2. DRAM 的中文含义是（ ）。

  A. 静态随机存储器   B. 动态只读存储器

  C. 静态只读存储器   D. 动态随机存储器

3. Unicode 字符集采用（ ）个字节来表示一个字符。

  A. 2   B. 1   C. 16   D. 8

4. X 是二进制数 110110110，Y 是十六进制数 1AB（X、Y 都是无符号数），则 X + Y 结果的十进制数是
（ ）。

  A. 993   B. 609   C. 881   D. 865

5. X 是二进制数 111001101，Y 是十进制数 455，Z 是十六进制数 1DD（X、Y、Z 都是无符号数），则不
等式正确的是（ ）。

  A. Z > Y > X   B. X > Y > Z   C. X > Z > Y   D. Z > X > Y

6. 被称为现代人类社会赖以生存和发展的第三种资源是（ ）。

  A. 能源   B. 物质   C. 空气   D. 信息

7. 常用来标识计算机运算速度的单位是（ ）。

  A. BPS 和 MHZ   B. MIPS 和 BIPS

  C. MB 和 BPS   D. MHZ 和 MIPS

8. 存储一个汉字内码所需的字节数是（ ）。

  A. 2 个   B. 8 个   C. 1 个   D. 4 个

9. 打印机能够输出的是（ ）。

  A. 图形码   B. 汉字内码   C. 机内码   D. 字符字模

10. 对 CPU 的描述不正确的是（ ）。

  A. CPU 主要包括寄存器、控制电路及控制器

  B. 计算机的性能主要取决于 CPU

  C. CPU 用来解释和执行计算机的指令

  D. CPU 是计算机硬件的核心，控制整个计算机系统的操作

11. 硬盘使用的外部总线接口标准有（ ）等多种。

  A. Bit-BUS、STF   B. IDE、EIDE、SCSI

  C. EGA、VGA、SVGA   D. RS232、IEEE488

12. 多媒体数据压缩采用的基本技术是（ ）。

  A. 通过一定的数据分类实现数据的压缩

  B. 通过一定的算法实现数据压缩

  C. 通过一定的存储方法实现数据的压缩

  D. 通过一定的数据汇总实现数据的压缩

13. 多任务操作系统是指（ ）。

  A. 不同用户可以使用同一台计算机完成各自的任务

  B. 同一时间可以运行多个应用程序

  C. 一个用户使用计算机可以完成多项任务

  D. 不同时间段可以运行不同的应用程序

14. 关于计算机语言，下面叙述正确的是（ ）。

  A. 低级语言学习使用很难，运行效率也低，所以已被高级语言淘汰

  B. 计算机能够直接理解、执行汇编语言程序

  C. 汇编语言程序是最早期出现的高级语言

  D. 高级语言是与计算机型号无关的计算机语言

15. 关于计算机语言，下面叙述不正确的是（　　）。

A. 汇编语言对于不同类型的计算机基本上不具备通用性和可移植性

B. 高级语言是先于低级语言诞生的

C. 高级语言是独立于具体的机器系统的语言

D. 一般来讲，与高级语言相比，机器语言程序执行的速度较快

16. 关于社会信息化的说法，错误的是（　　）。

A. 信息化的发展使人类的联系更加容易，所以有"地球村"的说法

B. 信息化的发展既能促进社会的发展，也对社会的发展有负面影响

C. 信息化的发展使人类的相互影响变得更大

D. 信息化的发展只会促进社会的发展

17. 关于微机硬盘与软盘的比较，正确的说法是（　　）。

A. 软盘属于外存而硬盘属于内存　　　　　B. 软盘容量较小而硬盘容量较大

C. 软盘读写速度较快而硬盘较慢　　　　　D. 软盘有驱动器而硬盘没有

18. 计算机辅助设计的缩写是（　　）。

A. CEO　　　　　B. CAD　　　　　C. CAB　　　　　D. CAM

19. 计算机系统中，"位（bit）"的描述性定义是（　　）。

A. 计算机系统中，在存储、传送或操作时，作为一个单元的一组字符或一组二进制位

B. 度量信息的最小单位，是一位二进制位所包含的信息量

C. 进位计数制中的"位"，也就是"凑够"多少个"1"就进一位的意思

D. 通常用 8 位二进制位组成，可代表一个数字、一个字母或一个特殊符号，也常用来度量计算机存储容量的大小

20. 计算机系统中，"字节（Byte）"的描述性定义是（　　）。

A. 把计算机中的每一个汉字或英文单词分成几个部分，其中的每一部分就叫一个字节

B. 计算机系统中，在存储、传送或操作时，作为一个单元的一组字符或一组二进制位

C. 度量信息的最小单位，是一位二进制位所包含的信息量

D. 通常用 8 位二进制位组成，可代表一个数字、一个字母或一个特殊符号，也常用来量度计算机存储容量的大小

21. 计算机中的（　　）在关机后，其中的内容就会丢失。

A. EPROM　　　　　B. RAM　　　　　C. ROM BIOS　　　　　D. ROM

22. 计算机中的所有信息在计算机内部都是以（　　）表示的。

A. BCD 编码　　　　　　　　　　B. 十进制编码

C. ASCII 编码　　　　　　　　　　D. 二进制编码

23. 计算机资源主要是指计算机的硬件、软件和（　　）资源。

A. 机时　　　　　B. 数据　　　　　C. 总线　　　　　D. 容量

24. 将一个十进制正整数转化为二进制数时，采用的方法是（　　）。

A. 乘 2 取整法　　　　B. 除 2 取余法　　　　C. 除 2 取整法　　　　D. 乘 2 取余法

25. 将一张软盘设置写保护后，则对该软盘来说（　　）。

A. 能读出盘上的信息，但不能将信息写入这张盘

B. 能读出盘上的信息，也能将信息写入这张盘

C. 不能读出盘上的信息，但能将信息写入这张盘

D. 不能读出盘上的信息，也不能将信息写入这张盘

26. 面向特定专业应用领域（如图形、图像处理等）使用的计算机一般是（　　）。

A. 笔记本式计算机　　B. 工作站　　　　C. 大型主机　　　　D. 巨型机

27. 目前公认的人类发明的第一台计算机是（　　）。

A. 差分机   B. 分析机   C. EDVAC   D. ENIAC

28. 目前计算机发展经历了四代，高级程序设计语言出现在（   ）。

A. 第四代   B. 第一代   C. 第三代   D. 第二代

29. 微型计算机系统中，下面与 CPU 概念最不等价的是（   ）。

A. 中央处理器   B. 控制器和运算器

C. 主机   D. 微处理器

30. 我们现在广泛使用的计算机是（   ）。

A. 模拟计算机   B. 数字计算机

C. 混合计算机   D. 小型计算机

31. 习惯上，CPU 与（   ）组成了计算机的主机。

A. 内存储器   B. 控制器和运算器

C. 控制器   D. 运算器

32. 下列设备中，（   ）通常不属于多媒体设备。

A. 光驱   B. 麦克风   C. 音箱   D. 扫描仪

33. 下列说话错误的是（   ）。

A. 信息有着明确的、严格的定义

B. 信息是自然界、人类社会和人类思维活动中普遍存在的一切物质和事物的属性

C. 数据是指存储在某种媒体上的可以鉴别的符号资料

D. 信息能够消除事物的不确定性

34. 信息技术的根本目标是（   ）。

A. 利用信息   B. 提高或扩展人类的信息处理能力

C. 生产信息   D. 获取信息

35. 用户从键盘上输入的汉字编码被称为（   ）。

A. 输入码   B. 国标码   C. 字形码   D. 区位码

36. 有关计算机内部的信息表示，下面不正确的叙述是（   ）。

A. ASCII 码是由美国制订的一种标准编码

B. 计算机内部的汉字编码全部由中国制订

C. 我国制订的汉字标准代码在计算机内部是用二进制表示的

D. 计算机内部的信息表示有多种标准

37. 在计算机辅助系统中 CAT 表示（   ）。

A. 计算机辅助考试   B. 计算机辅助教学

C. 计算机辅助管理   D. 计算机辅助测试

38. 在现代信息处理技术中，起到关键作用的技术是（   ）。

A. 传感技术   B. 计算机技术

C. 通信技术   D. 网络技术

39. 主要通过（   ）技术，人类实现了世界范围的信息资源共享，世界变成了一个"地球村"。

A. 计算机网络与通信   B. 现代基因工程

C. 现代交通   D. 现代通信

40. A - D 转换器的功能是将（   ）。

A. 声音转换为模拟量   B. 模拟量转换为数字量

C. 数字量转换为模拟量   D. 数字量和模拟量混合处理

41. 下列有关内存说法中错误的是（   ）。

A. 内存容量是指内存储器中能存储数据的总字节数

B. 内存容量越大，计算机的处理速度就越快

C. 内存不能与硬盘直接交换数据

D. 内存可以通过 Cache 与 CPU 交换数据

42. 有关 Cache 说法中正确的是（　　）。

A. Cache 是在硬盘上的一块区域

B. Cache 不能与中央处理器直接交换信息

C. Cache 不能与内存直接交换信息

D. Cache 是速度介于主存和 CPU 之间的高速小容量存储器

43. 在计算机存储系统中，一个字节由（　　）个二进制位组成。

A. 7　　　　　　　　B. 8　　　　　　　　C. 9　　　　　　　　D. 10

44. 将二进制数 10110001.101 转化为十六进制为（　　）。

A. B1. AH　　　　　B. 176. 625H　　　　C. B1. 5H　　　　　D. B1. 3H

45. （　　）编码是计算机内存储汉字信息时所用的汉字代码。

A. 输入码　　　　　B. 字形码　　　　　C. 国标码　　　　　D. 机内码

46. 软盘被写保护之后，则（　　）。

A. 可以将软盘中的数据读入内存　　　　B. 可以向软盘中写入数据

C. 可以修改软盘中的数据　　　　　　　D. 可以删除软盘中的数据

47. 下列软件中属于应用软件的是（　　）。

A. 汇编语言　　　　　　　　　　　　　B. PowerPoint

C. C 语言　　　　　　　　　　　　　　D. 杀毒软件

48. 计算机的软件系统可分为（　　）。

A. 程序和数据　　　　　　　　　　　　B. 操作系统和语言处理系统

C. 程序、数据和文档　　　　　　　　　D. 系统软件和应用软件

49. 在微型计算机中，应用最普遍的字符编码是（　　）。

A. 汉字编码　　　　　B. BCD 码　　　　　C. ASCII 码　　　　　D. 补码

50. 通常所说的 I/O 设备指的是（　　）。

A. 通信设备　　　　　　　　　　　　　B. 控制设备

C. 网络设备　　　　　　　　　　　　　D. 输入、输出设备

51. 下列存储器中存取速度最快的是（　　）。

A. 内存　　　　　　　B. 硬盘　　　　　　C. 光盘　　　　　　D. 软盘

52. 微型机的外存储器可与下列（　　）部件直接进行数据传送。

A. 内存储器　　　　　　　　　　　　　B. 控制器

C. 微处理机　　　　　　　　　　　　　D. 运算器

53. 关于计算机的发展及基本知识，不正确的是（　　）。

A. 计算机正朝着多极化的方向发展

B. 从计算机诞生至今计算机所采用的电子器件依次是：电子管、晶体管、中小规模集成电路和大、超大规模集成电路

C. 世界上第一台电子计算机就采用了二进制来表示数据

D. 智能计算机是未来计算机发展的趋势

54. "嫦娥"奔月过程中，地面发射台需要对其进行检测和操控，这一应用属于（　　）范围的应用。

A. 科学计算　　　　　　　　　　　　　B. 数据处理

C. CAM　　　　　　　　　　　　　　　D. 过程控制

55. 下列有关程序和软件的描述中不正确的是（　　）。

A. 程序是对解决某个问题的算法的一种计算机方法描述

B. 软件是指使计算机运行所需的程序和文档的总称

C. 程序是用户自己编写的，软件是由厂家直接提供的

D. 一个程序分为两部分：算法和数据结构

56. 在 GB 2312—1980 中，规定每一个汉字，图形符号的编码都用（　　）个字节表示。

A. 1　　　　　　　　B. 2　　　　　　　　C. 3　　　　　　　　D. 4

57. 在不同进制的下列四个数中，最大的数是（　　）。

A. 11010001B　　　B. D3H　　　　　　C. 267O　　　　　　D. 200D

58. 一个字节由 8 个二进制位组成，那么两个字节所能表示的最大的十六进制整数为（　　）。

A. 9999　　　　　　B. FFFF　　　　　　C. 65536　　　　　　D. 65535

59. 用高级语言编写的源程序要转换为目标程序，必须经过（　　）过程。

A. 汇编　　　　　　B. 编辑　　　　　　C. 解释　　　　　　D. 编译

60. 微型计算机的核心部件是微处理器（CPU），它由（　　）组成。

A. 存储器和寄存器　　　　　　　　　　B. 存储器和控制器

C. 运算器和存储器　　　　　　　　　　D. 运算器和控制器

61. 我国研制的银河计算机是（　　）。

A. 微型计算机　　　　　　　　　　　　B. 小型计算机

C. 中型计算机　　　　　　　　　　　　D. 巨型计算机

62. 根据文件格式的不同，不属于音频文件的是（　　）。

A. WAV　　　　　　B. MP3　　　　　　C. PPTX　　　　　　D. SND

63. PentiumD 处理器采用双内核技术，双内核的主要作用是（　　）。

A. 加快了处理多媒体数据的速度

B. 处理信息的能力和单核心相比，加快了一倍

C. 加快了处理多任务的速度

D. 加快了从硬盘读取数据的速度

64. 计算机应由五个基本部分组成，下列（　　）不属于这五个基本组成部分。

A. 运算器　　　　　B. 控制器　　　　　C. 存储器　　　　　D. 总线

65. 下面是关于解释程序和编译程序的论述，其中正确的是（　　）。

A. 编译程序和解释程序均能产生目标程序

B. 编译程序和解释程序均不能产生目标程序

C. 编译程序能产生目标程序而解释程序则不能

D. 解释程序能产生目标程序而编译程序则不能

66. 下列常用术语中，描述错误的是（　　）。

A. 光标是显示屏上指示位置的标志

B. 汇编语言程序要经过汇编过程才能由计算机执行，所以汇编语言属于高级程序语言

C. 总线是计算机系统中各部件之间传输信息的公共通路

D. 读写磁头是既能从磁表面存储器读出信息又能把信息写入磁表面存储器的装置

67. 一条计算机指令中规定其执行功能的部分称为（　　）。

A. 操作码　　　　　　　　　　　　　　B. 数据码

C. 源地址码　　　　　　　　　　　　　D. 目标地址码

68. （　　）是指示计算机执行某种操作的命令，它由一串二进制数码组成。

A. 程序　　　　　　B. 文档　　　　　　C. 指令　　　　　　D. 文件

69. CAM 的含义是（　　）。

A. 计算机辅助设计　　　　　　　　　　B. 计算机辅助教育

C. 计算机辅助教学　　　　　　　　　　D. 计算机辅助制造

70. 汉字"嘉"的汉字区位码为6079，正确的说法是（　　）。

A. 该汉字的区码是 60，位码是 79

B. 该汉字的区码是 60H，位码是 79H

C. 该汉字的机内码高位是 3CH，低位是 4EH

D. 该汉字的机内码高位是 4EH，低位是 3CH

71. 十进制数 120.125 转换为十六进制和八进制数是（　　）。（注：每个选项的最右侧为大写字母 O）

A. 170.1H，78.2O　　　　　　　　　　　B. 78.2H，170.1O

C. 78.2H，120.1O　　　　　　　　　　　D. 170.1H，340.4O

72. 计算机中存储和处理的最小单位是（　　），基本单位是（　　）。

A. 字，字长　　　　　　　　　　　　　　B. 字，字符

C. 位，字节　　　　　　　　　　　　　　D. 位，字

73. 以下指标中不属于显示器的技术指标是（　　）。

A. 分辨率　　　　　　　　　　　　　　　B. 刷新频率

C. 点距　　　　　　　　　　　　　　　　D. 字长

74. 假设计算机显示器的颜色质量为 256 色，则一个像素能用（　　）个字节表示。

A. 1　　　　　　　B. 2　　　　　　　C. 3　　　　　　　D. 4

75. 在计算机存储中，一个字节可以保存（　　）。

A. 一个 ASCII 码表中的字符　　　　　　B. 一个汉字

C. 一个英文句子　　　　　　　　　　　　D. 0 ~ 256 之间的无符号整数

76.（　　）最先提出通用计算机的基本设计思想，他于 1832 年开始设计一种基于计算机自动化的程序控制的分析机。

A. 冯·诺伊曼　　　　　　　　　　　　　B. 巴贝奇

C. 图灵　　　　　　　　　　　　　　　　D. 莫西利

77. 从计算机诞生发展到今天划分为四代，是根据（　　）划分的。

A. 电子元器件　　　　　　　　　　　　　B. 存储容量

C. 运算速度　　　　　　　　　　　　　　D. 体积

78. 计算机最早应用于（　　）。

A. 数据处理　　　　　　　　　　　　　　B. 过程控制

C. 科学计算　　　　　　　　　　　　　　D. 人工智能

79. 下列一组数据中最大的数值是（　　）。

A.（123）$_{10}$　　　　　　　　　　　　B.（123）$_8$

C.（123）$_{16}$　　　　　　　　　　　　D.（100100100）$_2$

80.（　　）是大写字母锁定键。

A. Shift　　　　　　B. Alt　　　　　　C. Ctrl　　　　　　D. Caps Lock

81. 标准 ASCII 码是用（　　）位二进制数来表示。

A. 5　　　　　　　B. 6　　　　　　　C. 7　　　　　　　D. 8

82. 随着计算机的飞速发展，其应用范围不断扩大，计算机可以与人下象棋，并且在下棋过程中会不断学习，这属于（　　）应用领域。

A. 科学计算　　　　B. 数据处理　　　　C. 过程控制　　　　D. 人工智能

83. 冯·诺伊曼提出的存储程序工作原理决定了计算机硬件系统由运算器、（　　）、存储器、输入和输出设备组成。

A. 控制器　　　　　B. CPU　　　　　　C. 硬盘　　　　　　D. 电子器件

84. 下列硬件中，（　　）属于计算机的外存储器。

A. ROM　　　　　　B. RAM　　　　　　C. 硬盘　　　　　　D. Cache

85. 下列软件中属于系统软件的是（　　）。

A. QQ 聊天程序   B. Word

C. 迅雷下载   D. Windows 7

86. 关于 BIPS 的下列说法中不正确的是（   ）。

A. 可以标识计算机的运算速度

B. 1BIPS 的含义是计算机每秒执行 10^9 条指令

C. 是基本输入处理系统的简称

D. 1BIPS = 1000MIPS

87. 计算机的 CPU 可以通过（   ）控制硬盘、软盘、键盘、鼠标、内存等各种设备。

A. 运算器   B. 控制器   C. Cache   D. 主板

88. 下列不属于多媒体的特点是（   ）。

A. 多样性   B. 集成性   C. 继承性   D. 交互性

89. 微型计算机系统中最核心的部件是（   ）。

A. CPU   B. 主板   C. 内存   D. 硬盘

90. 下面有关总线的说法中不正确的是（   ）。

A. 总线是计算机各功能部件之间传送信息的公共通信干线

B. 微机内部信息的传送是通过总线进行的，各功能部件通过总线连在一起

C. PCI 总线直接与 CPU 连接在一起

D. AGP 总线是为提高视频带宽而设计的总线结构

91. 硬盘工作时应特别注意避免（   ）的影响。

A. 噪声   B. 磁铁   C. 振动   D. 环境

92. 控制器的主要作用是（   ）。

A. 指挥和控制计算机各部分协调工作   B. 算术运算和逻辑运算

C. 进行存取数据   D. 可以从控制器输出数据

93. 下列说法中正确的是（   ）。

A. 计算机内部存储数据由于采用了十进制数据，我们才能比较方便地进行操作

B. 计算机处理数据时，CPU 通过数据总线一次存取、加工和传送的数据称为字

C. 字长的长短与计算机的运算速度无关

D. 目前有的数字计算机在存储数据时采用十进制，有的采用二进制

94. 计算机的主机包括（   ）。

A. 内存和 CPU   B. 主机箱内的硬件

C. 运算器和控制器   D. 主机箱和 CPU

95. 下列不属于计算机多媒体设备的是（   ）。

A. 显示器和显卡   B. 键盘

C. 绘图仪   D. 扫描仪

96. 下面哪一组是系统软件（   ）。

A. DOS 和 Word   B. WPS 和 UNIX

C. DOS 和 Windows 7   D. UNIX 和 Word

97. 下列各组设备中，全部属于输入设备的一组是（   ）。

A. 键盘、磁盘和打印机   B. 键盘、扫描仪和鼠标

C. 键盘、绘图仪和显示器   D. 硬盘、打印机和键盘

98. 计算机系统包括（   ）。

A. 主机和外设   B. CPU 和内存

C. 硬件系统和软件系统   D. Windows 和 Word

99. 世界上第一台计算机取名为 ENIAC，它的主要电子元器件是（   ）。

A. 电子管　　　　　　　　　　　　　　　　B. 晶体管

C. 集成电路　　　　　　　　　　　　　　　D. 大规模集成电路

100. CPU 是由（　　）构成。

A. 控制器和运算器　　　　　　　　　　　　B. 控制器和存储器

C. 存储器和运算器　　　　　　　　　　　　D. 运算器和总线

二、多项选择题

1. 标志人类文化发展的里程碑有（　　）。

A. 语言的产生　　　　　　　　　　　　　　B. 文字的使用

C. 计算机文化　　　　　　　　　　　　　　D. 印刷术的发明

2. 从技术文明的角度来看，人类社会发展经历的社会形态有（　　）。

A. 农业社会　　　　　　　　　　　　　　　B. 工业社会

C. 信息社会　　　　　　　　　　　　　　　D. 封建社会

3. 对于十进制数 456，下面各种表示方法中，正确的是（　　）。

A. 456D　　　　　　B. 456H　　　　　　C. 456　　　　　　D. 456B

4. 多媒体信息具有的特点是（　　）。

A. 集成性　　　　　　B. 交互性　　　　　　C. 实时性　　　　　　D. 多样性

5. 冯·诺依曼计算机的硬件系统由以下几个基本组成部分组成（　　）。

A. 控制器　　　　　　B. 运算器　　　　　　C. 存储器　　　　　　D. 输入设备和输出设备

6. 关于计算机语言，下面叙述正确的是（　　）。

A. 高级语言最终要被翻译为机器语言后才被计算机所直接识别并执行

B. 机器语言编制的程序都是用二进制编码组成的

C. 一般来讲，某种机器语言只适用于某种特定类型的计算机

D. 汇编语言可以被计算机直接识别并执行

7. 在计算机中有两种信息流，即（　　）。

A. 数据流　　　　　　　　　　　　　　　　B. 媒体流

C. 控制流　　　　　　　　　　　　　　　　D. 程序流

8. 计算机的算法具有以下性质（　　）。

A. 有穷性　　　　　　B. 输入/输出　　　　C. 可行性　　　　　　D. 确定性

9. 文化的核心是（　　）。

A. 观念　　　　　　　B. 文字　　　　　　C. 道德　　　　　　　D. 价值

10. 文化具有的属性是（　　）。

A. 传递性　　　　　　B. 深刻性　　　　　　C. 教育性　　　　　　D. 广泛性

11. 以下说法正确的是（　　）。

A. 有信息不一定有数据　　　　　　　　　　B. 有数据不一定有信息

C. 有数据一定有信息　　　　　　　　　　　D. 有信息一定有数据

12. 下列选项中，属于 USB 特点的有（　　）。

A. 外观轻巧　　　　　B. 容量较大　　　　　C. 携带方便　　　　　D. 即插即用

13. 在汉字输入码中，指出下列正确的是（　　）。

A. 五笔字型码属于形码　　　　　　　　　　B. 区位码、电报码属于流水码

C. 汉语拼音输入法属于音码　　　　　　　　D. 自然码属于音形码

14. 在有关计算机系统软件的描述中，下面正确的有（　　）。

A. 计算机系统中非系统软件一般是通过系统软件发挥作用的

B. 语言处理程序不属于计算机系统软件

C. 计算机软件系统中最靠近硬件层的是系统软件

D. 操作系统属于系统软件

15. 下列说法中，正确的是（   ）。

A. 计算机的工作就是执行存放在存储器中的一系列指令

B. 指令是一组二进制代码，它规定了计算机执行的最基本的一组操作

C. 指令系统有一个统一的标准，所有计算机的指令系统都相同

D. 指令通常由地址码和操作数构成

16. 计算机的特点主要有（   ）。

A. 速度快、精度低   B. 具有记忆和逻辑判断能力

C. 能自动运行、支持人机交互   D. 适合科学计算，不适合数据处理

17. 对计算机软件不正确的认识是（   ）。

A. 计算机软件不需要维护

B. 受法律保护的计算机软件不能随便复制

C. 计算机软件只要能复制的到，就不必购买

D. 计算机软件应有必要的备份

18. 关于计算机的特点、分类和应用，正确的是（   ）。

A. 目前刚刚出现运算速度达到亿次每秒的计算机

B. 巨型计算机是相对于大型计算机而言，一种运算速度更高、存储容量更大、功能更完善的计算机

C. 气象预报是计算机在科学领域中的应用

D. 大型计算机和巨型计算机仅仅是体积大，其功能并不比微机强

19. 关于软件系统，正确的说法是（   ）。

A. 系统软件的特点是通用性和基础性

B. 高级语言是一种独立于机器的语言

C. 任何程序都可被视为计算机的系统软件

D. 编译程序只能一次读取、翻译并执行源程序中的一行语句

20. 关于微型计算机，正确的说法是（   ）。

A. 外存储器中的信息不能直接进入 CPU 进行处理

B. 系统总线是 CPU 与各部件之间输送信息的公共通道

C. 光盘驱动器属于主机，光盘属于外部设备

D. 家用计算机不属于微机

21. 关于信息和数据的说法，下列叙述中正确的是（   ）。

A. 信息是事物及事物的属性

B. 数据经过处理、组织并赋予一定意义后即可成为信息

C. 数据是信息的具体表现形式

D. 信息和数据完全等价

22. 关于进位计数制和数制转化的说法中正确的是（   ）。

A. 在计算机内部采用二进制数据，但在输入、显示或打印时，可用十进制表示

B. 十六进制中的数码有 1、2、3、4、5、6、7、8、9、10、11、12、13、14、15、16，共 16 个数码

C. 八进制共有 8 个数目，所以其基数也是 8

D. 十进制数转化为二进制数时，整数部分和小数部分的计算相同，都是除 2 取余法

23. 最能准确反映计算机的主要功能的说法是（   ）。

A. 代替人的脑力劳动   B. 储存大量信息

C. 信息处理机   D. 高速度运算

24. 下列属于计算机性能指标的有（   ）。

A. 字长   B. 运算速度

C. 字节 D. 内存容量

25. 下列关于计算机知识的叙述中正确的是（ ）。

A. 字长为 32 位的计算机是指能计算最大为 32 位二进制数的计算机

B. RAM 中的数据断电丢失，而 ROM 则不会丢失

C. 软盘和硬盘上的数据不能被 CPU 直接存取

D. CPU 主要由运算器和控制器组成

26. 关于计算机硬件系统的组成，正确的说法是（ ）。

A. 计算机硬件系统由控制器、运算器、存储器、输入设备和输出设备五部分组成

B. CPU 是计算机的核心部件，它由控制器、运算器组成

C. RAM 为随机存取存储器，其中的信息不能长期保存，关机即丢失

D. ROM 中的信息能长期保存，所以又称为外存储器

27. 下列软件中属于操作系统的是（ ）。

A. Word B. OS/2

C. XENIX D. MS-DOS

28. 下列关于计算机特点的叙述中正确的是（ ）。

A. 运算速度快 B. 精确度高

C. 具有"记忆"和逻辑判断功能 D. 存储容量大

29. （ ）是面向机器的低级语言。

A. 汇编语言 B. FORTRAN 语言

C. C 语言 D. 机器语言

30. 关于硬件系统和软件系统的概念叙述正确的是（ ）。

A. 硬件系统是由电子、机械和光电元器件组成的计算机实体

B. 软件系统是由支持计算机工作的各种程序、数据和文档的组合

C. 没有装配任何软件系统的计算机称裸机，裸机无法与用户进行交互性操作

D. 系统软件是管理、监控和维护计算机资源、开发应用软件的软件

31. 对于计算机语言，下面叙述正确的是（ ）。

A. 高级语言较低级语言更接近人们的自然语言

B. 高级语言、低级语言都是与计算机同时诞生的

C. 机器语言和汇编语言都属于低级语言

D. BASIC 语言、PASCAL 语言、C 语言都属于高级语言

32. 下列编码中属于汉字输入码的是（ ）。

A. 形码 B. 音码

C. 音形结合码 D. 字形码

33. 关于汉字操作系统中的汉字输入码，下面叙述正确的是（ ）。

A. 汉字输入码应具有易于接受、学习和掌握的特点

B. 从汉字的特征出发，汉字输入码可分为音码、形码和音形结合码

C. 汉字输入码与我国制定的"标准汉字"（GB 2312—1980）不是一个概念

D. 汉字输入码与我国制定的"标准汉字"（GB 2312—1980）是一个概念

34. 下面的短语是用于描述计算机性能指标的有（ ）。

A. 汉字字形点阵为 24 × 24 B. 64 位字长

C. PIV/3.05G D. 48BIPS

35. 以下有关主频的说法中正确的是（ ）。

A. 主频也叫时钟频率

B. 主频是计算机主要的时序信号源的频率

C. 主频是衡量微型计算机运行速度的一个重要指标

D. 主频是用来表示微型计算机运算速度的唯一的指标

36. 显示器的分辨率受（　　）的影响。

A. 显示器的尺寸 　　　　　　　　　　　B. 显像管点距

C. 字长 　　　　　　　　　　　　　　　D. 电路特性

37. 分辨率是下列（　　）设备的主要性能指标。

A. 显示器 　　　　　　　　　　　　　　B. 数码相机

C. 鼠标器 　　　　　　　　　　　　　　D. 扫描仪

38. 下列有关总线的叙述正确的有（　　）。

A. 系统总线是 CPU 与其他部件之间传送各种信息的公共通道

B. 系统总线包含地址总线、数据总线、控制总线和 PCI 总线

C. USB 是一种串行接口标准

D. 数据总线可以传输数据信息和控制信息

39. 下面关于微型计算机的知识描述正确的是（　　）。

A. 硬盘和软盘都是外存储器，但软盘的存储速度要比硬盘快

B. 运算器是负责对数据进行算术和逻辑运算的部件

C. ROM 中的程序是计算机制造商写入的，用户一般不能修改其中的内容

D. ROM 和 RAM 都是内存，RAM 不能长期保存信息，ROM 可以

40. 能用来存储声音的文件格式有（　　）。

A. BMP 　　　　　　　　　　　　　　　B. MID

C. JPG 　　　　　　　　　　　　　　　D. WAV

41. 下面关于声卡的叙述正确的是（　　）。

A. 声卡是一块专用卡

B. 声卡是接收、处理、播放音频信息的重要部件

C. 声卡是多媒体系统不可缺少的组成部分

D. 声卡是多媒体系统可有可无的组成部分

42. 多媒体信息包括（　　）。

A. 影像、动画 　　　　　　　　　　　　B. 文字、图形

C. 音频、视频 　　　　　　　　　　　　D. 声卡、光盘

43. 下面关于多媒体的知识描述正确的是（　　）。

A. 多媒体具有分时性的特点

B. 显示器的分辨率受显示器的尺寸，显像管点距和电路特性影响

C. GIF、MPEG、AVI 文件都可以存储动态图像

D. 多媒体技术是指利用计算机和相关设备处理多媒体信息的手段和方法

44. 多媒体具有多样性和（　　）特点。

A. 实时性 　　　　　　　　　　　　　　B. 保密性

C. 交互性 　　　　　　　　　　　　　　D. 集成性

45. 系统总线是 CPU 与其他部件之间传送信息的公共通道，其类型有（　　）。

A. 数据总线 　　　　　　　　　　　　　B. 地址总线

C. 控制总线 　　　　　　　　　　　　　D. 信息总线

46. 以下有关计算机的描述中正确的是（　　）。

A. 电源关闭后，ROM 的信息会全部消失

B. 电源关闭后，RAM 的信息会全部消失

C. 16 位字长的计算机是指能计算的二进制数最大为 16 位

D. 内存存放的是计算机当前正在执行的程序和数据

47. 下列各组设备中，属于输入设备的有（　　　）。

A. 键盘　　　　　　B. 鼠标　　　　　　C. 显示器　　　　　　D. 打印机

48. 下列存储器中，能够长期保留信息的是（　　　）。

A. ROM　　　　　　B. RAM　　　　　　C. 磁盘　　　　　　D. 光盘

49. 完整的计算机系统由（　　　）组成。

A. 硬件系统　　　　　　　　　　　　　B. 系统软件

C. 软件系统　　　　　　　　　　　　　D. 操作系统

50. 下列维护中，属于硬维护（对计算机硬件进行维护）的是（　　　）。

A. 光盘的维护　　　　　　　　　　　　B. 软盘的维护

C. 显示器维护　　　　　　　　　　　　D. 打印机维护

三、判断题

1. 二进制转换成八进制数的方法是：将二进制数从小数点开始，向左、向右每三位分组，不足三位的分别向高位或低位补 0 凑成 3 位，然后将三位二进制数转换成一位八进制数。（　　　）

A. 正确　　　　　　B. 错误

2. 计算机的高级语言可以分为解释型和编译型两大类。（　　　）

A. 正确　　　　　　B. 错误

3. 计算机发展年代的划分标准是根据其所采用 CPU 来划分的。（　　　）

A. 正确　　　　　　B. 错误

4. 计算机文化的概念随着计算机的诞生而诞生了。（　　　）

A. 正确　　　　　　B. 错误

5. 目前计算机应用最广泛的领域是过程控制。（　　　）

A. 正确　　　　　　B. 错误

6. 信息化技术与信息产业的发展水平，是衡量一个国家现代化和综合国力的重要标志。（　　　）

A. 正确　　　　　　B. 错误

7. 世界上第一台计算机的主要逻辑元件是电子管。（　　　）

A. 正确　　　　　　B. 错误

8. 计算机只能处理数字信号。（　　　）

A. 正确　　　　　　B. 错误

9. 微机中的外存按存储介质的不同可以分为磁表面存储器、光存储器和半导体存储器。（　　　）

A. 正确　　　　　　B. 错误

10. 在 R 进制数中，能使用的最大数字符号是 R-1。（　　　）

A. 正确　　　　　　B. 错误

11. 在计算机发展的过程中，人们先后发明的计算机依次是：微型机-小型机-大型机-巨型机。（　　　）

A. 正确　　　　　　B. 错误

12. 在计算机中，规定一个数的最高位作为符号位，"0"表示负，"1"表示正。（　　　）

A. 正确　　　　　　B. 错误

13. 主板中最重要的部件之一是芯片组，它是主板的灵魂，决定了主板所能支持的功能。（　　　）

A. 正确　　　　　　B. 错误

14. 1GB 等于 1000MB，又等于 1000000KB。（　　　）

A. 正确　　　　　　B. 错误

15. 中央处理器和主存储器构成计算机的主体，称为主机。（　　　）

A. 正确　　　　　　B. 错误

16. 打印机按照印字的工作原理可以分为击式打印机和非击式打印机。（　　　）

　　A. 正确　　　　　　　B. 错误

17. 计算机中分辨率和颜色数由显示卡设定，但显示的效果由显示器决定。（　　）

　　A. 正确　　　　　　　B. 错误

18. 计算机处理音频主要借助于声卡。（　　）

　　A. 正确　　　　　　　B. 错误

19. 内、外存储器的主要特点是内存由半导体大规模集成电路芯片构成，存取速度快、价格高、容址量小，不能长期保存数据。外存是由电磁转换或光电转换的方式存储数据，容量高、可长期保存，但价格相对较低，存取速度较慢。（　　）

　　A. 正确　　　　　　　B. 错误

20. 计算机中的浮点数用阶码和尾数表示。（　　）

　　A. 正确　　　　　　　B. 错误

21. 在计算机中之所以采用二进制，是因为二进制运算最简单。（　　）

　　A. 正确　　　　　　　B. 错误

22. 计算机的"运算速度"的含义是指每秒钟能运行多少条操作系统的指令。（　　）

　　A. 正确　　　　　　　B. 错误

23. 声卡是接收、处理、播放音频信息的重要部件，是多媒体不可缺少的组成部分。（　　）

　　A. 正确　　　　　　　B. 错误

24. 硬盘和光盘的存储原理是不相同的。（　　）

　　A. 正确　　　　　　　B. 错误

25. 在计算机操作过程中，当软盘驱动器指示灯亮时，不能插取磁盘是因为怕内存中的数据丢失。（　　）

　　A. 正确　　　　　　　B. 错误

26. 文字信息处理时，各种文字符号都是以二进制数的形式存储在计算机中。（　　）

　　A. 正确　　　　　　　B. 错误

27. 在一般情况下，外存中存放的数据，在断电后不会丢失。（　　）

　　A. 正确　　　　　　　B. 错误

28. 两个显示器屏幕尺寸相同，则分辨率也一样。（　　）

　　A. 正确　　　　　　　B. 错误

29. CPU 的时钟频率是专门用来记忆时间的。（　　）

　　A. 正确　　　　　　　B. 错误

30. 标准键盘上的按键可分为主键区、功能键区、光标控制键区、数字编辑键区 4 个区。（　　）

　　A. 正确　　　　　　　B. 错误

四、填空题

1. 计算机辅助系统中 CAE 指的是_____。

2. 一个位只能表示两种状态，即_____和 1。

3. 八进制数 2002 转换成十进制数为_____。

4. 二进制的基数有_____个。

5. 第四代计算机采用的逻辑元件是_____。

6. 八进制数 10000 转换成十进制数是_____。

7. $(1100100)_2 = ($_____$)_{10}$。

8. 国际通用的 ASCII 码是 7 位编码，即一个 ASCII 码字符用 1 个字节来存储，其最高位为_____，其余 7 位为 ASCII 码值。

9. 字节由位组成，1 个字节等于_____位。通常 1 个字节可以存放一个 ASCII 码，两个字节可以存放一个汉字编码。

10. ROM 属于_____存储器。

11. 计算机总线分为数据总线、地址总线和_____。

12. 由大规模、超大规模集成电路为主要逻辑元件的计算机属于第_____代计算机。

13. 在微机系统中，普遍使用的字符编码是_____。

14. 十进制 78 转换成二进制数是_____。

15. 十进制数 268 转换成十六进制数是_____。

16. 二进制数 1010111 转换成八进制数是_____。

17. 在微型机汉字系统中，一个汉字的机内码占的字节数为_____。

18. 第一代计算机使用的逻辑元件是_____。

19. 世界上的一台电子计算机研制于 1946 年，其名称为_____。

20. 在计算机中，_____是存储器存储容量的基本单位。

21. Intel PIV/2.4G 中 2.4G 指的是计算机中 CPU 的_____。

22. 在机器内部是以_____编码形式表示的。

23. 计算机能直接执行的程序是_____。

24. 根据计算机的工作原理，计算机由输入设备、运算器、_____、存储器、输出设备功能模块组成。

25. 在计算机的外部设备中，打印机属于_____设备。

26. 运用计算机进行图书资料处理和检索，是计算机在_____方面的应用。

27. 计算机的运算速度主要取决于_____。

28. 计算机软件主要分为_____和应用软件。

29. Windows 是一种操作系统；C 语言编译器是一种系统软件；Winrar 压缩工具软件属于_____软件。

30. "N" 的 ASCII 码为 4EH，由此可推算出 ASCII 码为 01001010B 所对应的字符是_____。

31. 一组排列有序的计算机指令的集合称为_____。

32. 对于一个 2KB 的存储空间，其地址可以是 000H 到_____H。

33. 标准 ASCII 码用_____位二进制位来表示 128 个字符，但是每个字符占用一个字节。

34. 显示系统是由显示器和_____两部分组成。

35. 存储器的 2MB 等于_____KB。

36. 表示 6 种状态至少需要_____位二进制数。

37. 二进制数 1010111 与 1001011 的和是_____。

38. 汉字在计算机内部采用二进制编码方式存储，该编码称为_____码。

39. 十进制数 183.8125 对应的二进制数是_____。

40. 显示器的分辨率指水平分辨率和_____的乘积。

41. 用 24×24 点阵的汉字字模存放汉字，100 个汉字需要的存储容量为_____。

42. 某汉字区位码为 2643，则它对应的国标码为_____H，对应的机内码是_____H。

43. 内存中的每一个存储单元都被赋予一个唯一的序号，该序号称为_____。

44. 将十进制 120.125 转化为二进制数为_____。

45. 十进制数 119.75 对应的八进制数是_____O。

46. 二进制数 10101101 与十六进制数 8AH 的和用十进制表示是_____。

47. 二进制数 1001111011 转换为对应的十六进制数为_____。

48. 十进制数 283.8125 对应的八进制数是_____。

49. 若要用二进制数表示十进制数的 0 到 999，则至少需要_____位。

50. 计算机中存储数据的最小单位是_____。

51. 计算机处理数据时，CPU 通过数据总线一次存取、加工和传输的数据称为_____。

52. 已知"A"字符所对应的 ASCII 码是 1000001，"b"字符所对应的 ASCII 码是_____（用十六进制表示）。

53. 4 个二进制位可表示_____种状态。

54. 与十六进制数 1000 等值的十进制数值是_____。

55. 用 MIPS 为单位来衡量计算机的性能，它用来描述计算机的_____。

56. _____设备是人与计算机联系的接口，用户可以通过它与计算机交换信息。

57. BIOS 是固定在微型计算机_____上的一块 ROM 芯片，其中存放了整个系统最基本的输入输出程序。

58. 操作系统的重要功能包括_____、存储器管理、设备管理、文件管理和提供用户接口。

59. 在计算机内设有某进制数 $3+4=10$，则 $6+5=$ _____。

60. 计算机硬件的"_____"功能是指操作系统可以自动识别该硬件，并自动安装相应的驱动程序。

参考答案

一、单项选择题

1	2	3	4	5	6	7	8	9	10
B	D	A	D	D	D	B	A	D	A
11	12	13	14	15	16	17	18	19	20
B	B	B	D	B	D	B	B	B	D
21	22	23	24	25	26	27	28	29	30
B	D	B	B	A	C	D	D	C	B
31	32	33	34	35	36	37	38	39	40
A	D	A	D	A	B	D	B	A	B
41	42	43	44	45	46	47	48	49	50
C	D	B	A	D	A	B	D	C	D
51	52	53	54	55	56	57	58	59	60
A	A	C	D	C	B	B	B	D	D
61	62	63	64	65	66	67	68	69	70
D	C	C	D	C	B	A	C	D	A
71	72	73	74	75	76	77	78	79	80
B	C	D	A	A	B	A	C	D	D
81	82	83	84	85	86	87	88	89	90
C	D	A	C	D	C	D	C	A	C
91	92	93	94	95	96	97	98	99	100
C	A	B	A	B	C	B	C	A	A

二、多项选择题

1	2	3	4	5	6	7	8	9	10
ABCD	ABC	AC	ABCD	ABCD	ABC	AC	ABCD	AD	ABCD
11	12	13	14	15	16	17	18	19	20
BD	ABCD	ABCD	ACD	AB	BC	AC	BC	AB	AB
21	22	23	24	25	26	27	28	29	30
ABC	AC	ABC	ABD	BCD	ABC	BCD	ABCD	AD	CD
31	32	33	34	35	36	37	38	39	40
ACD	ABC	ABC	BCD	ABC	ABD	ABD	AC	BCD	BD
41	42	43	44	45	46	47	48	49	50
ABC	ABC	BCD	ACD	ABC	BD	AB	ACD	AC	ABCD

三、判断题

1	2	3	4	5	6	7	8	9	10
A	A	B	B	B	A	A	A	A	A
11	12	13	14	15	16	17	18	19	20
B	B	A	B	A	A	A	A	A	A
21	22	23	24	25	26	27	28	29	30
B	A	A	A	B	A	A	B	B	A

四、填空题

1. 计算机辅助教育　　2. 0　　3. 1026　　4. 2

5. 大规模或超大规模集成电路　　6. 512　　7. 100

8. 0　　9. 8　　10. 只读　　11. 控制总线

12. 四　　13. ASCII 码　　14. 1001110　　15. 10C

16. 127　　17. 2 个　　18. 电子管　　19. ENIAC

20. 字节　　21. 主频　　22. 二进制　　23. 机器语言

24. 控制器　　25. 输出　　26. 信息管理　　27. 运算器

28. 系统软件　　29. 应用　　30. J　　31. 程序

32. 7FF　　33. 7　　34. 显示卡（或显示适配器）

35. 2048　　36. 3　　37. 10100010　　38. 机内

39. 10110111.1101　　40. 垂直分辨率　　41. 7200B　　42. 3A4B，BACB

43. 地址　　44. 1111000.001　　45. 167.6　　46. 311

47. 27B　　48. 433.64　　49. 10　　50. 位

51. 字　　52. 62H　　53. 16　　54. 4096

55. 运算速度　　56. I/O　　57. 主板　　58. 处理机管理

59. 14　　60. 即插即用

第二章

操作系统的初步知识与应用

本章主要考点如下：

操作系统的概念、功能、特征及分类，Windows 7 的基本知识及基本操作，桌面及桌面操作，窗口的组成，对话框和控件的使用，剪贴板的基本操作。

文件及文件夹管理：文件和文件夹的概念、命名规则，掌握"计算机"和"资源管理器"的操作，文件和文件夹的创建、移动、复制、删除及恢复（回收站操作）、重命名、查找和属性设置、快捷方式的创建、文件的压缩等，库操作。

Windows 7 中控制面板的操作：设置时钟、语言和区域，声音设置，打印机设置，设备管理器的使用，程序的添加和卸载，管理用户和用户组。

Windows 7 的系统维护与性能优化：磁盘的格式化、磁盘的清理、磁盘的碎片整理，磁盘的检查和备份，文件的备份和还原，使用 Windows 组策略增强系统安全防护。

Windows 7 中实用程序的使用："记事本""写字板""画图""截图工具""录音机""计算器""数学输入面板"等。

 知识点分析

1. 操作系统的基本概念

计算机系统由硬件系统和软件系统组成。软件系统可以分为系统软件和应用软件。操作系统是最重要的系统软件，是整个软件系统的核心。

从用户的角度出发，操作系统是用户和计算机硬件之间的桥梁；操作系统用于管理软、硬件资源，改善人机界面，为用户提供良好的运行环境的一种系统软件。

操作系统（Operating System）的主要特征：并发性、共享性、异步性和虚拟性。

1）并发性：两个或两个以上的程序在同一时间间隔段内同时执行。并发能提高系统资源的利用率及系统吞吐量。采用并发技术的操作系统又称为多任务系统。

2）共享性：操作系统中的软、硬件资源可以被多个并发的进程所使用。

3）异步性：进程以不可预知的速度向前推进。内存中的每个进程何时执行、何时暂停、以怎样的速度向前推进、每道程序总共需要多少时间才能完成等，都是不可预知的。

操作系统的基本功能：处理器管理（即 CPU 管理）、存储管理、设备管理、文件管理、作业管理（用户程序管理或任务管理）。

『经典例题解析』

1. 从资源管理的角度来看，操作系统主要具有（   ）、网络与通信管理、用户接口等六项功能。

A. 处理器管理　　　　　　　　　　　B. 输入管理、输出管理

C. 设备管理、文件管理　　　　　　　D. 程序管理、数据管理

【答案】AC。

2. 普遍认为操作系统是管理软硬件系统改善人机界面合理组织计算机工作编程和为用户使用计算机提供良好的运行环境的一种系统软件。（　　　）

A. 正确　　　　　　B. 错误

【答案】A。

3. 操作系统的重要功能包括处理器管理、_____、设备管理、文件管理和提供用户接口。

【答案】存储管理。

4. 操作系统是用户与软件的接口。（　　　）

A. 正确　　　　　　B. 错误

【答案】B。

5. 操作系统的特性主要有（　　　）四种。

A. 并发性、共享性　　　　　　　　　B. 诊断性、同步性

C. 控制性、虚拟性　　　　　　　　　D. 虚拟性、异步性

【答案】AD。

6. 操作系统是一个庞大的管理控制程序，它包括六个功能：处理器管理、存储管理、设备管理、（　　　）和提供用户接口。

A. 文件管理　　　　　　　　　　　　B. 硬件管理

C. 网络与通信管理　　　　　　　　　D. 作业管理

【答案】AD。

『你问我答』

问题一：操作系统是软件与硬件的接口对吗？

答：错。

问题二：操作系统是一种对所有硬件进行控制管理的系统软件？

答：错，不是所有硬件。

2. 常用微机操作系统及各自的特点

常用的操作系统：DOS、Windows 系列、UNIX、Linux、MAC OS、OS/2 等。

操作系统的分类：

1）按功能特性分：批处理操作系统、分时操作系统、实时操作系统。

2）按使用环境分：嵌入式操作系统、个人计算机操作系统、网络操作系统、分布式操作系统。

批处理操作系统：用户将作业交给系统操作员，系统操作员将许多用户的作业组成一批作业，之后输入到计算机中，在系统中形成一个自动转接的连续的作业流，启动操作系统，系统自动、依次执行每个作业，最后由操作员将作业结果交给用户。

分时操作系统：一台主机连接了若干个终端，每个终端有一个用户在使用，交互式地向系统提出命令请求，系统接收每个用户的命令，采用时间片轮转方式处理服务请求，并通过交互方式在终端上向用户显示结果。

实时操作系统：是指使计算机能及时响应外部事件的请求，在规定的严格时间内完成对该事务的处理，并控制所有实时任务协调一致工作的操作系统。

分布式操作系统：分布式系统是以计算机网络为基础的，它的基本特征是处理上的分布，即功能和任务的分布。分布式操作系统的所有系统任务可在系统中任何处理机上运行，自动实现全系统范围内的任务分配并自动调度各处理机的工作负载。

DOS：单用户单任务操作系统。

Windows：单用户多任务操作系统。

UNIX、Linux：多用户多任务操作系统。

『经典例题解析』

1. Windows 操作系统是一个（　　）。

A. 16 位单用户单任务操作系统　　　　　B. 支持多任务的操作系统

C. 多用户单任务操作系统　　　　　　　　D. 支持 64 位的操作系统

【答案】B。

2. Windows 操作系统属于（　　）。

A. 单用户单任务操作系统　　　　　　　　B. 单用户多任务操作系统

C. 多用户单任务操作系统　　　　　　　　D. 以上答案均不正确

【答案】B。

3. Windows 是一种（　　）。

A. 文字处理系统　　　　　　　　　　　　B. 计算机语言

C. 字符型的操作系统　　　　　　　　　　D. 图形化的操作系统

【答案】D。

4. Windows 操作系统的特点包括（　　）。

A. 图形界面　　　　　　　　　　　　　　B. 单任务

C. 即插即用　　　　　　　　　　　　　　D. 以上都对

【答案】AC。

5. Windows 家庭版是一个（　　）。

A. 多用户操作系统　　　　　　　　　　　B. 多用户、多任务操作系统

C. 网络操作系统　　　　　　　　　　　　D. 图形化的单用户、多任务操作系统

【答案】D。

6. 下列不属于交互式操作系统的是（　　）。

A. Windows 操作系统　　　　　　　　　　B. DOS 系统

C. 批处理操作系统　　　　　　　　　　　D. 分时操作系统

【答案】C。

『你问我答』

问题一：实时操作系统是在限定的时间范围内做出相应，不是立刻响应，这样说对吗？如果不对该怎么说？

答：对。

问题二："分时系统不能限制对外部信号的反应时间"，这句话是什么意思呢？

答：交互式的向系统提出命令请求，系统接收每个用户的命令，采用时间片轮转方式处理服务请求。

3. Windows 7 的启动与关机

冷启动：在关机状态下启动计算机。

热启动：在通电的情况下单击"开始"图标→"关机"→"重新启动"。

用户按下 < Ctrl + Alt + Del > 组合键，可以单击"启动任务管理器"进入"Windows 任务管理器"对话框。

正确开机的方法：先开外设，再开主机；

正确关机的方法：先关主机（即单击"开始"菜单的"关机"），再关外设。

正确关机可选方法如下：

1）在 Windows 系统中单击"开始"图标→"关机"。

2）使用 < Alt + F4 > 热键直接进入关机界面，默认为"关机"，单击"确定"按钮。

『经典例题解析』

1. 计算机在进入待机状态时，可以关闭电源保持其状态。（ ）

A. 正确　　　　　　　B. 错误

【答案】B。

2. Windows 7 操作系统中，启动任务管理器的快捷键组合是 < Ctrl + Alt + Shift > 。（ ）

A. 正确　　　　　　　B. 错误

【答案】B。

3. 微机安装新的硬件后，重新启动 Windows 会发生（ ）。

A. 系统会自动检测并报告发现新的硬件

B. 系统会提示用户重装 Windows 7

C. 自动进入 MS- DOS 模式

D. 进入安全模式

【答案】A。

4. 以下关闭计算机的操作，正确的是（ ）。

A. 单击"关闭"按钮

B. 按 < Alt + F4 > ，选择"关机"，单击"确定"按钮

C. 直接关闭计算机电源

D. 单击"开始"菜单中的"关机"按钮

【答案】BD。

4. Windows 7 的桌面、开始菜单、任务栏

计算机启动完成后，显示器上显示的整个屏幕区域被称为桌面。

图标（Icon）：是 Windows 的一个小的图像，不同形状的图标表示不同的含义。

桌面图标包括计算机、用户的文件、回收站、网络、控制面板。

桌面属性设置：在桌面的空白处单击鼠标右键，在出现的快捷菜单中选择"个性化"，可以进行主题、桌面背景、屏幕保护程序、声音等的设置。

"开始"菜单：存放操作系统或设置系统的绝大多数命令，而且还可以使用安装到当前系统里面的所有的程序。按下 Windows 键或按组合键 < Ctrl + Esc > 可以激活"开始"菜单。

任务栏：可以被隐藏，也可调整其位置和大小。

『经典例题解析』

1. Windows 的"桌面"指的是整个屏幕区域。（　　）

A. 正确　　　　　　　　B. 错误

【答案】A。

2. 启动 Windows 后，出现在屏幕上的整个区域称为（　　）。

A. 资源管理器　　　　　　　　　　B. 桌面

C. 文件管理器　　　　　　　　　　D. 程序管理器

【答案】B。

3. 在 Windows 中，不能对任务栏进行的操作是（　　）。

A. 改变尺寸大小　　　B. 移动位置　　　C. 删除　　　　　　D. 隐藏

【答案】C。

『你问我答』

问题一：在 Windows 中，下列说法正确的是（　　）。

A. 双击任务栏上的日期时间显示区，可调整机器默认的日期或时间

B. 如果鼠标坏了，则无法正常退出 Windows

C. 如果鼠标坏了，就无法选中桌面上的图标

D. 任务栏总是位于屏幕底部

答：A。

5. 快捷按钮和快捷方式

快捷方式：是一个扩展名为 .lnk 的文件，一般同一个应用程序或文档关联。通过快捷方式可以快速打开相关联的应用程序和文档，以及访问计算机或者网络上任何可以访问的资源。

快捷方式就是一种用于快速启动程序的命令行，它和程序既有区别又有联系。

快捷方式存放位置：桌面、"开始"菜单、其他文件夹、回收站。

可创建快捷方式的位置：桌面、文件夹中。

不可创建快捷方式的位置：回收站、控制面板、计算机。

『经典例题解析』

1. 删除 Windows 桌面上某个应用程序的图标，意味着（　　）。

A. 该应用程序连同其图标一起被删除

B. 只删除了该应用程序，对应的图标被隐藏

C. 只删除了图标，对应的应用程序被保留

D. 该应用程序连同其图标一起被隐藏

【答案】C。

2. 在 Windows 操作系统中，以下对快捷方式理解正确的是（　　）。

A. 删除快捷方式等于删除文件

B. 建立快捷方式等于减少打开文件夹、找文件夹的麻烦

C. 快捷方式不能被删除

D. 文件夹不可建立快捷方式

【答案】B。

3. 在 Windows 的桌面上创建快捷方式的方法有（　　）。

A. 用鼠标右键单击文件所在的磁盘，选择"创建快捷方式"

B. "资源管理器"→"文件"下拉菜单→"发送到"→"桌面快捷方式"

C. "资源管理器"中找出想要的文件，利用鼠标右键把它拖到桌面上，建立快捷方式

D. "资源管理器"中找出想要的文件，利用鼠标左键把它拖到桌面上，建立快捷方式

【答案】AC。

4. 可以对同一应用程序建立多个快捷方式。（　　　）

A. 正确　　　　　　　　B. 错误

【答案】A。

5. 在 Windows 中，删除快捷方式不会对原程序或文档产生影响。（　　　）

A. 正确　　　　　　　　B. 错误

【答案】A。

『你问我答』

问题一：将某文件的快捷方式从 C 盘移动到 D 盘，则（　　　）

A. 仍可以用这个快捷方式打开对应文件

B. 不能再用这个快捷方式打开对应文件

C. 必须把对应文件也移动到 D 盘才能用快捷方式打开

D. 快捷方式对应的文件也会自动移动到 D 盘

某文件有一个快捷方式，现将文件从 C 盘移动到 D 盘，则（　　　）

A. 仍可以用这个快捷方式打开对应文件

B. 不能再用这个快捷方式打开对应文件

C. 如果把快捷方式也移动到 D 盘就能用这个快捷方式打开该文件

D. 快捷方式也会自动移动到 D 盘

答：答案为 A，B。移动快捷方式，不影响源文件的打开；如果移动源文件，快捷方式就无法打开源文件了。

问题二：快捷方式是指向一个程序或文档的指针？

答：快捷方式是一个文件，与程序或文档既有区别也有联系。

问题三：快捷方式是一个（　　　）。

A. 按钮　　　　　　B. 菜单　　　　　　C. 程序　　　　　　D. 文件

书上说：快捷方式是到计算机或网络上任何可访问的项目（如程序、文件、文件夹、磁盘驱动器、打印机或者另一台计算机）的连接。答案选 CD 对吗？

答：答案为 D。快捷方式就是一种用于快速启动程序的命令行，是一个文件，它和程序既有区别又有联系。

问题四：一个对象可以有多个快捷方式，对吗？

答：对。

6. 剪贴板的使用

剪贴板是内存的一段公共区域，用于实现应用程序内部或者在多个应用程序之间交换数据。主要的操作有三种：剪切、复制、粘贴。

使用"复制"和"剪切"都可以将所选择的对象传入剪贴板，但是进行粘贴后，"剪切"将删除所选择的对象，而"复制"则不会。

快捷键：剪切＜Ctrl＋X＞、复制＜Ctrl＋C＞、粘贴＜Ctrl＋V＞。

PrintScreen：将当前整个屏幕的内容作为图像复制到剪贴板；＜Alt＋PrintScreen＞：将当前活动窗口以图像的形式复制到剪贴板。

『经典例题解析』

1. 在 Windows 操作系统中，若要复制整个屏幕到剪贴板，可以按（　　）。

A. ＜Ctrl＋PrintScreen＞键　　　　　　B. ＜Alt＋PrintScreen＞键

C. PrintScreen 键　　　　　　　　　　D. ＜Shift＋PrintScreen＞键

【答案】C。

【解析】按 PrintScreen 键可将当前屏幕的内容作为图像复制到剪贴板；按＜Alt＋Print-Screen＞键可将当前活动窗口以图像的形式复制到剪贴板。

2. "剪切板"中存放的信息，关闭计算机（　　）。

A. 不会丢失恢复　　B. 再开机可以恢复　　C. 会丢失　　　　D. 再开机可继续使用

【答案】C。

3. 在 Windows 操作系统中，下列操作与剪切板无关的是（　　）。

A. 粘贴　　　　　　B. 删除　　　　　　C. 复制　　　　　　D. 剪切

【答案】B。

4. 一般文件操作中，剪切和粘贴对应的快捷键分别是＜Ctrl＋X＞、＜Ctrl＋V＞。（　　）

A. 正确　　　　　　B. 错误

【答案】A。

5. 在 Windows 操作系统中将当前窗口的信息以图像形式复制到剪贴板的快捷键为_____。

【答案】＜Alt＋PrintScreen＞。

6. 声音、图像、文字均可以在 Windows 的剪贴板暂时保存。（　　）

A. 正确　　　　　　B. 错误

【答案】A。

『你问我答』

问题一：Windows 操作系统中剪切后，可以粘贴几次？

答：一次。

问题二：_____可以实现 Windows 应用程序之间的信息共享。

答：剪贴板。

问题三：剪切是把当前选定的内容从所在的位置删除，并放到剪贴板?，这句话对吗？是不是针对文本可以，文件夹不可以？因为文件夹剪切以后，如果不粘贴文件夹仍然在，并没有删除。

答：如果是 Windows 操作系统，剪切的内容仍然存在，粘贴后就消失了，只可以粘贴一次；Office 中剪切的内容立即消失但可以粘贴多次。

7. 窗口的组成、对话框和控件的使用

窗口是 Windows 操作系统中的基本组成部分，每启动一个应用程序或打开一个文档，一般都会打开一个窗口。一个典型的 Windows 窗口包含标题栏、菜单栏、工具栏、工作区、状态栏、地址栏、搜索栏、导航窗格等几个部分。滚动条分为水平滚动条和垂直滚动条。当窗

口中内容显示一页显示不开的话，滚动条才出现。

在 Windows 操作系统中，通常在运行一个程序或打开一个文档时，都会打开一个相应的窗口，并且在任务栏上显示出该程序或文档窗口的按钮，通过任务栏就可以查看启动了哪些应用程序或打开了哪些文档。如果打开了多个窗口，只有一个窗口处于当前激活状态，这就是活动窗口，其余的窗口则处于后台工作状态，称为非活动窗口。

（1）窗口的调整

大小调整：双击未处于最大化状态的窗口的标题栏可以实现最大化，再双击可以使其还原。只有最大化的窗口才可以被还原。

窗口排列：层叠窗口、堆叠显示窗口、并排显示窗口。

（2）菜单栏：是若干命令的列表，用户单击某一个菜单项命令完成某个具体操作。

注意菜单中的几个符号约定：

"…"：表明执行此菜单命令将打开一个对话框。

"▶"：表明此菜单项目下还有下级菜单。

"√"：复选菜单，表明菜单对应的功能已经起作用。再次单击此菜单，将去掉该标记。

"●"：表明此菜单命令被选用。在菜单命令组中，同一时刻必须有且只有一项被选中。

如果菜单项呈现灰色，则表明此菜单命令当前不可用。

标题栏表现为渐变的蓝色时，表示当前窗口处于"活动"状态，可以接收鼠标和键盘的输入；表现为灰色时，表示当前窗口处于"非活动"状态，不能接收任何输入。同一时刻，Windows 操作系统只允许一个窗口处于活动状态。

对话框是进行人机对话的主要手段，它可以接收用户的输入，也可以显示程序运行中的提示和警告信息，可分为模式对话框和非模式对话框。

控件是一种标准的外观和标准操作方法的对象，不能单独存在，只能存在于某个窗口中。

『经典例题解析』

1. 在 Windows 操作系统中，当一个应用程序窗口被最小化后，该应用程序将（　　）。

A. 被终止执行　　　B. 继续在前台执行　　C. 被暂停执行　　　D. 被转入后台执行

【答案】D。

2. 在 Windows 操作系统中，当对话框打开时，主程序窗口被禁止，关闭该对话框后才能处理主窗口，这种对话框称为（　　）。

A. 非模式对话框　　　B. 一般对话框　　　C. 模式对话框　　　D. 公用对话框

【答案】C。

3. 在 Windows 操作系统中，当一个应用程序被最小化后，该应用程序将（　　）。

A. 被终止运行　　　　　　　　B. 忽略输入输出信息

C. 被暂停执行　　　　　　　　D. 继续执行

【答案】D。

4. 在 Windows 操作系统的应用程序窗口中，前面有√标记的菜单表示（　　）。

A. 复选选中　　　B. 单选选中　　　C. 有级联菜单　　　D. 有对话框

【答案】A。

5. Windows 操作系统中窗口与对话框的区别是（　　）。

A. 窗口有标题栏而对话框没有　　　　B. 窗口可以移动而对话框不可移动

C. 窗口有命令按钮而对话框没有　　　D. 窗口有菜单栏而对话框没有

【答案】D。

【解析】对话框：有些可以改变其位置、大小、输入内容，标题栏上通常只有关闭和帮助两个按钮，没有菜单栏。

6. 在 Windows 操作系统中，系统中要改变一个窗口的大小，则（　　）。

A. 拖动它的标题栏 　　　　　　　　B. 拖动它的任何边

C. 拖动它的左下角 　　　　　　　　D. 拖动它的右下角

【答案】BCD。

7. 在 Windows 操作系统中对话框分为（　　）。

A. 非模式对话框 　　　　　　　　　B. 模式对话框

C. 单选框 　　　　　　　　　　　　D. 文本框

【答案】AB。

8. 对话框的窗口大小是可以改变的。（　　）

A. 正确 　　　　　　B. 错误

【答案】A。

9. 在 Windows 操作系统窗口的菜单中，如果有些命令以变灰或暗淡的形式出现，这意味着（　　）。

A. 该选项的命令可用，变灰或暗淡是由于显示器的缘故

B. 该选项的命令出现了差错

C. 该选项当前不可用

D. 该选项的命令以后将一直不可用

【答案】C。

10. 以下关于 Windows 操作系统中窗口叙述正确的是（　　）。

A. 窗口不可以在屏幕上移动 　　　　B. 窗口可以缩小成任务栏上的一个图标

C. 窗口大小可以调整 　　　　　　　D. Windows 窗口都是应用程序窗口

【答案】BC。

11. 在 Windows 操作系统的应用程序窗口中，选中末尾带有省略号（……）的菜单项（　　）。

A. 将弹出下一级菜单 　　　　　　　B. 将执行该菜单命令

C. 表明该菜单项已被选用 　　　　　D. 将弹出一个对话框

【答案】D。

『你问我答』

问题一：控件的主要功能就是控制窗口的某些功能，为什么不对？

答：控件是用户可与之交互以输入或操作数据的对象，控件通常出现在对话框中或工具栏上。

问题二：任务栏上的内容为所有已打开窗口的图标。这句话对吗？任务栏上不是还有开始菜单吗？

答：这句话正确。开始菜单也是一个程序。

问题三：活动窗口一定位于重叠窗口最上层。这句话为什么是错的？

答：有些窗口可以设置成置顶，但不一定是活动窗口。

问题四：当一个前台运行的应用程序窗口被最小化后，该程序将转入后台运行？

答：对，程序窗口被最小化后，将变成任务栏上的一个图标，转入后台运行。

问题五：上次上课说"窗口层叠活动窗口一定是最上面的窗口"这句话我觉得不对，用 PPlive 可以将窗口置顶在最前，并且可以继续干别的，用 Word、打游戏都行，所以我觉得最前面不一定是活动窗口。

答：你的理解非常正确，活动窗口是能直接接收鼠标和键盘消息的窗口，不一定在最前端。

问题六：老师，现在很多问题在 Windows 下是一个样，但是在像 QQ 这种大众化应用程序下又是一个样，考试时怎么考虑？比如 QQ 音乐的桌面歌词，锁定以后一直在窗口最前面，并且不是活动窗口；在玩某些 FC 模拟游戏的时候，最小化窗口后并不在后台运行啊，怎么考虑这些问题？

答：所有在 Windows 中运行的窗口基本都一样，不同的操作系统可能有所不同，我们只能以 Windows 7 为准。

问题七：在 Windows 中，关于对话框不正确的是（　　）。

A. 对话框没有最大化按钮　　　　　B. 对话框没有最小化按钮

C. 对话框的窗口大小不能改变　　　D. 对话框不能移动

答：答案为 CD。

问题八：在 Windows 界面中，当一个窗口最小化后，其图标位于（　　）。

A. 属性　　　　　B. 活动桌面　　　　　C. 新建　　　　　D. 刷新

答：没有正确答案，应为任务栏。

问题九："每执行一个程序，都可以在任务栏上体现"这句话对吗？

答：对。

问题十：下列关于活动窗口的说法中不正确的是（　　）。

A. 活动窗口是位于重叠窗口最上层的窗口

B. 活动窗口就是最大化的窗口

C. 单击任务栏上的窗口图标，该窗口即成为活动窗口

D. 所有窗口都可以同时成为活动窗口

答：答案为 ABD。其中的 B 选项，活动窗口不一定最大化，能直接接收鼠标、键盘信息的就是活动窗口。

问题十一：拖一下窗口的左下角可以改变大小。为什么我拖了没有拖动，双击标题栏可以改变大小，况且变化的只是这两种状态？

答：在非最大化基础上才可以。

8. 计算机、资源管理器

Windows 环境中用于管理文件和文件夹的两大工具："计算机""资源管理器"。

特点：用户区分为左右两部分，左窗口为一个树形控件视窗窗口，右窗口为内容显示窗口。

可以根据需要选择使用超大图标、大图标、中等图标、小图标、列表、详细信息、平铺、内容等不同的视图模式来显示文件。

排列图标方式主要有名称、类型、大小、修改时间。

"库"是 Windows 7 操作系统中比较抽象的文件组织功能，它能将计算机中类型相同的文

件归类，以避免用户重新整理文件。与文件夹不同的是，库可以收集存储在多个位置的文件。也就是说，库实际上不存储文件，它只是一个抽象的组织条件，将类型相同的文件或文件夹归为一类。

Windows 7 操作系统的"库"功能默认提供 4 个条件分类，即视频、图片、文档和音乐。

『经典例题解析』

1. Windows 7"资源管理器"的打开方法有很多，下列叙述正确的是（　　）。

A. 右击"开始"按钮，在快捷菜单中单击"打开 Windows 资源管理器"命令

B. 右击"计算机"，在快捷菜单中单击"打开 Windows 资源管理器"命令

C. 右击任一驱动器图标，在快捷菜单中单击"打开 Windows 资源管理器"命令

D. 右击任务栏空白处，在快捷菜单中单击"打开 Windows 资源管理器"命令

【答案】A。

【解析】"资源管理器"的打开方法有两种，一是右击"开始"按钮，在快捷菜单中单击"打开 Windows 资源管理器"命令；二是双击桌面"计算机"。

2. Windows 7 操作系统的每个逻辑磁盘都有且只有一个目录。（　　）

A. 正确　　　　　　　　B. 错误

【答案】B。

3. 资源管理器是 Windows 操作系统中的常用文件，利用它同时只能对一个文件或文件夹删除。（　　）

A. 正确　　　　　　　　B. 错误

【答案】B。

4. "资源管理器"是 Windows 操作系统中最常用的文件和文件夹管理工具，它可以将文本文件的部分内容复制到另一文件中。（　　）

A. 正确　　　　　　　　B. 错误

【答案】B。

5. 在 Windows"资源管理器"窗口中，若希望显示文件的名称、类型、大小等信息，则应该选择"查看"菜单中的（　　）。

A. 列表　　　　　B. 详细信息　　　　　C. 大图标　　　　　D. 小图标

【答案】B。

【解析】"查看"菜单可以选择超大图标、大图标、中等图标、小图标、列表、详细信息、平铺、内容。

『你问我答』

问题一：在 Windows 7 操作系统中资源管理器左侧的一些图标前边往往有三角符号也可以无任何标记，没有标记表示＿＿＿＿＿。

答：文件夹图标不含有任何符号时表示该文件下没有任何子文件夹，所以答案是：无子文件。

问题二：在 Windows 7 的资源管理器中不能对文件进行（　　）操作？

A. 重新命名　　　　　B. 编辑　　　　　C. 移动　　　　　D. 删除

答：答案为 B。编辑指的是对文件内容进行处理，必须先打开文件然后才可以。

问题三：在 Windows 操作系统的资源管理器窗口中，为了将文件或文件夹从硬盘移动到软盘，应进行的操作是（　　）。

A. 先将它们删除并放入回收站，再恢复到软盘

B. 用鼠标左键将它们从硬盘拖放到软盘

C. 先用鼠标右键单击，然后在弹出的快捷菜单中用"发送到"命令

D. 用鼠标右键将它们从硬盘拖入软盘，并从弹出的快捷菜单中选择"移动到当前位置"

答：C 相当于异盘操作，是复制而不是移动。答案应为 D。

问题四：在 Windows 操作系统资源管理器左窗口中为什么不能出现文件？

答：树形控件的属性就是左边显示结构，右边显示内容。

9. 回收站

回收站实际上是硬盘上的一个特殊的区域，存放用户临时删除的硬盘文件；当用户又需要这些文件或文件夹时，还可以通过"还原"命令恢复。

每个盘符下各有一个回收站，桌面上的回收站是所有回收站的总和，回收站可以改变其大小，但通常不能被删除。

说明：1) 一般来说，从回收站中删除文件，或者按下 Shift 后删除文件，被删除文件就无法通过常规手段找回了。

2) U 盘、软盘上的内容被删除后，并不进入回收站，而是直接删除。

『经典例题解析』

1. 在 Windows 操作系统中，如果误删了重要文件则无法恢复，只能重做。（ ）

A. 正确 B. 错误

【答案】B。

2. 下列关于 Windows 操作系统"回收站"的说法，错误的是（ ）。

A. 删除文件的同时按下 Shift 键，删除的文件将不送入回收站而直接从硬盘删除

B. 从可移动磁盘上删除文件将不放入回收站

C. "回收站"中的内容会自动清空

D. "回收站"是内存的一个区域

【答案】CD。

3. 默认情况下，在 Windows 操作系统的"回收站"中，可以临时存放（ ）。

A. 硬盘上被删除的文件或文件夹

B. 软盘上被删除的文件或文件夹

C. 硬盘或软盘上被删除的文件或文件夹

D. 网络上被删除的文件或文件夹

【答案】A。

4. 在 Windows 操作系统中，放入回收站中的内容（ ）。

A. 不能再被删除了 B. 不能被恢复到原处

C. 不再占用磁盘空间 D. 可以真正被删除

【答案】D。

5. 下列关于"回收站"的叙述正确的是（ ）。

A. "回收站"中的文件不能恢复

B. "回收站"中的文件可以被打开

C. "回收站"中的文件不占有硬盘空间

D. "回收站"可用来存放被删除的文件或文件夹

【答案】D。

【解析】回收站里的文件可以被还原，双击其中的文件打开的是文件属性，回收站必须占所在硬盘的空间，硬盘里的文件被删除就放到相应的回收站里。

『你问我答』

问题一：磁盘分为硬盘和软盘，那说回收站是磁盘中的一块区域对吗？回收站的大小是否可以改变？怎么改变？

答："回收站是磁盘中的一块区域"不对，应是硬盘的区域。回收站的大小可以改变，鼠标右键桌面上的回收站打开属性就可以改变大小。

问题二：有关回收站的问题：我记得回收站的大小可以调整的，超过回收站容量大小的文件将被直接删除，不能放入回收站中。所以为了删除某些大型绿色游戏，我就把回收站的容量改掉，这样删起来方便。

答：正确，说明你对 Windows 操作系统非常熟悉。

问题三：在 Windows 的"回收站"中，存放的是（　　　）。

A. 只能是硬盘上被删除的文件或文件夹

B. 只能是软盘上被删除的文件或文件夹

C. 可以是硬盘或软盘上被删除的文件或文件夹

D. 可以是所有外存储器中被删除的文件或文件夹

答：答案为 A。

问题四：在 Windows 操作系统中，下列操作（　　　）直接删除文件而不把被删除文件送入回收站。

A. 选定文件后，按 Del 键

B. 选定文件后，按 Shift 键，再按 Delete 键

C. 选定文件后，按 < Shift + Delete > 键

D. 选定文件后，按 < Ctrl + Delete > 键

答案为 C，为什么不选 B？

答：按 < Shift + Delete > 键，表示两个键同时按下才可以，而 B 答案表示的是分别按下的意思。

问题五：回收站实际上是硬盘的一个特殊的系统文件夹，用户是不能删除的。这句话对吗？

答：你的理解是正确的，通常回收站可以被隐藏但一般不能删除。

10. 文件和文件夹

文件是指存储在外存储器上的一组相关信息的组合。每个文件都有一个文件名，不允许文件重名。

文件名由主文件名和扩展名组成。可以包括：英文字母、数字、汉字，以及@，#，$，～，_，、，∧等符号；不能包括：/、|、\ 、*、?、<、>、:、"等（可以分为三大类）。

扩展名用于确定文件的类型。常见的扩展名及含义见表 2-1。

表 2-1 常见的扩展名及含义

扩展名	类　　型	扩展名	类　　型
. txt	文本文件	. accdb	Access 文件
. bmp	位图文件	. jpg	图像文件
. docx	Word 文档	. wav	波形声音文件
. htm 或 . html	网页文件	. dotx	Word 模板文件
. pptx	演示文稿文件	. potx	PowerPoint 模板文件
. xlsx	电子表格文件	. xltx	Excel 模板文件
. exe	可执行文件	. com	执行程序（命令文件）

目录是为方便管理大量文件而提出的，它是一种层次化的逻辑结构，用于实现对大量文件的组织和管理。

文件夹：不仅可以包含文件和文件夹，而且还可以包含打印机、计算机等。

文件夹的命名规则同文件相同，从根目录开始（用 \ 表示），所有层次的文件夹就形成了一个树状结构，如 C: \ AA \ AB. docx。

选择文件或文件夹的方法如下：

1）选择多个连续的文件或文件夹方法：先选定第一个文件（夹），按下 Shift 键不放，再选定最后一个文件（夹）即可。

2）选择多个不连续的文件或者文件夹方法：按下 Ctrl 键不放，依次在每个要选择的文件或者文件夹上单击即可。

3）选择当前窗口的全部文件或者文件夹方法：按 < Ctrl + A > 键或者单击"组织"菜单，然后选择下拉菜单中的"全选"即可。

4）取消选定。

只取消一个文件（夹）：按住 Ctrl 键不放，单击要取消的文件（夹）。

取消所有被选择文件（夹）：在用户区的任意空白处单击鼠标即可。

文件或者文件夹的基本属性有只读属性和隐藏属性。

文件及文件夹操作有以下几种：

1）复制文件（夹）：

同盘复制：按住 Ctrl 键后，选中文件（夹）后拖拽至目的位置。

异盘复制：选中文件（夹），直接拖拽至目的位置。

2）移动文件（夹）：

同盘移动：选中文件（夹），直接拖拽至目的位置；

异盘移动：按住 Shift 键后，选中文件（夹）后拖拽至目的位置。

3）删除文件（夹）：

移到回收站删除：选中需删除文件，按键盘上的 Delete 键；或者右击需删除文件，在弹出菜单中选"删除"；或单击"文件"菜单，选择"删除"。

不移到回收站删除（直接删除）：按下 Shift 键不放，再执行前面的操作。

『经典例题解析』

1. 在 Windows 操作系统中，下列正确的文件命名是（　　　）。

A. myfile. xls. doc　　　　　　　　　　　B. myfile?. doc

C. myfile/. doc. xls　　　　　　　　　　　　D. myfile ∗ . Doc

【答案】A。

2. "文件"是指存放在（　　　）的一组相关信息的集合。

A. 内存中　　　　　　B. 硬盘上　　　　　　C. 打印机上　　　　　　D. 显示器上

【答案】B。

3. 在 Windows 操作系统中，下列错误的文件名是（　　　）。

A. m％1. doc　　　　　B. 22 $ #　　　　　C. a! = 0　　　　　D. 3 ∗ 4

【答案】D。

4. 在 Windows 操作系统中文件的属性包括（　　　）。

A. 只读属性　　　　　B. 系统属性　　　　　C. 隐藏属性　　　　　D. 存档属性

【答案】ABC。

5. Windows 操作系统的文件或文件夹的命名区分大小写。（　　　）

A. 正确　　　　　　B. 错误

【答案】B。

6. 文件或文件夹的属性设置为只读，则该文件或文件夹不可以编辑，但可以删除。（　　　）

A. 正确　　　　　　B. 错误

【答案】B。

7. Windows 操作系统根据扩展名建立了应用程序与文件的关联但用户不能建立运用关联。（　　　）

A. 正确　　　　　　B. 错误

【答案】B。

8. Windows 操作系统的文件组织结构是一种网状结构。（　　　）

A. 正确　　　　　　B. 错误

【答案】B。

9. Windows 操作系统"资源管理器"右窗格中，若要选定多个非连续排列的文件，应按住（　　　）键的同时，再分别单击所要选择的非连续文件。

A. Alt　　　　　　B. Tab　　　　　　C. Shift　　　　　　D. Ctrl

【答案】D。

10. 在 Windows 操作系统中，以下属于"合法"文件名的是（　　　）。

A. FILE. DAT　　　　　B. 123. \　　　　　C. 您好. txt　　　　　D. 123 ∗ . txt

【答案】AC。

11. 在 Windows 操作系统中，可以在同一文件夹下建立两个同名的文件。（　　　）

A. 正确　　　　　　B. 错误

【答案】B。

12. 在 Windows 操作系统中，下列叙述正确的是（　　　）。

A. 文件和文件夹都不可改名　　　　　　B. 文件可改名，文件夹不可改名

C. 文件不可改名，文件夹可改名　　　　　　D. 文件和文件夹都可以改名

【答案】D。

13. Windows 操作系统对磁盘信息的管理和使用是以文件为单位的。（　　　）

A. 正确　　　　　　B. 错误

【答案】A。

14. 记录在磁盘上的一组相关信息的集合称为_____。

【答案】文件

15. 不同文件夹中也不能有相同名字的文件或文件夹。（ ）

A. 正确 　　　　　　　　B. 错误

【答案】B。

『你问我答』

问题一：文件或者程序的扩展名大小写是否一样？例如 *.exe 和 *.EXE 以及 *.eXe 表达的意思是否一样？

答：Windows 操作系统中文件名不区分大小写。

问题二：把某文件设为只读时（ ）。

A. 能打开不能保存 　　　　　　　　B. 能打开能保存

答：答案选 A，只读表示文件可以被打开，可以阅读，但不能保存修改。

问题三：对文件重命名时，如果没有显示其扩展名，则只能修改主文件名。这句话对吗？

答：对。

问题四：文件被设置成隐藏属性后，通常仍然可见？

答：可以，如果选择"工具"菜单中的"文件夹"选项在"查看"中，选中"不显示隐藏的文件和文件夹"单选按钮后，隐藏文件和文件夹就不可见了。

问题五：软盘和硬盘是同一个盘吗？复制和移动怎么操作？

答：虽然都是采用磁性存储介质，但软盘和硬盘不是同一个盘，直接拖动就是复制，如移动需按下 Shift 键。

问题六：文件夹都能共享吗？只读的可以吗？

答：可以，只读的也可以共享。

问题七：只读文件是可以删除的，对吗？

答：对。

问题八：在"文件夹选项"中不能进行的操作是（ ）。

A. 设置打开项目的方式 　　　　　　B. 文件夹是否允许带扩展名

C. 是否启用"脱机文件" 　　　　　　D. 新建或删除文件类型

这道题答案选 C，但是我打开"文件夹选项"看了一下，里面有"脱机文件"这个项，如何理解 C 选项？

答：有该选项，但不可以设置。

11. 搜索

Windows 操作系统中有两个通配符：问号（?）和星号（*）。

问号（?）：可以与任意一个字符相匹配；

星号（*）：代表可以和 0 个或者多个任意字符相匹配。

搜索选项：文件名或部分文件名、文档内容、修改时间、类型、保存位置、作者信息等。

『经典例题解析』

1. Windows 操作系统中，在搜索文件或文件夹时，若查找内容为"a?d.*x*"，则可能查到的文件是（ ）。

A. abcd. exe 和 acd. xls 　　　　　B. abd. exe 和 acd. xls

C. abc. exe 和 acd. xls 　　　　　D. abcd. exe 和 abd. exe

【答案】B。

2. Windows 操作系统查找文件时，如果输入"*. docx"，表明要查找当前目录下的（　　）。

A. 文件名为 *. docx 的文件 　　　　　B. 文件名中有一个 * 的 docx 文件

C. 所有的 docx 文件 　　　　　D. 文件名长度为一个字符的 docx 文件

【答案】C。

【解析】*代表可以和 0 个或者多个任意字符相匹配，这里表示主文件名可以是任意的，但扩展名必须是 . docx 的 Word 文件。

3. 在 Windows 操作系统中，需要查找近一个月内建立的所有文件，可以采用（　　）。

A. 按名称查找 　　　　　B. 按位置查找

C. 按日期查找 　　　　　D. 按高级查找

【答案】C。

【解析】Windows 操作系统中的搜索选项可以按全部或部分文件名、文件中的一个字或词组、位置、修改时间、大小、高级（可以在隐藏文件和文件夹中）查找文件。

4. 小李记得在硬盘中有一个主文件名为 ebook 的文件，现在想快速查找该文件，可以选择（　　）。

A. 按名称和位置查找 　　　　　B. 按文件大小查找

C. 按高级方式查找 　　　　　D. 按位置查找

【答案】A。

【解析】主文件名为 ebook，并且在硬盘中，所以选 A。

12. 控制面板

控制面板是一个 Windows 实用工具的集合，通过这些工具，用户可以更改系统的外观和功能，对计算机的硬件、软件进行设置。

1）日期/时间设置：可以调整系统日期和时间、更改时区设置。

2）语言和区域设置：Windows 操作系统提供多国语言支持，其底层支持为 Unicode 字符集。

Unicode 字符集是一种 16 位字符编码标准，一个字符用 16 位二进制表示（两个字节），包含 ASCII 字符集。

区域设置：改变日期、时间、货币和数字的显示方式。

语言设置：安装或者删除当前计算机系统中使用的语言。

3）鼠标和键盘设置：

① 鼠标：可以更改系统指针方案，确定光标的速度和加速度，可以设置鼠标的左右手或双击速度。

② 键盘：可以更改键盘的重复延迟、重复率、光标闪烁频率等。

4）安装和卸载 Windows 应用程序：

从安装和卸载方面分，软件分为绿色软件和非绿色软件。

绿色软件：无须安装，将所需文件复制到系统中，双击主程序即可运行。

非绿色软件：必须先安装后使用，亦需要卸载。

5）打印机设置：必须先安装驱动程序后使用。

即插即用设备：在加上新的硬件以后不用再为此硬件安装驱动程序了，因为系统里面里附带了它的驱动程序。

6）设备管理器：可以安装和更新硬件设备的驱动程序。

『经典例题解析』

1. Windows 操作系统要安装一个应用程序，首先应在"控制面板"窗口中打开"程序"对话框，然后（　　　）。

A. 单击"更改或删除程序"　　　　　　B. 单击"添加/删除 Windows 组件"

C. 单击"添加新程序"　　　　　　　　D. 单击"设定程序访问和默认值"

【答案】C。

2. 控制面板是用来进行系统设置和设备管理的一个工具集。（　　　）

A. 正确　　　　　　　　B. 错误

【答案】A。

3. 在 Windows 操作系统中，绿色软件不需安装，仅将组成系统的全部文件复制到磁盘上即可。（　　　）

A. 正确　　　　　　　　B. 错误

【答案】A。

4. Windows 操作系统中设置、控制计算机硬件配置和修改桌面布局的应用程序是（　　　）。

A. Word　　　　　B. Excel　　　　　C. 资源管理器　　　　D. 控制面板

【答案】D。

5. Windows 用户要设置日期和时间，可以通过（　　　）来完成。

A. 单击"更改或删除程序"

B. "控制面板"中双击"日期和时间"图标

C. 双击"控制面板"中的"显示"图标

D. 双击"控制面板"中的"系统"图标

【答案】B。

6. 在 Windows 环境中，鼠标是重要的输入工具，而键盘（　　　）。

A. 无法起作用

B. 仅能配合鼠标，在输入中起辅助作用（如输入字符）

C. 也能完成几乎所有操作

D. 仅能在菜单操作中运用，不能在窗口中操作

【答案】C。

7. 在 Windows 环境下非绿色软件因需要动态库，安装时需要向系统注册表写入一些信息，因此仅将组成系统的全部文件复制到硬盘上是不能正常工作的。（　　　）

A. 正确　　　　　　　　B. 错误

【答案】A。

8. 打印页码 2—5，10，12 表示打印的是（　　　）。

A. 第 2 页，第 5 页，第 10 页，第 12 页

B. 第 2 至 5 页，第 10 至 12 页

C. 第 2 至 5 页，第 10 页，第 12 页

D. 第 2 页，第 5 页，第 10 至 12 页

【答案】C。

【解析】连续的用"—"，不连续的用"，"，进行页码的设置。

9. 在 Windows 操作系统中，下列可以查看系统性能状态和硬件设置的方法是（　　）。

A. 打开"资源管理器" 　　　　　　　　B. 双击"计算机"图标

C. 在"控制面板"打开"系统" 　　　　D. 在"控制面板"中双击"添加新硬件"

【答案】C。

『你问我答』

问题一：关于屏幕保护程序叙述错误的是（　　）。

A. 屏幕保护程序可以在显示属性对话框设置

B. 计算机闲置指定时间后系统会启动所选的屏保

C. 可以为屏保设置保护密码，改密码默认为登录时密码，也可设为其他

D. 启动屏保后，可以用移动鼠标等操作退出

答：答案为 C。设置了屏幕保护程序以后，如果在设置的时间内既不动键盘也不动鼠标，屏幕保护程序就会启动。

问题二：鼠标是 Windows 环境中的一种什么工具？（　　）

A. 画图 　　　　B. 指示 　　　　C. 输入 　　　　D. 输出

答：C。

问题三：在 Windows 操作系统中，要安装打印机驱动程序，需要做下列（　　）操作。

A. 将打印机与主机连接好，重新启动 Windows 系统即可

B. 通过重新安装 Windows 系统设定

C. 利用"控制面板"下的"打印机"设定

D. Windows 系统中无须安装打印机驱动程序就可以打印

答：答案为 C。打印机必须安装驱动程序，即插即用就是在加上新的硬件以后不用为此硬件再安装驱动程序了，因为系统里面里附带了它的驱动程序，像 Windows 7 里面就附带了一些常用硬件的驱动程序，即插即用功能的表现为系统初始安装时对即插即用硬件的自动识别，以及运行时对即插即用硬件改变的识别。

兼容是指几个硬件之间、几个软件之间或是几个软硬件之间的相互配合的程度。对于硬件来说，几种不同的计算机部件，如 CPU、主板、显示卡等，如果在工作时能够相互配合、稳定地工作，就说明它们之间的兼容性比较好，反之就是兼容性不好。而对于软件，一种是指某个软件能稳定地工作在某操作系统之中，就说这个软件对这个操作系统是兼容的。再就是在多任务操作系统中，几个同时运行的软件之间，如果能稳定地工作，不出经常性的错误，就说明它们之间的兼容性好，否则就是兼容性不好。另一种就是软件共享，几个软件之间无需复杂的转换，即能方便地共享相互间的数据，也称为兼容。

问题四：区域语言选项设置里不包括（　　）。

A. 数字 　　　　B. 日期 　　　　C. 输入法设置 　　　　D. ASCII 字符集

答：答案为 D。从"区域选项"中可以设置数字、货币、时间和日期这几项的格式，所以 AB 选项不确切，应为数字、日期格式，C 选项可以设置，D 选项不正确。

问题五：在控制面板中的"添加/删除程序"中，可以进行的工作是添加一个硬件的驱动

程序呢？还是删除 Windows 系统的部分组件？

答：添加硬件的驱动程序是在"系统"选项中，添加/删除程序可以添加/删除应用程序或者 Windows 组件，可以从 CD- ROM、软盘或者网络上安装。

问题六：安装打印机不一定安装打印机驱动程序。这句话对吗？

答：错。打印机必须安装驱动程序，有些打印机属于即插即用设备，因为系统里面已经附带了它的驱动程序，在加上新的硬件以后不用为此硬件再安装驱动程序了。

问题七：屏幕程序一旦设置口令生效，则其他用户无法使用该机。这句话对吗？

答：对。必须使用登录密码才可以登录系统继续工作。

问题八：Windows 操作系统的屏幕保护程序可以节省内存吗？

答：错，主要是为了保护屏幕。

问题九：Windows 操作系统中，游戏的安装可在"开始"菜单中进行设置。这句话是错误的。但是在开始菜单中不是有控制面板并有添加和删除程序这一项吗？为什么不能安装游戏？

答：游戏通常使用自带的安装程序（setup. exe）进行安装。

问题十：在控制面板的"添加与删除程序"中，可以进行的工作是（　　）。

A. 删除一个网上其他计算机的应用程序

B. 添加一个硬件的驱动程序

C. 删除一个用户工作组

D. 删除 Windows 系统的部分组件

答案为 D，但是 B 选项为什么不对啊？

答：控制面板的"添加与删除程序"只可以对本机进行操作，添加硬件的驱动程序是在"系统"选项中，删除一个用户工作组是在"用户帐户"中。

问题十一：Windows 硬件管理中，即插即用的含义是（　　）。

A. 计算机在开机状态下可直接将硬件插到主板的 I/O 插槽中

B. 操作系统内含有该硬件的驱动程序，并且在发现该硬件后自动识别并安装相应的驱动程序

答：答案为 B。即插即用就是在加上新的硬件以后不用为此硬件再安装驱动程序了，因为系统里面里附带了它的驱动程序，即插即用功能的表现为系统初始安装时对即插即用硬件的自动识别，以及运行时对即插即用硬件改变的识别。

问题十二：下列有关 Windows 的说法，正确的是（　　）。

A. 具有"即插即用"的特点，可支持所有的硬件设备

B. 支持 NTFS 格式的文件系统，使得文件系统更安全

C. 可通过软盘、硬盘或网络安装

D. 其快捷方式是一个图标，不是一个文件

答："即插即用"只对已提前安装驱动的硬件设备起作用，因此 A 选项不正确；B 选项正确；可通过光盘、硬盘或网络安装，快捷方式是一个扩展名为 . lnk 的文件，NTFS 格式比 FAT 格式更安全。答案为 B。

13. 磁盘管理

磁盘包括软盘和硬盘，对它们的操作基本完全相同。

管理主要有：磁盘格式化、磁盘清理、磁盘碎片整理、磁盘的检查和备份、磁盘硬件管

理、磁盘共享设置。

1）磁盘格式化：分为快速格式化和完全格式化。

快速格式化：仅将磁盘数据清除，速度较快。

完全格式化：不但清除磁盘所有数据，还进行磁盘扫描检查，以发现坏磁道、坏扇区并标注。

注意：①从未格式化过的白盘，只能进行完全格式化。

② 格式化时，磁盘容量、分配单元大小建议采用默认参数；文件系统参数 NTFS。

③ 可以随时修改磁盘的卷标：磁盘的卷标就是磁盘的名字（别名）。

2）磁盘清理：磁盘长期使用后，会有大量无用的文件占据磁盘空间。利用磁盘清理工具，可以清理回收站、清理系统使用过的临时文件、删除不用的可选的 Windows 组件以及不用的程序，以释放磁盘空间。

3）磁盘碎片管理：磁盘长期使用后，盘片中间出现大量小的碎片。这些碎片在一般情况下不能被分配使用，同时，由于碎片的增多，文件的存储分配空间也越来越零散，存储速度逐渐变慢。利用碎片整理程序，可将小的碎片空间集中在一起使用，同时有助于存储速度的提高。

『经典例题解析』

1. 磁盘和硬盘在使用前，都需要格式化。（　　）

A. 正确　　　　　　　　B. 错误

【答案】B。

【解析】应为软盘和硬盘在使用前，都需要格式化。

2. 通过对磁盘进行磁盘碎片整理，不能提高文件的读取速度。（　　）

A. 正确　　　　　　　　B. 错误

【答案】B。

3. 磁盘碎片是向磁盘多次删除和添加文件，或文件夹中文件没有在连续的磁盘空间的一种现象，碎片再多也不影响系统功能。（　　）

A. 正确　　　　　　　　B. 错误

【答案】B。

4. 在 Windows 中，运行磁盘碎片整理程序可以（　　）。

A. 增加磁盘的存储空间　　　　　　　B. 找回丢失的文件碎片

C. 加快文件的读写速度　　　　　　　D. 整理破碎的磁盘片

【答案】C。

5. 在 Windows 的系统工具中，磁盘碎片整理程序的功能是（　　）。

A. 把不连续的文件变成连续存储，从而提高磁盘读写速度

B. 把磁盘上的文件进行压缩存储，从而提高磁盘利用率

C. 诊断和修复各种磁盘上的存储错误

D. 把磁盘上的碎片文件删除掉

【答案】A。

6. 存放在计算机磁盘存储器上的数据可能会因多种原因丢失或损坏，所以定期备份磁盘上的数据是必要的。（　　）

A. 正确　　　　　　　　B. 错误

【答案】A。

7. 由于用户在磁盘上频繁写入和删除数据，使得文件在磁盘上留下许多小段，在读取和写入的时候，磁盘的磁头必须不断地移动来寻找文件的一个一个小段，最终导致操作时间延长，降低了系统的性能。此时，用户应使用操作系统中的（　　）功能来提高系统性能。

A. 磁盘清理　　　　　B. 磁盘扫描　　　　　C. 磁盘碎片整理　　　D. 使用文件的高级搜索

【答案】C。

【解析】磁盘长期使用后，盘片中间出现大量小的碎片。这些碎片在一般情况下不能被分配使用，由于碎片的增多，文件的存储分配空间也越来越零散，存储速度逐渐变慢。利用碎片整理程序，可将小的碎片空间集中在一起使用，同时有助于存储速度的提高。

『你问我答』

问题一：在 Windows 环境中，软盘格式化可在（　　）中实现。

A. Windows 设置程序　B. 控制版面　　　　C. 计算机　　　　　　D. 资源管理器

答：答案为 C。

问题二：映射网络驱动器是什么？

答："映射网络驱动器"的意思是将局域网中的某个目录映射成本地驱动器号，就是说把网络上其他机器的共享的文件夹映射为自己机器上的一个磁盘，这样可以提高访问时间。映射网络驱动器的操作步骤为：打开"计算机"，在"工具"菜单中，选择"映射网络驱动器"项，弹出设置窗口。

14. 用户管理

为保证系统安全，Windows 操作系统对试图访问该计算机资源的人员进行身份识别，防止资源被非法访问。

用户帐户：由用户名和密码组成。登录时，输入的用户名和密码必须正确，否则无法进入系统。

系统自带帐户：Administrator、Guest 和标准用户帐户，可以重新命名，但不能删除。

Administrator：管理员帐户，是负责设置和管理本地计算机以及其他用户和组帐户、指定密码、权限的人，拥有对计算机的完全控制权。可重新命名 Administrator，但不能删除。

Guest：来宾帐户，可以让一个临时帐户登录到计算机并以较少的权限使用计算机，没有密码。可禁用该帐户，可重新命名，但不能删除。

标准用户帐户：用户自建的帐号默认情况下属于标准帐号，该帐号只能进行一些基本的操作。

『经典例题解析』

1. Windows 是单用户操作系统，因此没有用户管理功能。（　　）

A. 正确　　　　　　　B. 错误

【答案】B。

2. Windows 操作系统有两个自动创建且不能删除的帐户，它们是 Administrator 和_____。

【答案】Guest。

【解析】系统自带帐户是 Administrator 和 Guest，可以重新命名，但不能删除。

15. 实用工具

Windows 7 的部分附件如下：

1）写字板。

2）记事本。

3）画图。

4）计算器：可以进行数制转换、三角函数运算。分为四种模式：标准型计算器、科学型计算器、程序员模式和统计信息模式。

5）录音机。

6）截图工具。

7）数学输入面板。

『经典例题解析』

1. 在计算机系统中，TXT 文件为_____文件，可用记事本打开。

【答案】文本。

【解析】在计算机系统中，扩展名为 .TXT 的文件被称为文本文件，可以用记事本创建、编辑和打开。

2. 有关 Windows 写字板的正确说法有（　　　）。

A. 可以保存为纯文本文件　　　　　　　B. 可以保存为 Word 文档

C. 可以改变字体大小　　　　　　　　　D. 无法插入图片

【答案】AC。

3. 使用 Windows 中的"录音机"录制的声音文件的格式为_____。

【答案】. wav

4. 通常所说的 BMP 文件是指（　　　）。

A. 程序文件　　　　B. 声音文件　　　　C. 文本文件　　　　D. 图像文件

【答案】D。

【解析】BMP 文件是位图文件，可以使用 Windows 附件中的画图程序实现。

5. 波形声音文件的扩展名是（　　　）。

A. txt　　　　　　B. wav　　　　　　C. jpg　　　　　　D. bmp

【答案】B。

【解析】Windows 附件中的录音机可以录制波形文件，也可以进行对声音文件进行编辑。

6. 下列文件中，通常属于音频文件的是（　　　）。

A. music. bmp　　　　B. music. doc　　　　C. music. mid　　　　D. music. txt

【答案】C。

【解析】常见音频文件的扩展名有：. midi 或 . mid：乐器数字接口，此格式用于器乐；. wav：波形扩展；. aif：音频交换文件格式，或称为 AIFF，与 WAV 格式类似；. mp3 等。

『你问我答』

问题一：在 Windows 中，下面叙述不正确的是（　　　）。

A. "写字板"是字处理软件，不能进行图文处理

B. "画图"是绘图工具，不能输入文字

C. "写字板"和"画图"都可进行文字和图形处理

D. "记事本"和"画图"都可进行文字和图形处理

E. "记事本"和"写字板"都可进行文字和图形处理

答：答案为 ABDE。写字板能进行简单图形的处理，而记事本只能处理文本文件，画图是

主要的图形处理工具。

问题二：假设"记事本"已经打开并且正在编辑一个文档，想再打开一个文档而不关闭当前文档，可以采用的方法是（　　　）。

A. 直接从"文件"菜单中选择"打开"命令

B. 建立新窗口后再选择"文件"、"打开"

C. 再次从"开始"菜单中运行"记事本"程序

D. 无法使用"记事本"同时打开两个文件

根据实际操作，答案为 C。可是记事本是单文档程序，不能同时打开两个文档，应如何理解？

答：单文档程序的意思是说在一个程序环境中每次只能操作一个文档，当打开新的文档时候，原来的文档必须关闭，多文档则可以打开多个，在 Windows 菜单中可以选择当前的窗口。

问题三：写字板能保存为 Word 文档吗？

答：写字板不能保存为 Word 文档，而 Word 文档程序可以保存为写字板文件（扩展名为 RTF）。

16. 中文输入法

输入法设置：可以添加、删除以及修改输入法属性，以及设置输入法热键等。

重要快捷键：

< Ctrl + Space >键或 Shift 键：在中文输入法和英文输入法中切换。

< Ctrl + Shift >键：在各种输入法中切换。

< Shift + Space >键：全角、半角切换。

< Ctrl + . >键：中文标点、英文标点切换。

『经典例题解析』

1. 安装中文输入法后，在 Windows 中使用_____组合键来启动或关闭中文输入法。

【答案】 < Ctrl + Space >。

2. 在 Windows 系统的任何窗口均可切换出汉字输入方式，其中系统默认的中英文输入法切换是（　　　）。

A. < Ctrl + Shift >键　　　　　　　B. < Ctrl + Space >键

C. < Ctrl + Alt + Shift >键　　　　D. < Shift + Space >键

【答案】B。

『你问我答』

问题一：输入法指示器能隐藏吗？

答：可以隐藏，在控制面板中的"区域和语言"选项。

问题二：在 Windows 中，只要选择汉字输入法中的"使用中文符号"，则在"中文半角"状态下也可以输出如顿号、引号、句号等全角的中文标点符号。这句话对吗？

答：这句话正确。注意：汉字无论在全角还是半角状态下占两个字节，而英文符号、标点符号、数字在全角状态下占两个字节，半角状态下占一个字节。

问题三：拼音输入法是一种音形码输入法，对吗？为什么？

答：不对。我们常用的全拼输入法是音码，五笔字型输入法是形码。

问题四：全角、半角方式的主要区别是（　　）。

A. 全角方式下输入的英文字母与汉字输出时同样大小，半角方式下则为汉字的一半大

B. 全角方式下不能输入英文字母，半角方式下才可以

C. 全角方式下只能输入汉字，半角方式下才能输入英文字母

D. 半角方式下输入的汉字为全角方式下输入汉字的一半大

答：A。

问题五：用 Shift 键可以进行中英文标点符号的切换。对吗？

答：不对。< Ctrl + . >键可进行中文标点、英文标点切换，Shift 键可在中文输入法和英文输入法中切换。

17. 鼠标的基本操作

鼠标分为机械鼠标、光电鼠标和无线鼠标。

鼠标的基本操作有移动/指向/定位、左击（单击）、右击、双击、释放、拖动等。

『经典例题解析』

在应用程序窗口中，当鼠标指针为沙漏形状时，表示应用程序正在运行，请用户（　　）。

A. 移动窗口　　　　　　　　　　B. 改变窗口位置

C. 输入文本　　　　　　　　　　D. 等待

【答案】D。

『你问我答』

问题：鼠标指针是指（　　）。

A. 随鼠标移动的一个小图形　　　B. 指向鼠标的箭头

C. 指向鼠标的一个应用程序　　　D. 指向鼠标的快捷方式。

答：答案为 A。鼠标指针不一定是个箭头，也可能是其他图形。

习　题

一、单项选择题

1. Windows 7 操作系统自带的两个文字处理程序是写字板和（　　）。

A. Microsoft Word　　　　　　　B. 记事本

C. CCED　　　　　　　　　　　D. WPS

2. Windows 7 操作系统属于（　　）。

A. 单用户单任务操作系统　　　　B. 单任务操作系统

C. 分时操作系统　　　　　　　　D. 多任务操作系统

3. Windows 7 操作系统中，对于 Administrator 帐户，可以拥有（　　）。

A. 除"添加/删除其他用户权限"之外的所有权限

B. 只有备份和恢复文件的权限

C. 除"删除软件的权限"之外的所有权限

D. 对计算机操作的全部权限

4. 在 Windows 7 操作系统中，将打开窗口拖动到屏幕顶端，窗口会（　　）。

A. 关闭　　　　　　　　　　　　B. 消失

C. 最大化
D. 最小化

5. Windows 7 操作系统的控件不包括（　　　）

A. 帮助控件
B. 标签控件

C. 命令按钮控件
D. 列表控件

6. 磁盘清理不包括下列选项中的（　　　）。

A. 清理回收站
B. 清理系统使用过的临时文件

C. 删除可选的 Windows 组件
D. 卸载磁盘驱动程序

7. 在 Windows 7 操作系统中，显示桌面的快捷键是（　　　）。

A. ＜ Win + D ＞
B. ＜ Win + P ＞

C. ＜ Win + Tab ＞
D. ＜ Alt + Tab ＞

8. 不属于 Windows 7 帐户的类型是（　　　）。

A. 来宾帐户
B. 标准帐户

C. 管理员帐户
D. 高级用户帐户

9. 关于任务栏不正确的描述为（　　　）。

A. 可以移动任务栏的位置
B. 可以将任务栏隐藏

C. 可以改变任务栏的宽度
D. 可以改变任务栏的形状

10. 关于文件的删除，不正确的描述为（　　　）。

A. 在回收站中删除了的文件，可以还原

B. 文件可以直接删除，不送到回收站

C. 回收站清空后，将不能进行还原操作

D. 一般情况下，文件删除后可以通过回收站来还原

11. 关于文件的拖动（直接按下左键拖动）操作，不正确的描述为（　　　）。

A. 在相同盘，不同文件夹之间的拖动肯定是移动

B. 按下 Ctrl 键的拖动肯定是复制

C. 在不同盘之间的拖动肯定是复制

D. 按下 Alt 键的拖动肯定是移动

12. 关于文件或文件夹的选定，不正确的描述为（　　　）。

A. 可以全部选定

B. 可以选定一个文件或文件夹

C. 可以选定连续的多个文件或文件夹

D. 按下 Shift 键后，可以选定多个不连续的文件或文件夹

13. 关于自由软件不正确的描述为（　　　）。

A. 可以自由复制
B. 自由软件不能收费

C. 可以自由获取源程序
D. 可以自由修改

14. 检查并修复硬盘中的错误，一般首选（　　　）。

A. 磁盘碎片整理程序
B. 磁盘扫描程序

C. 备份和还原程序
D. 磁盘清理程序

15. 默认打印机的图标的（　　　）位置有一个"√"标志。

A. 左上角　　　　　　B. 左下角　　　　　　C. 右上角　　　　　　D. 右侧

16. 在 Windows 7 操作系统中，打开外接显示设置窗口的快捷键是（　　　）。

A. ＜ Win + D ＞
B. ＜ Win + P ＞

C. ＜ Win + Tab ＞
D. ＜ Alt + Tab ＞

17. 下列设备中，（　　　）属于多媒体设备。

A. 网卡　　　　　　B. 还原卡　　　　　　C. 显卡　　　　　　D. 声卡

18. 下列说法中，正确的是（　　）。

A. 没有安装打印机的计算机不能实现打印功能

B. 一台计算机只能安装一台打印机

C. 一台计算机可以安装多台打印机

D. 一台打印机只能被一台计算机所使用

19. 下列选项中，（　　）不是导致磁盘碎片产生的主要原因。

A. 临时文件的大量产生　　　　　　　　B. 虚拟内存管理程序对硬盘进行频繁读写

C. 硬盘运行速度过慢　　　　　　　　　D. 文件分散保存

20. 下列用户或组中，能够打开"计算机管理"控制台的是（　　）。

A. PowerUsers　　　　　　　　　　　　B. Guest

C. Administrator　　　　　　　　　　　D. Users

21. 下列有关"添加打印机"的说法中，正确的是（　　）。

A. 只能选择使用默认的打印端口

B. 只能安装本地打印机

C. 在安装打印机驱动之前，必须先将要安装的打印机和计算机连接

D. 可以安装多台打印机

22. 下列有关对鼠标的配置操作中，不能实现的是（　　）。

A. 调整双击速度　　　　　　　　　　　B. 设置重复延时

C. 切换左右键功能　　　　　　　　　　D. 更改系统指针方案

23. 下面版本不属于 Windows 7 操作系统的是（　　）。

A. 家庭版　　　　　　　　　　　　　　B. 专业版

C. 媒体中心版　　　　　　　　　　　　D. 企业版

24. 下面不属于窗口的部件是（　　）。

A. 帮助栏　　　　　　　　　　　　　　B. 标题栏

C. 边框　　　　　　　　　　　　　　　D. 菜单栏

25. 在"画图"程序窗口中的白色矩形区域，通常被称为（　　）。

A. 画布　　　　　　　　　　　　　　　B. 编辑区

C. 桌面　　　　　　　　　　　　　　　D. 图层

26. 在 Windows 操作系统中，根据（　　）来建立应用程序与文件的关联。

A. 文件的属性　　　　　　　　　　　　B. 文件的内容

C. 文件的主名　　　　　　　　　　　　D. 文件的扩展名

27. 在对磁盘进行格式化时，下列选项中（　　）不能实现。

A. 重新分配磁盘的存储容量　　　　　　B. 设置磁盘卷标

C. 选择文件系统　　　　　　　　　　　D. 选择是否进行快速格式化

28. 在复制时，不正确的描述为（　　）。

A. 文件或文件夹的复制可以通过"计算机"或"资源管理器"来完成

B. 复制文件夹时，该文件夹下的文件或文件夹将一同被复制

C. 文件和文件夹的复制方法完全相同

D. 具有隐藏属性的文件不能被复制

29. 在搜索文件或文件夹时，问号（?）代表（　　）。

A. 可以和指定的多个字符匹配　　　　　B. 可以和任意一个字符匹配

C. 可以和指定的一个字符匹配　　　　　D. 可以和任意多个字符匹配

30. 在 Windows 7 操作系统中，显示 3D 桌面效果的快捷键是（　　）。

A. ＜Win＋D＞　　　　　　　　　　　　B. ＜Win＋P＞

C.　< Win + Tab >　　　　　　　　　　D.　< Alt + Tab >

二、多项选择题

1. 关于文件的属性，不正确的描述为（　　　）。

A. 文件被设置成只读属性后将不能被删除

B. 文件被设置成隐藏属性后，通常仍然可见

C. 文件可以设置的属性有隐藏、只读等

D. 文件夹可以设置的属性有隐藏、只读等

2. 操作系统的主要功能有（　　　）。

A. 设备管理　　　　　　　　　　　B. 处理器管理

C. 作业管理　　　　　　　　　　　D. 文件管理

3. 对于文件的扩展名，不正确的描述为（　　　）。

A. 文件的扩展名只能是 3 个字符

B. 文件夹也有扩展名

C. 文件夹的命名和文件的命名完全相同

D. 文件的主名最多是 256 个字符

4. 关于快捷方式，描述正确的选项有（　　　）。

A. 可以为文件或文件夹建立快捷方式

B. 可以为程序建立快捷方式

C. 删除快捷方式后，其指向的项目也随之被删除

D. 可以为磁盘驱动器建立快捷方式

5. 关于文件夹的描述，正确的有（　　　）。

A. 每个磁盘都有根目录，如果不需要可以由用户删除

B. 文件夹的图标是固定专用的，不能更改

C. 磁盘上的目录结构是树状结构

D. 文件夹中可以存放文件，也可以再建文件夹甚至可以包含打印机等。

6. 可执行文件的扩展名包括（　　　）。

A. . EXE　　　　　　B. . TXT　　　　　　C. . BAT　　　　　　D. . COM

7. 使用 Windows 7 操作系统中的控制面板，我们可以方便地管理（　　　）。

A. 鼠标　　　　　　B. 打印机　　　　　　C. 键盘　　　　　　D. 多媒体设备

8. 当 Windows 系统崩溃后，可以通过（　　　）来恢复。

A. 更新驱动　　　　　　　　　　　B. 使用之前创建的系统镜像

C. 使用安装光盘重新安装　　　　　D. 卸载程序

9. 在 Windows 7 操作系统中个性化设置包括（　　　）。

A. 主题　　　　　　　　　　　　　B. 桌面背景

C. 窗口颜色　　　　　　　　　　　D. 声音

10. 在 Windows 7 操作系统中，窗口最大化的方法是（　　　）。

A. 按最大化按钮　　　　　　　　　B. 按还原按钮

C. 双击标题栏　　　　　　　　　　D. 拖拽窗口到屏幕顶端

11. 在 Windows 7 操作系统中，对磁盘的管理主要包括（　　　）。

A. 磁盘清理　　　　　　　　　　　B. 磁盘格式化

C. 碎片整理　　　　　　　　　　　D. 磁盘的检查和备份

12. 在 Windows 7 操作系统中，利用"科学型计算器"可以进行（　　　）。

A. 三角函数　　　　　　　　　　　B. 统计分析

C. 十进制和十六进制数据之间的相互转换　　　D. 简单的四则运算

13. 在 Windows 7 操作系统中，对话框分为（　　）。

A. 非模式对话框　　　　　　　　　　B. 模式对话框

C. 复选框　　　　　　　　　　　　　D. 单选框

14. 在画图程序中，若要修改画布的大小，可以通过（　　）实现。

A. 通过拖动画布底部的图像大小调整柄缩放画布

B. 通过拖动画布右下角的图像大小调整柄缩放画布。

C. 打开"属性"对话框进行相应设置

D. 单击"查看"→"缩放"→"大尺寸"

15. 在 Windows 7 操作系统的"控制面板"中双击"鼠标"图标，在弹出的"鼠标属性"对话框中可以设置（　　）。

A. 单击的速度　　　　B. 双击的速度　　　　C. 指针的形状　　　　D. 左右手使用方式

16. 在 Windows 7 操作系统中，用户对某文件进行"粘贴"操作，下列描述正确的是（　　）。

A. 若对文件执行了"剪切"操作，则执行"粘贴"后剪贴板中的内容变为空白

B. 若对文件执行了"剪切"操作，则执行"粘贴"后剪贴板中的内容不变

C. 若对文件执行了"复制"操作，则执行"粘贴"后剪贴板中的内容变为空白

D. 若对文件执行了"复制"操作，则执行"粘贴"后剪贴板中的内容不变

17. Windows 7 操作系统中，当一个窗口最大化后，下列叙述正确的是（　　）。

A. 该窗口可以被关闭　　　　　　　　B. 该窗口可以最小化

C. 该窗口可以移动　　　　　　　　　D. 该窗口可以还原

18. 在 Windows 7 操作系统中可以完成窗口切换的快捷键或方法是（　　）。

A. < Alt + Tab >

B. < Win + Tab >

C. 单击要切换窗口的任何可见部位

D. 单击任务栏上要切换的应用程序按钮

19. 操作系统的主要特性有（　　）。

A. 并发性　　　　　　B. 同步性　　　　　　C. 异步性　　　　　　D. 共享性

20. 关于画图程序的功能，正确的说法有（　　）。

A. 可处理音、视频等信息　　　　　　B. 具有一定的文字处理能力

C. 是一个图形处理应用程序　　　　　D. 可用来制作图文混排文件

21. 下列属于 Windows 7 控制面板中的设置项目的是（　　）。

A. Windows Update　　　　　　　　B. 备份和还原

C. 恢复　　　　　　　　　　　　　　D. 网络和共享中心

22. 使用 Windows 7 操作系统的备份功能所创建的系统镜像可以保存在（　　）上。

A. 内存　　　　　　　　　　　　　　B. 硬盘

C. 光盘　　　　　　　　　　　　　　D. 网络

23. 在 Windows 7 操作系统中，属于默认库的有（　　）。

A. 文档　　　　　　　　　　　　　　B. 音乐

C. 图片　　　　　　　　　　　　　　D. 视频

24. 以下网络位置中，可以在 Windows 7 操作系统中进行设置的是（　　）。

A. 家庭网络　　　　　　　　　　　　B. 小区网络

C. 工作网络　　　　　　　　　　　　D. 公共网络

25. Windows 7 操作系统的特点是（　　）。

A. 更易用　　　　　　　　　　　　　B. 更快速

C. 更简单　　　　　　　　　　　　　D. 更安全

26. 关于 Windows 操作系统中剪切、复制、粘贴操作的说法正确的是（　　）。

A. 剪切是把当前选定的内容从所在的位置移动到剪贴板上

B. 复制是把当前选定的内容复制到剪贴板上

C. 粘贴是将剪贴板的内容复制到当前位置

D. 剪切、复制、粘贴都与剪贴板有关

27. 在 Windows 操作系统中更改当前的日期和时间，可以通过（　　）进行设置。

A. 使用附件

B. 双击任务栏右侧的时间

C. 使用"控制面板"的"区域设置"

D. 使用"控制面板"的"日期和时间"

28. 可以在"任务栏和开始菜单属性"对话框中设置（　　）。

A. 添加输入法

B. 自动隐藏任务栏

C. 显示/隐藏时钟

D. 显示/隐藏输入法在任务栏上的指示

29. 在 Windows 操作系统中，对文件或文件夹进行移动操作，正确的操作有（　　）。

A. 选择→剪切→粘贴

B. 选择→复制→粘贴

C. 相同盘中（如 C 盘），直接用鼠标将文件或文件夹从一个位置拖拽至另一个位置

D. 相同盘中（如 C 盘），按下 Ctrl 键后，用鼠标将文件或文件夹从一个位置拖拽至另一个位置

30. 在 Windows 操作系统中选定文件或文件夹后，下列操作中可以使之进入回收站的是（　　）。

A. 按 Delete 键

B. 右击该文件或文件夹，选择"删除"

C. ＜Shift + Delete＞键

D. 按住 Shift 键，右击该文件或文件夹，选择"删除"

三、判断题

1. 可以为文件建立快捷方式，但不能为文件夹建立快捷方式。（　　）

A. 正确　　　　B. 错误

2. 绿色软件和非绿色软件的安装和卸载完全相同。（　　）

A. 正确　　　　B. 错误

3. 其实，Windows 7 操作系统的快捷方式就是一个特定的文件。（　　）

A. 正确　　　　B. 错误

4. 任务栏上的音量控制图标无法取消显示。（　　）

A. 正确　　　　B. 错误

5. 要开启 Windows 7 操作系统的 Aero 效果，必须使用 Aero 主题。（　　）

A. 正确　　　　B. 错误

6. 实际上，Windows 7 操作系统的"回收站"，就是一个特定的文件夹。（　　）

A. 正确　　　　B. 错误

7. 同"计算机""资源管理器"等一样，利用剪切板可以实现文件的移动、复制、删除或重命名等常见操作。（　　）

A. 正确　　　　B. 错误

8. 在"画图"程序中，背景色和前景色只能是颜料盒中的颜色。（　　）

A. 正确　　　　B. 错误

9. 在"画图"程序中，可以直接将绘制的图像设置为墙纸。（　　）

A. 正确　　　　B. 错误

10. 在 Windows 7 操作系统中，日期、时间、数字以及货币的显示方式不可改变。（　　）

　　A. 正确　　　　　　　　B. 错误

11. 在 Windows 7 操作系统中，只要运行某个程序或打开某个文档，就会出现一个窗口。（　　）

　　A. 正确　　　　　　　　B. 错误

12. 在 Windows 7 操作系统中，文件名可以包含空格和英文句号等。（　　）

　　A. 正确　　　　　　　　B. 错误

13. 只要打开一个窗口，滚动条肯定会出现。（　　）

　　A. 正确　　　　　　　　B. 错误

14. 在 Windows 7 操作系统中默认库被删除后可以通过恢复默认库进行恢复。（　　）

　　A. 正确　　　　　　　　B. 错误

15. Windows 操作系统中，文件夹的命名不能带扩展名。（　　）

　　A. 正确　　　　　　　　B. 错误

16. 将 Windows 操作系统应用程序窗口最小化后，该程序将立即关闭。（　　）

　　A. 正确　　　　　　　　B. 错误

17. 菜单后面如果带有组合键的提示，比如 < Ctrl + P > 键，表明直接按组合键也可执行相应的菜单命令。（　　）

　　A. 正确　　　　　　　　B. 错误

18. 在 Windows 7 操作系统中默认库被删除了就无法恢复。（　　）

　　A. 正确　　　　　　　　B. 错误

19. 菜单名字前带有黑点记号的话，表明分组菜单中，只能有一个且必定有一个选项被选中。（　　）

　　A. 正确　　　　　　　　B. 错误

20. 窗口排列层叠、堆叠、并排三种方式。（　　）

　　A. 正确　　　　　　　　B. 错误

四、填空题

1. 在 Windows 7 操作系统中，文件名最长可以达到_____个字符。

2. 在 Windows 7 操作系统中，我们可以通过_____组合键在应用程序之间进行切换。

3. 在 Windows 7 操作系统操作中，弹出快捷菜单一般单击鼠标_____。

4. Windows 7 操作系统中将应用程序窗口关闭的快捷键是_____。

5. 在 Windows 7 操作系统中，按下鼠标左键在不同驱动器不同文件夹内拖动某一对象，结果是_____该对象。按下鼠标左键在相同驱动器不同文件夹内拖动某一对象，结果是_____该对象。

6. 用户当前使用的窗口称为_____窗口。

7. 在 Windows 7 操作系统中查找文件时，可以使用通配符 "?" 和_____代替文件名中的一部分。

8. 在 Windows 7 操作系统中，如要需要彻底删除某文件或者文件夹，可以按 < _____ + Delete > 组合键。

9. 在 Windows 7 操作系统中，"回收站" 是_____中的一块区域。

10. Windows 7 操作系统中要改变某文件夹的名称，也可以鼠标_____这个文件夹图标，在弹出的快捷菜单中选择 "重命名"，然后输入新名。

11. Windows 7 操作系统中在 "回收站" 中的文件_____（填 "能" 或 "不能"）被直接打开。

12. Windows 7 操作系统 "回收站" 中的文件被删除后，将_____（填 "能" 或 "不能"）恢复。

13. 在 Windows 7 操作系统中，通过单击 "_____" 中的 "打印机和其他硬件" 中的 "添加打印机" 图标，可以添加打印机。

14. 在 Windows 7 操作系统中，要想激活任务栏上的某个窗口，需_____（填 "单击" 或 "双击"）该窗口相应的任务栏按钮。

15. 在 Windows 7 操作系统中，拖动窗口的_____可以实现窗口的移动。

16. 在 Windows 7 操作系统中，对话框和窗口的标题栏非常相似，不同的是对话框的标题栏左上角没有控制图标，右上角没有改变_____的按钮。

17. Windows 7 操作系统中，"回收站"里面存放着用户删除的文件。如果想再用这些文件，可以从回收站中执行"还原"操作。如果不再用这些文件，可以_____。

18. 在 Windows 7 操作系统的工作区中，将已选定的内容取消而将未选定的内容选定的操作叫作_____。

19. 在 Windows 7 操作系统中，每打开一个应用程序时，在_____中就会添加这个应用程序的图标按钮。

20. Windows 7 操作系统中，如果要将当前窗口的信息以位图形式复制到剪贴板中，可以按_____键。

21. 一般来说，Windows 7 操作系统硬盘上的文件或文件夹删除后都放在_____中。

22. Windows 7 操作系统中，_____是 Windows 的控制设置中心，其中各个对象组成对计算机的硬件驱动组合、软件设置以及 Windows 的外观设置。

23. Windows 7 操作系统允许同时运行_____应用程序，每个运行的应用程序都有一个对应的按钮出现在任务栏中。

24. 在 Windows 7 操作系统资源管理器中，为了使具有系统和隐藏属性的文件或文件夹不显示出来，首先应进行的操作是选择_____菜单中的"文件夹选项"。

25. 用 Windows 7 操作系统的"记事本"所创建的文件的默认扩展名是_____。

参考答案

一、单项选择题

1	2	3	4	5	6	7	8	9	10
B	D	D	C	A	D	A	D	D	A
11	12	13	14	15	16	17	18	19	20
D	D	B	B	B	B	D	C	C	C
21	22	23	24	25	26	27	28	29	30
D	B	C	A	A	D	A	D	B	C

二、多项选择题

1	2	3	4	5	6	7	8	9	10
AB	ABCD	AD	ABD	CD	ACD	ABCD	BC	ABCD	ACD
11	12	13	14	15	16	17	18	19	20
ABCD	ABD	AB	ABC	BCD	AD	ABD	ACD	ACD	BCD
21	22	23	24	25	26	27	28	29	30
ABCD	BCD	ABCD	ACD	ABCD	BD	BD	BC	AC	AB

三、判断题

1	2	3	4	5	6	7	8	9	10
B	B	A	B	A	A	B	B	A	B
11	12	13	14	15	16	17	18	19	20
A	A	B	A	B	B	A	B	A	A

四、填空题

1. 255
2. < Alt + Tab >
3. 右键
4. < Alt + F4 >
5. 复制，移动
6. 活动
7. "＊"
8. Shift
9. 硬盘
10. 右击
11. 不能
12. 不能
13. 控制面板
14. 单击
15. 标题栏
16. 最大化，最小化
17. 清空回收站
18. 反向选择
19. 任务栏
20. < Alt + PrintScreen >
21. 回收站
22. 控制面板
23. 多个
24. 工具
25. . txt

第三章

字处理软件 Word 2010

本章主要考点如下：

Office 2010 的基本知识：Office 2010 版本及常用组件，典型字处理软件，Office 2010 应用程序的启动与退出，Office 2010 应用程序界面结构，Backstage 视图，Office 2010 界面的个性定制，Office 2010 应用程序文档的保存、打开，Office 2010 应用程序帮助的使用。

Word 2010 的主要功能，文档视图，文本及符号的录入和编辑操作，文本的查找与替换，撤消与恢复，文档校对。

字符格式、段落格式的基本操作，项目符号和编号的使用，分节、分页和分栏，设置页眉、页脚和页码、边框和底纹，样式的定义和使用，版面设置。

Word 2010 表格操作：表格的创建、表格编辑、表格的格式化，表格中数据的输入与编辑，文字与表格的转换；表格计算。

图文混排：屏幕截图，插入和编辑剪贴画、图片、艺术字、形状、数学公式、文本框等，插入 SmartArt 图形。

文档的保护与打印，邮件合并，插入目录，审阅与修订文档。

 知识点分析

1. Word 2010 的主要功能、启动和退出

（1）Word 的主要功能

文字编辑和格式化；多媒体混排；表格处理；拼写和语法检查；模板和向导；帮助；网络；版式设计与打印等。还包括如下许多新的功能：

1）发现改进的搜索和导航体验。

2）屏幕截图功能。

3）图片处理功能。

4）与他人同步工作。

5）几乎可以在任何地点访问和共享文档。

6）利用增强的用户体验完成更多工作。

（2）常用的启动 Word 的方法

1）双击桌面上的 Word 快捷图标。

2）右击桌面，执行"新建"→"Microsoft Word 文档"快捷菜单命令，在桌面上建立"Microsoft Word 文档"快捷图标，双击快捷图标。

3）执行"开始/程序/Microsoft Word"命令。

4）打开 Word 可执行文件"WinWord. exe"。

5）打开已有的 Word 文件。

（3）常用的退出 Word 的方法

1）单击 Word 窗口右上角的"关闭"按钮。

2）单击"文件"选项卡，选择"退出"命令。

3）双击 Word 窗口左上角的控制图标。

4）单击 Word 窗口左上角的控制图标，在弹出下拉菜单中选择"关闭"命令。

5）< Alt + F4 >键。

（4）只关闭文档窗口而不退出应用程序的方法

1）单击"文件"选项卡，在 Backstage 视图中选择"关闭"命令。

2）< Ctrl + W >键。

『经典例题解析』

1. 通过（　　）可以启动 Word。

A. 运行 Word 安装程序　　　　　　　　　B. 运行 Winword. exe

C. 双击 Winword. DOC 文件　　　　　　　D. 运行 Winword. txt

【答案】BC。

2. Word 的功能包括（　　　）。

A. 收发邮件　　　　B. 表格处理　　　　C. 图形处理　　　　D. 网页制作

【答案】BCD。

3. Word 的功能主要有创建、编辑和格式化文档、（　　）和打印等。

A. 图形处理　　　　B. 版面设置　　　　C. 视频处理　　　　D. 表格处理

【答案】BD。

4. 下列选项可以正常关闭 Word 界面的是（　　　）。

A. 单击 Word 窗口右上角的"关闭"按钮

B. 单击"文件"菜单中的"关闭"命令

C. 双击 Word 窗口左上角的控制图标

D. 关闭电源

【答案】AC。

【解析】正常关闭 Word 界面只有五种方法，单击文件中"关闭"是关闭当前文档。

『你问我答』

问题一：关于退出程序，单击控制菜单上的"关闭"（双击控制菜单）是退出当前文档，不是退出程序，是吗？

答：错，是退出程序。

问题二：在 Word 中建立的文档文件，不能用 Windows 记事本打开，这是因为文件中含有特殊控制符，对吗？

答：对。

2. Word 2010 的窗口界面

Word 2010 的窗口主要由标题栏、功能区、文档编辑区、状态栏组成。

标题栏处于窗口的最上方，从左到右依次为控制菜单图标、快速访问工具栏、正在操作的文档名称、程序的名称和窗口控制按钮。

标尺分为水平标尺和垂直标尺，用于确定文档在屏幕及纸张上的位置。

滚动条分为垂直滚动条和水平滚动条。

状态栏位于窗口的底部，用于显示当前文档的页数/总页数、字数、输入语言、输入状态等信息。

功能区介绍：

1）文件：保存、另存为、打开、关闭、信息、最近所用文件、新建、打印、保存并发送、帮助、选项、退出等功能。

2）开始：剪贴板、字体、段落、样式、编辑。

3）插入：页、表格、插图、链接、页眉和页脚、文本、符号。

4）页面布局：主题、页面设置、稿纸、页面背景、段落、排列。

5）引用：目录、脚注、引文与书目、题注、索引、引文目录。

6）邮件：创建、开始邮件合并、编写和插入域、预览结果、完成。

7）审阅：校对、语言、中文繁简转换、批注、修订、更改、比较、保护。

8）视图：文档视图、显示、显示比例、窗口、宏。

『经典例题解析』

1. 在 Word 编辑状态下，若要进行"首字下沉"的设置，首先应打开（   ）选项卡。

A."开始"　　　　　B."视图"　　　　　C."插入"　　　　　D."审阅"

【答案】C。

2. Word 的功能区不包括 Word 的全部功能。（   ）

A. 正确　　　　　B. 错误

【答案】A。

3. 在 Word 2010 中的"开始"选项卡中的"编辑"组中包括（   ）命令。

A. 查找　　　　　B. 修订　　　　　C. 字数统计　　　　　D. 替换

【答案】AD。

4. Word 2010 中文版的运行窗口一般由（   ）、标尺、文档编辑区、滚动条等组成。

A. 标题栏　　　　　B. 功能区　　　　　C. 文本框　　　　　D. 图片

【答案】AB。

『你问我答』

问题一：当显示了水平标尺而没显示垂直标尺时，欲使垂直标尺也显示出来，则（   ）。

A. 单击"文件"→"选项"命令，在弹出的"Word 选项"中选择"高级"→"垂直标尺"复选框

B. 单击"视图"→"标尺"

答：答案为 A。使用视图选项卡中的标尺选项水平标尺与垂直标尺通常要同时显示，同时取消，不能只设置一个。

问题二：在 Word 窗口中，下面叙述不正确的是（   ）。

A. 标题栏显示出应用程序的名称及本窗口所编辑的文件名

B. 使用菜单时，用户可以按 < CTRL + 菜单名中带下划线字母 > 键，打开对应菜单

C. 标尺是一个可选择的栏目

D. 文本区中闪烁的"｜"，称为"插入点"，表示当前输入文字将要出现的位置

答：答案为 B。快捷键默认为 < Alt + 菜单名中带下划线字母 >。

3. 文档的建立、打开和保存

创建文档时有两种方法：一是创建空白文档，二是根据模版创建文档。

打开文档的具体操作方法如下：

1）单击"文件"选项卡，在 Backstage 视图中的"打开"命令。

2）< Ctrl + O > 或 < Ctrl + F12 > 键。

3）"快速访问工具栏"中"打开按钮"。

4）在 Backstage 视图中，单击"最近使用文件"选项卡中要打开的文件。

Word 有四种"打开方式"选项："打开""以只读方式打开""以副本方式打开""用浏览器打开"。

Word 提供自动恢复功能，可在很大程度上避免因为停电、机器死机等问题引发的文档丢失现象。在"文件"选项卡中的"选项"命令，在其中的"保存"选项卡中设置，时间范围为 0 ~ 120min，默认 10min，备份副本的扩展名为 . wbk。

保存文档的具体操作方法如下：

1）"快速访问工具栏"中"保存"按钮。

2）< Ctrl + S > 或 < Shift + F12 > 键。

3）单击"文件"选项卡中的"保存"命令。

『经典例题解析』

1. 以只读方式打开的 Word 文档，做了某些修改后，要保存时，应使用"文件"选项卡中的（　　）。

A. 保存　　　　　　B. 全部保存　　　　　C. 另存为　　　　　D. 关闭

【答案】C。

2. 在 Word 的编辑状态打开了一个文档，对文档进行修改后，当"关闭"文档后，（　　）。

A. 文档被关闭，并自动保存修改后的内容

B. 文档不能被关闭，并提示出错

C. 弹出对话框，并询问是否保存对文档的修改

D. 文档被关闭，修改后的内容

【答案】C。

3. 在 Word 中打开非 Word 文档，正确的方法步骤是（　　）。

A. 选中相应文档，双击打开

B. 选中相应文档，直接双击打开

C. 打开 Word，在"打开"对话框中选择相应文档的文件类型，找到文件，选中打开

D. 无法实现

【答案】C。

4. 关于文档换名存盘，下列描述正确的是（　　）。

A. 原文档依旧存在，原文档的内容是换名前已存盘的部分

B. 原文档丢失，新文档的内容是换名前已存盘的部分

C. 原文档依旧存在，新文档的内容是换名前已存盘的部分

D. 原文档丢失，新文档保存了当期文档的内容

【答案】A。

5. 在 Word 中,对标尺、缩进等格式设置除了使用"厘米"为单位外,还增加了"字符"为度量单位,可通过( )显示的对话框中的有关复选框来进行度量单位的选取。

A. "文件"选项卡中的"选项"命令

B. "工具"选项卡中"选项"命令

C. "格式"选项卡中的"段落"命令

D. "视图"选项卡中的"自定义"命令

【答案】A。

6. 在 Word 2010 中,文件模版的默认扩展名是( )。

A. . docx   B. . rtf   C. . gif   D . . dotx

【答案】D。

7. 在 Word 2010 中建立的文档文件中,不能用 Windows 的记事本打开,这是因为( )。

A. 文件以 . docx 为扩展名

B. 文件中有数字

C. 文件中有特殊符号

D. 文件中的字符有"全角"和"半角"之分

【答案】C。

8. 启动 Word 2010 时,系统自动创建一个( )的新文档。

A. 以用户输入的前 8 个字符作为文件名   B. 没有名

C. 名为" * . docx"   D. 名为"文档 1"

【答案】D。

9. Word 文档可保存的文件类型为( )。

A. rtf   B. docx   C. txt   D. html

【答案】ABCD。

10. 在 Word 中,( )会出现"另存为"对话框。

A. 当对文档的第二次及以后的存盘单击工具栏的"磁盘"图标按钮时

B. 当对文档的第二次及以后的存盘采用快捷键 < Ctrl + S > 命令方式时

C. 当文档首次存盘时

D. 当对文档的存盘采用"另存为"命令方式时

E. 当对文档的第二次及以后的存盘采用"保存"命令方式时

【答案】CD。

11. 建立新文档的方法有( )。

A. 启动 Word 时,自动创建一个名为"文档 1"的新文档

B. 使用"文件"中,"新建"命令建立新文档

C. 按 < Ctrl + N > 快捷键建立新文档

D. 按 < Ctrl + file > 快捷键建立新文档

【答案】ABC。

12. 在 Word 2010 中保存文件的快捷键是_____。

【答案】 < Ctrl + S >

13. Word 2010 中文档文件的默认扩展名为_____。

【答案】．docx

14. Word 2010 能够自动识别和打开多种类型文件，如（   ）。

A．＊．txt 文件 　　　　　　　　　　B．＊．dbf 文件

C．＊．wav 文件 　　　　　　　　　　D．＊．dotx 文件

【答案】AD。

15. 在 Word 2010 的编辑状态下，打开了"wl.docx"文档，把当前文档以"w2.docx"为名进行"另存为"操作，则（   ）。

A．当前文档是 w1.docx

B．当前文档是 w2.docx

C．当前文档是 w1.docx 与 w2.docx

D．wl.docx 与 w2.docx 全被关闭

【答案】B。

16. Word 2010 中文档文件的默认扩展名是（   ）。

A．．DOCX　　　　　B．．RTF　　　　　C．．GIF　　　　　D．．DOTX

【答案】A。

17. 在 Word2010 中，关闭已编辑完成的 Word 2010 文档时，文档从屏幕消失，同时也从（   ）中清除。

A．内存　　　　　B．外存　　　　　C．磁盘　　　　　D．CD-ROM

【答案】A。

【解析】文档运行时必须调入到内存中，关闭后需要长期保存就保存到外存中。

18. 在 Word 2010 中也能打开并处理文本文件（TXT 文件），但要保存图片及文字的全部格式信息，不能将编辑好的内容再存成 TXT 文本文件。（   ）

A．正确　　　　　B．错误

【答案】A。

『你问我答』

问题一：关于 Word 2010 的保存功能，"保存已经存在的文档时可新建一个文件夹，将文档保存其中"这句话对吗？

答：可以算对。其实"保存"没有对话框，只有"另存为"才可以。

问题二：可实现"保存"命令的，选择"另存为"命令不能实现保存吗？

答："保存"与"另存为"的含义不一样，"保存"强调的是在原位置并且不改变文件名的基础上，而"另存为"通常要改变位置或文件名。

问题三：在 Word 中打开一个窗口就是打开一新的文档还是模板？请问文档、模板、空白模板之间是什么关系？

答：Word 中打开一个窗口就是打开一个新的文档，文档名为文档 1。任何 Microsoft Word 文档都是以模板为基础的。打开 Word 时，就是在 normal.dotx 这个模板下创建文档，这个模板就是采用的宋体、5 号字等格式。我们还可以根据需要创建自己的模板，新建一篇文档，设置好各项格式（包括字符、段落、页面等格式），"另存为"对话框中选择文件保存类型：Word 模板即可。比如规定一份试卷的格式，设置 B4 纸、上下左右页边距、分两栏、栏间线、栏间距等，设好后存为模板，以后制卷时直接利用这个模板创建文档就行，不必每次都去设置这些格式了。

问题四：第一次存储一个文件时，无论按"保存"还是按"另存为"没有区别。这句话对吗？

答：对，打开的都是"另存为"对话框。

4. 录入

插入点是在文档输入窗口中一条闪烁的竖线，用于指示文本的插入位置。

Word 支持"即点即输"的功能：将鼠标指针指向需要输入文本的位置，双击鼠标左键，即可在当前位置定位光标插入点，便可输入相应的文本内容。

如要插入键盘上没有的符号，例如◆、⊙、◎等，可采用：

1）单击"插入"选项卡中的"符号"命令，在弹出的对话框中选中需要的符号。

2）使用软键盘（见图 3-1）。

文档编辑时常用的快捷键：Home——快速移到行首、End——快速移到行末、< Ctrl + Home >——快速移到文档开头、< Ctrl + end >——快速移到文档末尾。

图 3-1 软键盘

Word 的两种录入状态：插入状态和改写状态。两种状态可以切换，方法有两种：

1）单击键盘上的"Insert"键。

2）单击状态栏上的"改写"或"插入"标记。

『经典例题解析』

1. 在 Word 中，将光标移至文档尾的快捷键是（　　）。

A. < Ctrl + PageUp >　　　　　　　　B. < Shift + PageDown >

C. < Ctrl + Home >　　　　　　　　D. < Ctrl + End >

【答案】D。

2. 在 Word 中，符号是通过（　　）输入的。

A. 专门符号按钮

B. 在特定的输入法下

C. "格式"菜单中的"插入符号"命令

D. 在"插入"选项卡中的"符号"命令

【答案】D。

3. 在 Word 2010 编辑状态，可以使插入点快速移到文档首部的组合键是（　　）。

A. < Ctrl + Home >　B. < Alt + Home >　　C. < Shift + Home >　D. PageUp

【答案】A。

4. 在编辑 Word 2010 文档时，输入的新字符总是覆盖文档中已输入的字符，这时（　　）。

A. 按 Delete 键，可防止覆盖发生

B. 当前文档处于插入的编辑方式

C. 连续两次按 Insert 键，可防止覆盖发生

D. 当前文档处于改写的编辑方式

【答案】D。

5. 选定文本

（1）用鼠标选定文本

1）小块文本的选定：按动鼠标左键从起始位置拖动到终止位置，鼠标拖过的文本即被选中。这种方法适合选定小块的、不跨页的文本。

2）大块文本的选定：先用鼠标在起始位置单击一下，然后按住 Shift 键的同时，单击文本的终止位置，起始位置与终止位置之间的文本就被选中。这种方法适合选定大块的尤其是跨页的文档，使用起来既快捷又准确。

3）选定一行：鼠标移至页左选定栏，鼠标指针变成向右的箭头，单击可以选定所在的一行。

4）选定一句：按住 Ctrl 键的同时，单击句中的任意位置，可选定一句。

5）选定一段：鼠标移至页左选定栏，双击可以选定所在的一段，或在段落内的任意位置快速三击可以选定所在的段落。

6）选定整篇文档：鼠标移至页左选定栏，快速三击；鼠标移至页左选定栏，按住 Ctrl 键的同时单击鼠标；使用 <Ctrl + A> 组合键；在"开始"选项卡的"编辑"组中单击"选择"按钮，下拉列表中单击"全选"选项，这几种方法均可以选定整篇文档。

7）通过样式选择文本：可以快速选定应用同一一样式的文本。

（2）用键盘选定文本

1）<Shift + ← （→）>键：分别向左（右）扩展选定一个字符。

2）<Shift + ↑ （↓）>键：分别由插入点处向上（下）扩展选定一行。

3）<Ctrl + Shift + Home>：从当前位置扩展选定到文档开头。

4）<Ctrl + Shift + End>：从当前位置扩展选定到文档结尾。

5）<Ctrl + A> 或 <Ctrl + 5（数字小键盘上的数字键 5）>：选定整篇文档。

『经典例题解析』

1. 在 Word 2010 中，下列快捷键中可以选择整篇文档的是（　　）。

A.　<Alt + A>　　　　　　　　　B.　<Ctrl + A>

C.　<Shift + A>　　　　　　　　D.　<Ctrl + Alt + A>

【答案】B。

2. 在 Word 2010 中，选择一段文字的方法是将光标定位于待选择段落中，然后（　　）。

A. 双击鼠标右键　　　　　　　　B. 单击鼠标右键

C. 三击鼠标左键　　　　　　　　D. 单击鼠标左键

【答案】C。

【解析】选定一段：鼠标移至页左选定栏，双击可以选定所在的一段，或在段落内的任意位置快速三击可以选定所在的段落。

3. 在 Word 2010 中，选定一行文本的最方便快捷的方式是（　　）。

A. 在选定行的左侧单击鼠标右键　　B. 在选定行的左侧单击鼠标左键

C. 在选定行位置双击鼠标左键　　　D. 在该行位置右击鼠标

【答案】B。

4. 在 Word 2010 文档编辑中，要完成修改、移动、复制、删除等操作，必须先_____要编辑的区域，使该区域反向显示。

【答案】选定。

5. 在 Word 2010 中不能同时选中不连续的文本。（　　）

A. 正确　　　　　　B. 错误

【答案】B。

6. 删除文本

光标所在位置：按 Backspace 键，向前删除光标前的字符；按 Delete 键，向后删除光标后的字符。

如果要删除大块选定的文本，可采用如下方法：

1）选定文本后，按 Delete 键删除。

2）选定文本后，单击"开始"选项卡上"剪贴板"组中的"剪切"按钮或单击右键从快捷菜单中选择"剪切"命令；还可以使用 < Ctrl + X > 组合键。

说明：使用方法1）删除的文本直接被清除掉，使用方法2）删除的文本进入剪贴板，用户可以将其粘贴到其他位置。

『经典例题解析』

1. 在编辑 Word 2010 中的文本时，Backspace 键删除光标前的文本，Delete 键删除（   ）的文本。

【答案】光标后。

2. 在 Word 的编辑状态下，文档中有一行被选择，当按下 Delete 键后（   ）。

A. 删除了插入点所在行   B. 删除了被选择的一行

C. 删除了被选择行及其之后的内容   D. 删除了插入点及其前后的内容

【答案】B。

【解析】只内容被删除，格式仍然存在。

7. 移动文本

（1）使用鼠标拖放移动文本

1）选定要移动的文本。

2）鼠标指针指向选定的文本，鼠标指针变成向左的箭头，按住鼠标左键，鼠标指针尾部出现虚线方框，指针前出现一条竖直虚线。

3）拖动鼠标到目标位置，即虚线指向的位置，松开鼠标左键即可。

（2）使用剪贴板移动文本

1）选定要移动的文本。

2）将选定的的文本移动到剪贴板上（"开始"选项卡上"剪贴板"组中的"剪切"命令；或单击"快速访问"工具栏的"剪切"按钮；或使用 < Ctrl + X > 组合键）。

3）将鼠标指针定位到目标位置，从剪贴板复制文本到目标位置（"开始"选项卡上"剪贴板"组中的"粘贴"命令；或单击"快速访问"工具栏的"粘贴"按钮；或使用 < Ctrl + V > 组合键）。

『经典例题解析』

在 Word 文档中选定文本后，移动该文本的方法可以（   ）。

A. 使用鼠标右键拖放   B. 使用剪贴板

C. 使用"查找"与"替换"功能   D. 使用键盘控制键

E. 使用鼠标左键拖放

【答案】BE。

8. 复制文本

（1）用鼠标拖放复制文本

1）选定要复制的文本。

2）鼠标指针指向选定文本，鼠标指针变成向左的箭头，按住 Ctrl 键的同时，按住鼠标左键，鼠标指针尾部出现虚线方框和一个"+"号，指针前出现一条竖直虚线。

3）拖动鼠标到目标位置，松开鼠标左键即可。

（2）使用剪贴板复制文本

1）选定要复制的文本。

2）将选定的文本复制到剪贴板上（使用"开始"选项卡上"剪贴板"组中的"复制"命令；或单击"快速访问"工具栏的"复制"按钮；或使用 < Ctrl + C > 组合键）。

3）将鼠标指针定位到目标位置，从剪贴板复制文本到目标位置（使用"开始"选项卡上"剪贴板"组中的"粘贴"命令；或单击"快速访问"工具栏的"粘贴"按钮；或使用 < Ctrl + V > 组合键）。

注意："复制"和"剪切"操作均将选定的内容复制到剪贴板，Word 2010 剪贴板最多可以保存 24 项剪切或复制的内容，用户可以根据自己的需要从中选择粘贴的内容。

『经典例题解析』

1. 在 Word 2010 的编辑状态下，执行编辑菜单中"复制"命令后（　　）。

A. 被选择的内容被复制到剪贴板

B. 被选择的内容被复制到插入点处

C. 插入点所在的段落内容被复制到剪贴板

D. 光标所在的段落内容被复制到剪贴板

【答案】A。

2. 在 Word 2010 的编辑状态下，当快速工具栏中"剪贴"和"复制"按钮呈灰色显示表明（　　）。

A. 剪切板上已存放信息　　　　　　　　B. 文档中没有任何对象

C. 选定的对象是图片　　　　　　　　　D. 选定的文档内容太长

【答案】B。

3. 在 Word 2010 的编辑状态下，执行编辑命令"粘贴"，其作用为（　　）。

A. 将文档中被选择的内容复制到剪贴板

B. 将文档中被选择的内容移动到剪贴板

C. 将剪贴板的内容移到当前插入点处

D. 将复制的内容复制到当前插入点处

【答案】CD。

4. 使用 Word 2010 时，为了把不相邻两段的文字互换位置，最少用＿＿＿＿次"剪切 + 粘贴"操作。

【答案】两

『你问我答』

问题一：Word，Windows 中谁叫剪贴板？谁叫剪切板？它们的区别是什么？

答：都叫剪贴板对于 Windows 剪贴板存放的是最近一次剪切或复制的文件或文件夹，剪切的内容只有当粘贴后原位置的内容才消失，否则关机后，内容位置不变，只能粘贴一次；而 Word 中剪贴板有 24 个区域，内容被剪切后就被从原位置删除了，可以粘贴多次。

问题二：关于剪切，做了一个题里面有个选项是：剪切是把当前选定的内容从所在的位置删除，并放到剪贴板。这句话对吗？是不是针对 Office 可以，Windows 文件夹不可以？

答：只针对 Office。因为文件夹剪切以后，如果不粘贴文件夹仍然在，并没有删除。

9. 查找和替换

打开"视图"选项卡，在"显示"组中有"导航窗格"复选框，只要勾选这个复选框，在文档左侧就会出现相应的导航窗格，可以对长文档中的文字和段落内容进行简单快捷的定位，还可以利用鼠标拖曳改变段落的顺序。

打开"导航窗格"，在搜索框中直接输入要查的关键字，文档就会快速定位到包含关键字的内容，并以高亮度显示。

在"导航窗格"，单击搜索框右侧的下拉按钮，选择"高级查找"命令或"开始"选项卡的"编辑"组中打开"高级查找"命令，都会打开"查找和替换"对话框。

Word 2010 提供"查找"和"替换"功能，该功能可以大大提高编辑效率。"查找"可以区分大小写、全角半角、可以使用通配符、可以根据格式、可以查找符号与特殊符号，只要能查找的内容就可以进行替换。

『经典例题解析』

1. 在 Word 2010 中，欲把整篇文档中某一单词"计算机"全部删除，最简单的办法是使用"开始"选项卡的"编辑"组中的（　　）命令。

A. 清除　　　　　　　B. 撤消　　　　　　　C. 剪切　　　　　　　D. 替换

【答案】D。

2. 在 Word 2010 的操作叙述中，正确的是（　　）。

A. 凡是不在屏幕上的内容，全部已经保存在硬盘

B. 字体的大小选择号，则字号越大，字的尺寸越大

C. 查找操作只能查找普通字符，不能查找特殊字符

D. 可以在不同的文档中进行对象的剪切和复制

【答案】D。

3. 在 Word 2010 中，当前页为第 13 页，要立即移至 25 页，可以（　　）。

A. 使用"编辑/定位"命令　　　　　　B. 单击"插入/页码"命令

C. 直接拖动垂直滚动条　　　　　　　D. 单击"插入/分隔符"命令

【答案】AC。

4. 在 Word 2010 的"编辑"组中不包括"定位"命令。（　　）

A. 正确　　　　　　　B. 错误

【答案】B。

5. 在 Word 2010 中，查找范围的默认项是查找（　　）。

【答案】全部。

【解析】默认的搜索范围是全部。

6. 在 Word 2010 中，要将文档中的"computer"换成"计算机"，打开"查找和替换"对话框，在"查找内容"栏里输入"computer"后，下一步操作是（　　）。

A. 单击"全部替换"　　　　　　　　B. 在"替换为"栏里输入"计算机"

C. 单击"替换"　　　　　　　　　　D. 单击"查找下一处"

【答案】B。

【解析】在"替换为"栏里输入"计算机",然后点全部替换。

7. 在 Word 2010 编辑文档时,如果希望在"查找"对话框的"查找内容"文本框中只需一次输入便能依次查找分散在文档中的"第 1 名""第 2 名"……"第 9 名"等,那么在"查找内容"文本框中用户应输入（　　　　）。

A. 第 1 名、第 2 名……第 9 名　　　B. 第? 名,同时选择"全字匹配"

C. 第? 名,同时选择"使用通配符"　　D. 第? 名

【答案】C。

【解析】? 表示一个字符,如不选择"使用通配符",就相当于完全匹配。

10. 撤消与恢复

"撤消"操作:取消原来的操作,用 < Ctrl + Z > 键。

"恢复"操作:是对"撤消"操作的反操作,用 < Ctrl + Y > 键。

『经典例题解析』

1. 在 Word 2010 中,如果用户错误地删除了文本,可用快速工具栏中的_____按钮将被删除的文本恢复到屏幕上。

【答案】撤消。

2. Word 2010 中常用工具栏上 、 按钮的作用是（　　　　）。

A. 前者是"恢复"操作,后者是"撤消"操作

B. 前者是"撤消"操作,后者是"恢复"操作

C. 前者的快捷键是 < Ctrl + X > ,后者的快捷键是 < Ctrl + Z >

D. 前者的快捷键是 < Ctrl + C > ,后者的快捷键是 < Ctrl + V >

【答案】B。

【解析】 "撤消"操作,取消原来的操作,用 < Ctrl + Z > 键; "恢复"操作,是对"撤消"操作的反操作,用 < Ctrl + Y > 键。

11. 拼写和语法检查功能

"审阅"选项卡,在"校对"组中单击"拼写和语法"按钮,Word 2010 提供拼写和语法检查功能,能进行中英文的拼写和语法检查,可大大减少输入错误率,使单词、词语和语法的准确率得到提高。

注意:1）用红色波浪线表示拼写错误或字库中无该字,用绿色波浪线表示语法错误。波浪线属于不可打印字符,不影响打印效果。

2）有些错误属于 Word 2010 误认,可以不予理会。

『经典例题解析』

在 Word 2010 中,编辑英文文本时经常会出现红色波浪线,表示（　　　　）。

A. 语法错误　　　　　　　　　　　B. 单词拼写错误

C. 格式错误　　　　　　　　　　　D. 逻辑错误

【答案】B。

【解析】红色波浪线表示拼写错误或字库中无该字。

12. 自动更正

使用"文件"选项卡的"选项"命令，在"校对"选项卡中单击"自动更正选项"，既可以更正字符，也可以更正图形。

『经典例题解析』

要使 Word 2010 能使用自动更正经常输错的单词，应使用（　　）功能。

A. 拼写检查　　　　　B. 同义词库　　　　　C. 自动拼写　　　　　D. 自动更正

【答案】D。

13. 文档视图

视图是指文档在 Word 2010 应用程序窗口中的显示方式。Word 2010 为用户提供了多种视图方式，以方便在文档编辑过程中能够从不同的侧面，不同的角度观察所编辑的文档。

常用的五种视图有：页面视图、阅读版式视图、Web 版式视图、大纲视图、草稿。

1）页面视图：用户看到的屏幕布局与打印输出的结果完全一样。页与页之间不相连，可看到文档在纸张上的确切位置。用于编辑页眉和页脚、调整页边距、处理分栏和编辑图形对象等。Word 2010 默认的视图方式即为页面视图，是使用最多的视图方式。

2）阅读版式视图：以图书的分栏样式显示文档，"文件"按钮、功能区等窗口元素被隐藏。

3）Web 版式视图：以网页形式显示文档，适用于发送电子邮件和创建网页。

4）大纲视图：在大纲视图中，既可以查看文档的大纲，还可以通过拖动标题来移动、复制和重新组织大纲，也可以通过折叠文档来查看主要标题，或者展开文档以查看所有标题以至正文内容，不显示页边距、页眉和页脚、图片和背景。

5）草稿：只显示标题和正文，不显示页边距、页眉和页脚、背景、图片和分栏等，是最节省计算机硬件资源的视图方式。

导航窗格分为左、右两栏，左栏显示文档的大纲结构，右栏显示文档的内容。当单击左栏中某个大纲（标题）时，右栏自动显示出该标题下的内容。使用该功能，可以快速浏览长文档。

注意：导航窗格中只能显示文档大纲，不能编辑文档大纲，要编辑文档大纲必须切换到大纲视图下。

『经典例题解析』

1. 在 Word 2010 的（　　）视图方式下，可以显示分页效果。

A. 草稿　　　　　B. 大纲　　　　　C. 主控文件　　　　　D. 页面

【答案】D。

2. 关于编辑页眉页脚，下列叙述不正确的是（　　）。

A. 文档内容和页眉页脚可在同一窗口编辑

B. 文档内容和页眉页脚一起打印

C. 编辑页眉页脚时不能编辑文档内容

D. 页眉页脚中也可以进行格式设置和插入剪贴画

【答案】A。

3. Word 2010 可以制作 Web 网页。（　　　）

A. 正确　　　　　　　B. 错误

【答案】A。

4. Word 2010 将页面正文的顶部空白部分称为_____。

【答案】页眉。

5. 在 Word 2010 中，为了看清文档打印输出的效果，应使用_____视图。

【答案】页面。

6. Word 2010 的_____是适合文本录入和编辑的视图，在这种视图页与页之间用一条虚线隔开。

【答案】草稿视图。

【解析】草稿视图：只显示文本格式，可快捷进行文档的输入和编辑。当文档满一页时，出现一条虚线，称为分页符。不显示页边距、页眉和页脚、背景、图形和分栏等，特点：占用计算机内存少、处理速度快。在普通视图中可以快速输入、编辑和设置文本格式。

7. 在 Word 2010 中，可以显示水平标尺的两种视图模式是草稿视图和_____视图。

【答案】页面。

8. 在 Word 2010 中，打印预览只能预览一页，不能同时预览多页。（　　　）

A. 正确　　　　　　　B. 错误

【答案】B。

9. Word 2010 可以对奇偶页设置不同的页眉和页脚。（　　　）

A. 正确　　　　　　　B. 错误

【答案】A。

10. 在 Word 2010 中，可看到分栏效果的视图是_____。

【答案】页面视图

11. Word 2010 中_____视图的显示效果与打印机打印输出的效果一样。

【答案】页面。

12. Word 2010 中页眉和页脚只能在（　　　）视图中看到。

A. 大纲　　　　　B. 普通　　　　　C. 页面　　　　　D. Web 版式

【答案】C。

『你问我答』

问题一：在 Word 2010 中，草稿视图和大纲视图是不能显示图片的，但我刚刚操作了一下，居然能将在页面视图中插入的图片显示，到底是不能在草稿视图和大纲视图中插入图片，还是不能用它们来显示在页面视图下插入的图片？

答：草稿视图和大纲视图中，不能显示的是图形。

问题二：关于 Web 版式视图不是很清楚，在这个视图下可以看到页眉和页脚吗？可以看到分栏符和分页符吗？

答：Web 版式视图不能看到页眉、页脚，分栏和分页的效果，分栏符和分页符只在草稿下可见。

14. 字体格式

字符的格式化：主要是对字形、字号、字体、颜色、下划线、特殊效果的设置，允许同时使用多种文字效果。

字形：加粗、倾斜、下划线。

字号：有两种表示方式，分别用"号"和"磅"为单位。

1）号：初号为最大，八号为最小。

2）磅：5 磅最小，72 磅为最大，当然用户可以自由输入更大磅值的数据，以表示特大字。

上下标：a^2，a_2。

隐藏文字不可以显示，也不可以打印。

『经典例题解析』

1. 在 Word 2010 中，窗口的工具栏里有一个"字体框"、一个"字号框"，当选取了一段文字之后，这两个框内分别显示"仿宋体""三号"，这说明（   ）。

A. 被选取的文本现在的格式为三号仿宋体

B. 被选取的文本所在段落的格式为三号仿宋体

C. 被编辑的文档现在总体的格式为三号仿宋体

D. Word 默认的格式设定为三号仿宋体

【答案】A。

2. 在 Word 2010 中，可以设置文字格式为立体字。（   ）

A. 正确   B. 错误

【答案】A。

3. 在 Word 2010 的"字体"对话框中，不可设定文字的（   ）。

A. 字间距   B. 字号   C. 下划线线型   D. 行距

【答案】D。

4. 在 Word 2010 的编辑状态下，要想为当前文档中设定字间距，应当使用"开始"选项卡中的（   ）。

A. 字体组   B. 段落组   C. 分栏命令   D. 样式组

【答案】A。

5. 如果要将文档中从现在开始输入的文本内容设置为粗体下划线，应当（   ）。

A. 在格式栏的字体列表框中去选择

B. 按下格式栏上的"B"按钮

C. 按下格式栏上的"U"按钮

D. 先按下格式栏上的"B"按钮，再按下格式栏上的"U"按钮

【答案】D。

6. 在 Word 2010 编辑状态下，若要进行字体效果的设置（如上、下标等），首先应打开（   ）选项卡。

A."插入"   B."视图"   C."开始"   D."工具"

【答案】C。

【解析】"开始"选项卡中进行"字体"设置。

15. 段落格式

设置段落格式是 Word 文档的重要组成部分，指文档中两次回车符之间的所有字符，包含

最后一个回车符。图 3-2 为段落格式。

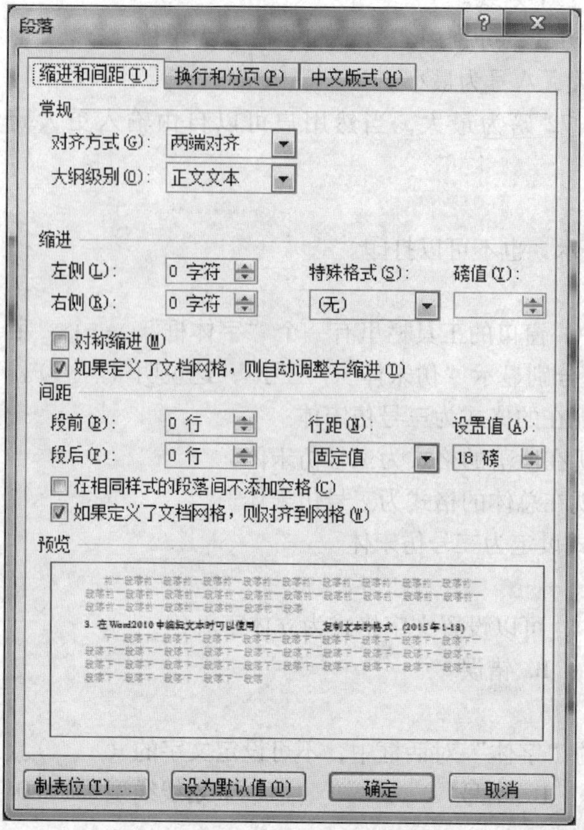

图 3-2　段落格式

对齐方式：可以设置段落或文本左对齐、居中对齐、右对齐、两端对齐、分散对齐等。

缩进度量单位：厘米、磅、字符。

行距：行与行之间的距离。

有单倍、1.5 倍、2 倍、多倍行距，这是设定标准行距的倍数的行距；

最小值：12 磅；

固定值：设定固定的磅值作为行间距。

缩进：可将选定段落的左、右边距缩进一定的量。

特殊格式：有"无""悬挂缩进""首行缩进"三种形式。无：无缩进形式；悬挂缩进：指段落中除了第一行之外，其余所有行都缩进一定值；首行缩进：指段落中第一行缩进一定值，其余行不缩进。

段前/段后间距：是指相邻两个段落之间的距离，通常以"行"或"磅"为单位。

『经典例题解析』

1. 在 Word 2010 的编辑状态，选择了一个段落并设置段落的"首行缩进"设置为"1 厘米"，则（　　）。

A. 该段落的首行起始位置距页面左边距 1cm

B. 文档中各段落的首行只由"首行缩进"确定位置

C. 该段落的首行起始位置距段落的"左缩进"位置的右边 1cm

D. 该段落的首行起始位置在段落的"左缩进"位置的左边 1cm

【答案】C。

2. 任意调整 Word 2010 应用程序窗口的"垂直标尺"或"水平标尺"（　　）。

A. 对页边距无影响　　　　　　　　B. 对文档任何格式无影响

C. 对段落格式无影响　　　　　　　D. 对字符格式无影响

【答案】D。

3. Word 2010 文档中的段落与自然语言的段落有所区别。文档中的段落是指文档中两个硬回车之间的所有字符，其中包括了段落后面的回车符。（　　）

A. 正确　　　　　B. 错误

【答案】A。

4. 软回车是用 < _____ + Enter > 键产生，它换行但并不换段，前后两段文字在 Word 中属于同一"段"。

【答案】Shift

【解析】软回车的快捷键是 < Shift + Enter >，利用软回车换行并不产生新段落。

5. Word 2010 中的段落是指两个_____键之间的全部字符。

【答案】回车

6. 在 Word 2010 中，按回车键时产生一个（　　）。

A. 换行符　　　　B. 段落标记符　　　　C. 分页符　　　　D. 分节符

【答案】B。

7. 在 Word 2010 中，实现段落缩进的方法有（　　）。

A. 用鼠标拖动标尺上的缩进符

B. 用"开始"选项卡的"段落"组

C. 用"插入"选项卡中的"分隔符"命令

D. 用 F5 功能键

【答案】AB。

8. 在 Word 2010 中，段落格式的"缩进"表示文本相对于文本边界又向页内或页外缩进一段距离，段落缩进后文本相对打印纸边界的距离等于（　　）。

A. 页边距　　　　　　　　　　　　B. 缩进距离

C. 页边距 + 缩进距离　　　　　　 D. 以上都不是

【答案】C。

9. Word 2010 中段落的对齐方式包括（　　）。

A. 左对齐　　　　B. 下对齐　　　　C. 上对齐　　　　D. 右对齐

【答案】AD。

10. 在 Word 2010 中，间距是指所选定段落中_____之间的距离。

【答案】行与行。

11. 在 Word 2010 文档中，每个段落都有自己的段落标记，段落标记的位置在（　　）。

A. 段落的起始位置　　　　　　　　B. 段落的中间位置

C. 段落的尾部　　　　　　　　　　D. 每行的行尾

【答案】C。

12. 在 Word 2010 中，要调节行间距，则应该选择（　　）。

A. "插入" 选项卡中的 "分隔符"　　　B. "开始" 选项卡中的 "字体"

C. "开始" 选项卡中的 "段落"　　　D. "视图" 选项卡中的 "显示比例"

【答案】C。

『你问我答』

问题一：删除段落标记后两段合为一段，则格式是保持不变还是与上一段相一致？

答：格式有可能变，有可能不变，通常保持不变。

问题二：还有一个是段落首行缩进用加空格的方法为什么不可以实现啊？

答：空格是字符，而缩进是预留的位置。

问题三：缩进可以调整页边距吗？

答：不可以，缩进是针对段落的。

16. 格式刷

格式刷是一种快速应用格式的工具，可将字符和段落的格式复制到其他文本上。

使用方法为：双击 "剪贴板" 组中的 "格式刷" 工具按钮，就可以在多处反复使用，单击只能使用一次。

要停止使用格式刷，可再次单击 "格式刷" 工具按钮或按 Esc 键取消。

『经典例题解析』

1. 在 Word 2010 中编辑文本时，可以使用＿＿＿＿＿＿复制文本的格式。

【答案】格式刷。

2. 在 Word 2010 中，如果要把一个标题的所有格式应用到其他标题上，正确的方法有（　　）。

A. 用格式刷　　　　　　　　　　B. "边框和底纹" 命令

C. 用 "样式" 命令　　　　　　　D. 用 "背景" 命令

【答案】AC。

3. 在 Word 2010 中，编辑文本时可以使用（　　）复制文本的格式。

A. 剪贴板　　　　　　　　　　　B. 格式刷

C. 鼠标左键拖动选中的文本　　　D. 鼠标右键拖动选中的文本

【答案】B

4. 多次使用格式刷复制格式，操作时需要先双击工具栏上的 "格式刷" 按钮；停止使用格式刷，可以再次单击 "格式刷" 按钮或者按下键盘上的 Esc 键。（　　）

A. 正确　　　　　　B. 错误

【答案】A。

17. 项目符号和编号

项目符号和编号可以使文档有条理、层次清晰、可读性强。项目符号使用的是符号，而编号使用的是一组连续的数字或字母，出现在段落前。

18. 边框和底纹

边框和底纹：目的是为了美化文档，使文档格式达到理想的效果，可以应用于文字、段落两项。

性别	国内电视	国内广播	国内报纸	国内杂志	互联网	会议文件	外媒
男	536	23	159	5	66	24	1
%	64.1	2.8	19.0	0.6	7.9	2.9	0.1
女	363	13	80	12	55	7	4
%	66.2	2.4	14.6	2.2	10	1.3	0.7

『经典例题解析』

在 Word 2010 中，如果插入表格的内外框线是虚线，要想将框线变成实线，用（　　　）命令实现（假如光标在表格中）。

A. "插入"选项卡中"表格"组的"虚线"

B. "开始"选项卡的"段落"组的"边框和底纹"

C. "插入"选项卡中"表格"组"选中表格"

D. "开始"选项卡的"段落"组的"制表位"

【答案】B。

19. 分节、分页和分栏

Word 2010 具有自动分页的功能，当文档满一页时系统会自动换一新页，并在文档中插入一个软分页符。除了自动分页外，也可以人工分页，所插入的分页符为人工分页符或硬分页符。

插入人工分页符的方法是：

1）将光标插入点移至要分页的位置。

2）单击"页面布局"选项卡，在"页面设置"组中，打开"分隔符"对话框。

3）单击选中其中的"分页符"单选钮，就可以在当前插入点的位置开始新的一页，也可以通过 < Ctrl + Enter > 组合键开始新的一页。

注意：分页符号在草稿下可见，在页面视图下可以看到分页效果。软分页符是 Word 2010 自动生成的，不可以删除；硬分页符（也称人工分页符）是人工添加的，可被删除。

插入页码：为了方便阅读和查找，可给文档设置页码。可以设置页码的位置、对齐方式以及首页是否显示页码，同时还可以设置页码的格式和起始页码。不同节中可以使用不同的页码格式，数字页码最小值为 0。

分栏：将一段文本分成并排的几栏，只有填满第一栏后才移到下一栏。

分节：节是独立的编辑单位，每一节都可以设置成不同的格式。

『经典例题解析』

1. 下列对 Word 2010 文档的分页叙述中正确的有（　　　）。

A. Word 2010 文档可以自动分页，也可以人工分页

B. 分页符可以打印出来

C. 分页符可以删除

D. 在文档中任一位置处插入分页符即可分页

E. 同时按下 Shift 键和 Ctrl 键，可以实现分页

【答案】ACD。

2. Word 2010 中进行分栏操作时最多可分为两栏。（　　　）

A. 正确　　　　　B. 错误

【答案】B。

3. 以下是 Word 2010 中"分栏"的有关操作或说法，正确的是（　　）。

A. "分栏"的设定在"开始"选项卡中

B. "分栏"的设定在"页面设置"选项卡中

C. "分栏"的最大值只能设置为 16

D. "分栏"的效果在草稿视图中不能看到

【答案】D。

【解析】"分栏"的设定在"页面布局"选项卡中，一般 A4 纸纵向最多 11 栏，分栏的效果在页面视图下显示，分栏符在草稿下可见。

『你问我答』

问题一：分节符到底是什么？它有什么用处？

答：分节符是指为表示节的结尾插入的标记。分节符包含节的格式设置元素，例如页边距、页面的方向、页眉和页脚，以及页码的顺序等。

问题二：Word 中分栏符的作用是将当前文档分栏。（　　）

A. 正确　　　　　B. 错误

答：答案为 B。插入一个分栏符就是插入一个分隔符号，与格式中的分栏无关。

问题三：硬分页符和软分页符的区别是什么？

答：软分页符是自动生成的，不可以删除；硬分页符是人工添加的，可以被删除。

问题四：Word 2010 分栏最多是多少？

答：不同的纸张大小、不同的页面方向，可分栏数不同，通常在 A4 纸、纵向是 11 栏。

问题五：Word 2010 中，执行"页面设置"选项卡中的"分隔符"命令，在对话框中选择"分栏符"能将文档分栏。这句话对吗？

答：错。"页面设置"选项卡中的"分隔符"命令中"分栏符"相当于分页效果，分栏操作在菜单"页面设置"→"分栏"中设置。

20. 样式和模板

Word 2010 的四项核心技术：样式、模板、域和宏。

样式：就是多个排版格式组合而成的集合，或者说样式是一系列预置的排版指令。当希望快速改变某个特定文本（可以是一行文字、一段文字，也可以是整篇文档）的所有格式时，可以使用 Word 2010 的样式来实现，极大地提高工作效率。可以修改当前样式、新建自己的样式、删除自己的样式，但是不能删除内置的样式。

模板：由多个特定的样式组合而成，是一种排版编辑文档的基本工具。在 Word 2010 中，模板是一种预先设置好的特殊文档，能提供一种塑造最终文档外观的框架，而同时又能向其中添加自己的信息。

『经典例题解析』

为了使用户在编排文档版面格式时节省时间和减少工作量，Word 2010 提供了许多"模板"，所谓"模板"就是文章、图形和格式编排的框架或样板。（　　）

A. 正确　　　　　B. 错误

【答案】A。

【解析】模板是一种预先设置好的特殊文档，能提供一种塑造最终文档外观的框架，而同时又能向其中添加自己的信息。

『你问我答』

问题一：通过（　　）操作可以方便地将一个 Word 2010 文档中所有数字设为红色。

A. 查找　　　　　　B. 替换　　　　　　C. 定位　　　　　　D. 样式

答：答案为 B。查找内容为，特殊符号中选任意数字，替换为选"格式"。

问题二：样式可对应一个文件名，用户选择样式时，选择其名称即可。这句话为什么是错的？

答：样式无文件名，只表示格式，模板才有文件名。

21. 表格的创建和编辑

创建表格的方法如下：

1）使用虚拟表格。

2）插入表格对话框。

3）手动绘制表格。

4）调用 Excel 电子表格。

5）使用"快速表格"功能创建表格。

选定表格的操作如下：

1）单元格的选定：将鼠标移到单元格内部的左侧，鼠标指针变成向右的黑色箭头，单击可以选定一个单元格，按住鼠标左键拖动可以选定多个单元格。

2）表行的选定：鼠标移到页左选定栏，鼠标指针变成向右的箭头，单击可以选定一行，按住鼠标左键继续向上或向下拖动，可以选定多行。

3）表列的选定：将鼠标移至表格的顶端，鼠标指针变成向下的黑色箭头，在某列上单击可以选定一列，按住鼠标向左或向右拖动，可以选定多列。

4）表中矩形块的选定：按住鼠标左键从矩形块的左上角向右下角拖动，鼠标扫过的区域即被选中。

5）整表选定：当鼠标指针移向表格内，在表格外的左上角会出现一个按钮，这个按钮就是"全选"按钮，单击它可以选定整个表格。在数字小键盘区被锁定情况下，按 < Alt + 5（数字小键盘上的 5）> 组合键也可以选定整个表格。

还可以通过功能区选择操作对象：单击"表格工具"→"布局"选项卡"表"组中的"选择"按钮。

行、列的插入方法有如下几种：

1）在需要插入新行或新列的位置，选定一行（一列）或多行（多列）（将要插入的行数（列数）与选定的行数（列数）相同）。如果要插入单元格就要先选定单元格。单击"表格工具"→"布局"选项卡中的"行与列"组，如果是插入行，可以选择"在上方插入"或"在下方插入"命令插入；如果是插入列，可以选择"在左侧插入"或"在右侧插入"命令；如果要插入的是单元格，则在弹出的"插入单元格"对话框中进行设定。

2）选定行或列后，单击右键选"插入行（列）"命令来实现。

3）如果要在表格末尾插入新行，可以将插入点移到表格的最后一个单元格中，然后按 Tab 键，即可在表格的底部添加一行；如果要在表格中任意插入新行，可以把鼠标移到该行的最后一个单元格的外边，按 Enter 键。

行列的删除：如果某些行（列）需要删除，选定要删除的行或列后，可以通过以下三种方法来实现：

1）右键单击要删除的行或列，在弹出的快捷菜单中选"删除行（列）"命令。

2）单击"表格工具"→"布局"选项卡中的"行与列"组的"删除"命令，从其级联菜单中选择"行"（"列"）命令。如果选择其中的"表格"命令，将删除插入点所在的整个表格。

3）剪切。

表格的拆分：单击"表格工具"→"布局"→"合并"组中"拆分表格"命令，或按 < Ctrl + Shift + Enter > 组合键，表格的中间就自动地插入一个空行，将一个表格拆分为两个。

要将拆分开的表格再合并起来，把中间的段落标记删除即可。

『经典例题解析』

1. 在 Word 2010 中，以下对表格操作的叙述，错误的是（　　）。

A. 在表格的单元格中，除了可以输入文字、数字，还可以插入图片

B. 表格的每一行中各单元格的宽度可以不同

C. 表格的每一行中各单元格的高度可以不同

D. 表格的表头单元格可以绘制斜线

【答案】C。

2. 在 Word 2010 中，若光标位于表格外右侧的行尾处，按 Enter 键，结果（　　）。

A. 光标移到下一列　　　　　　　　B. 光标移到下一行，表格行数不变

C. 插入一行，表格行数改变　　　　D. 在本单元格内换行，表格行数不变

【答案】C。

3. 在 Word 2010 中，如果要删除整个表格，在选定整个表格的情况下，下一步的正确操作是（　　）。

A. 按 Delete 键　　　　　　　　　B. 选择"表格工具"中的"删除表格"命令

C. 选择"开始"中"复制"命令　　　D. 按 Backspace 键

【答案】BD。

4. 在 Word 2010 中，选定整个表格后，按 Delete 键，可以（　　）。

A. 删除整个表格　　　　　　　　　B. 清除整个表格的内容

C. 删除整个表格的内框线　　　　　D. 删除整个表格的外框线

【答案】B。

【解析】Delete 键删除选中的内容，Backspace 键删除整个表格。

22. 表格的格式化

单元格的对齐方式：通过"表格工具"→"布局"选项卡"对齐方式"组中的相关按钮或单击右键，从弹出的快捷菜单中选择"单元格对齐方式"命令，从其级联菜单中选择相应对齐方式的图标即可，如图 3-3 所示。

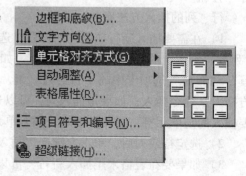

图 3-3　快捷菜单

23. 表格中数据的输入与编辑

在单元格中可以输入文字、数字、字符等内容，也可以插入剪贴画、艺术字、图表等对象。对单元格中内容的编辑与正文中的操作相同。

表格中使用公式可以完成求和、求平均值、求最大值、求最小值等运算，主要参数有 ABOVE、BELOW、LEFT、RIGHT 等。

『经典例题解析』

1. 在 Word 2010 中，若要计算表格中某行数值的总和，可使用的统计函数是（　　）。

A. Sum（）　　　　B. Total（）　　　　C. Count（）　　　　D. Average（）

【答案】A。

2. Word 2010 中要对表格中的数据进行计算，应选择的主要选项卡是（　　）。

A. "表格"　　　　B. "开始"　　　　C. "插入"　　　　D. "视图"

【答案】A。

3. 在 Word 2010 中，表格计算功能是通过公式来实现的。（　　）

A. 正确　　　　B. 错误

【答案】A。

『你问我答』

问题一：Word 2010 中表格选项卡里的公式是什么？它和插入里的公式一样吗？

答：Word 2010 可以在表格工具中插入公式，在表格中执行计算时，也可以像 Excel 那样用 A1、A2、B1、B2 的形式引用表格单元格，其中字母表示列，数字表示行。"插入"选项卡里的公式命令打开的是数学表达式，如∑。

问题二：Word 2010 中，在表格中进行数据运算时插入公式也可以通过"插入"选项卡中的"公式"来实现，这句话对吗？

答：错。

问题三：在 Word 的表格 A3 单元格的值是由公式" = A4 * B5"计算得到的，A4 单元格的值发生变化，A3 单元格的值将自动更新。这句话是错误的吗？

答：错误。Word 中不自动更新，得到的结果是"域"。

24. 文字与表格的转换

单击"插入"→"表格"命令可以在表格和文字之间相互转换，在进行转换时应选择合适的分隔符。

『经典例题解析』

1. 在 Word 2010 中，只可以建立一空表格，再往表格里填入内容，不可以将现有的文本转换成表格。（　　）

A. 正确　　　　B. 错误

【答案】B。

2. Word 2010 表格可以转成文件，文件也可以转成表格。（　　）

A. 正确　　　　B. 错误

【答案】B。

25. 表格的排版技巧

1）设置跨页表格的标题。

2）排序。

『经典例题解析』

1. 在 Word 2010 中，删除表格中斜线的命令或操作方法是（　　）。

A. 选择"表格工具"选项卡中的"删除斜线"命令

B. 单击"表格工具"选项卡上的"擦除"按钮

C. 选择"表格工具"选项卡中的"删除单元格"

D. 选择单元格单击"表格工具"选项卡中的"合并单元格"按钮

【答案】B。

【解析】斜线表头中的斜线选中后按 Delete 键可以直接删除；而表格中绘制的斜线只能使用"擦除"按钮。

2. Word 2010 是一个功能强大的文字处理软件但表格数据不能排序。（　　）

A. 正确　　　　　　　B. 错误

【答案】B。

『你问我答』

问题：排序对话框中选择"有标题行"和"无标题行"在进行排序时有何区别？

答：如有标题行，则标题行不参加排序，始终在第一行；如无标题行，标题行根据排序依据应该排在哪个位置就排到哪个位置。

26. 插入图片、编辑图片、图文混排

在"插入"选项卡的"插图"组中单击"图片"按钮，可以使用"插入和链接"功能插入图片。

Word 2010 自带了一个内容丰富的剪辑库，存放了许多常用的图片，分为动物、卡通、建筑等类型，用户可以方便地将需要的剪贴画插入到文档中。

可以快速截取屏幕图像，并直接插入到文档中。

浮动式对象：可以放置到页面的任意位置，并允许与其他对象组合，还可以与正文实现多种形式的环绕。

嵌入式对象：只能放置到有文档插入点的位置，不能与其他对象组合，可以与正文一起排版，但不能实现环绕。

Word 2010 提供"图文混排"技术，可以在文档中插入各种图形和对象，从而使得文档图文并茂，更加吸引读者。

图片的环绕方式：浮动式对象与正文之间的关系比较灵活，既可以浮于文字之上，也可以沉于文字之下，还可以与文字进行多种形式的环绕排版。

图片的裁减功能：在文档中插入的图片，有时可能只需其中的一部分，这时就需要将图片中多余的部分裁剪掉。

对象的环绕方式：是指对象和文本的相对位置关系。对象的环绕方式一般有嵌入型、四周型、紧密型、浮于文字上方、衬于文字下方五种；高级选项中有两种：上下型、穿越型。

『经典例题解析』

1. 需要一副剪贴画和一个椭圆能够一起拖拽，以下操作不正确的是（　　）。

A. 将这两个对象组合在一起

B. 按住 Shift 键不放，然后分别单击同时选择中这两个对象

C. 通过鼠标拖拽同时选定这两个对象

D. 使这两个对象有相互交叉的地方

【答案】D。

2. Word 2010 文档中插入的图片可以根据需要将图片四周多余的部分裁减掉。（　　）

A. 正确　　　　　　　B. 错误

【答案】A。

3. 图文混排是 Word 2010 的特色功能之一，以下叙述中错误的是（　　）。

A. 可以在文档中插入剪贴画　　　　　B. 可以在文档中插入图形和图片

C. 可以在文档中插入公式　　　　　　D. 可以在文档中使用配色方案

【答案】D。

4. 在 Word 2010 中的"插入"→"插图"组中不可插入（　　）。

A. 公式　　　　　B. 剪贴画　　　　　C. 艺术字　　　　　D. 自选图形

【答案】AC。

5. Word 2010 中非嵌入版式图形对象周围的 8 个尺寸控制点是空心的，对于这种对象（　　）。

A. 不能与文字一起排版　　　　　　B. 可与其他对象一起选中

C. 不能移动或改变大小　　　　　　D. 不能设置环绕方式

【答案】B。

27. 插入艺术字

艺术字是一张特殊的图片，在 Word 2010 中默认的是非嵌入式的，插入艺术字后可以更改艺术字的内容和样式。

『经典例题解析』

1. 在 Word 2010 中，以下关于艺术字的说法正确的是（　　）。

A. 在编辑区右击后显示的菜单中选择"艺术字"可以完成艺术字的插入

B. 插入文本区中的艺术字不可以再更改文字内容

C. 艺术字可以像图片一样设置其与文字的环绕关系

D. 在"艺术字"中设置的线条色是指艺术字四周的矩形方框颜色

【答案】C。

【解析】插入艺术字在"插入"选项卡的"文本"命令中。

2. 在 Word 2010 中，"格式刷"可以复制艺术文字式样。（　　）

A. 正确　　　　　　　B. 错误

【答案】B。

28. 绘制图形

绘制自选图形：单击"插入"选项卡"插图"组中的"形状"按钮可以绘制自选图形、

线段、箭头、矩形和椭圆等基本图形。

组合图形的方法如下：

1）按住 Shift 或 Ctrl 键，用鼠标左键依次单击要组合的图形。

2）单击鼠标右键，从快捷菜单中选择"组合"，再从其级联菜单中选择"组合"命令，这样就可以将所有选中的图形组合成一个图形，或"图片工具"—"格式"选项卡"排列"中"组合"命令，组合后的图形可以作为一个图形对象进行处理。

注意：要画出正方形或圆形，在拖动鼠标的同时需按住 Shift 键。

『经典例题解析』

1. 图像文件通常以位图形式存储，数据量大；图形文件中存在的是描述图形的指令，以矢量文件形式存储，数据量小。（　　）

A. 正确　　　　　　　　B. 错误

【答案】A。

2. 在 Word 2010 中，自绘图型和艺术字默认的插入方式是嵌入式。（　　）

A. 正确　　　　　　　　B. 错误

【答案】B。

3. 在 Word 2010 中，若想要绘制一个标准的圆，应该先选择椭圆工具，再按住（　　）键，然后拖动鼠标。

A. Shift　　　　　　B. Alt　　　　　　C. Ctrl　　　　　　D. Tab

【答案】A。

『你问我答』

问题：Word 2010 中 Delete 键删除的图片会永久删除吗？

答：是的。

29. 文本框

文本框用于在图形、图片上插入注释、批注或说明性文字。

『经典例题解析』

关于 Word 2010 中的文本框，下列说法不正确的是（　　）。

A. 文本框可创建文本框间的链接　　　　B. 文本框可以做出三维效果

C. 文本框只能存放文本，不能放置图片　　D. 文本框可设置版式为"浮于文字上方"

【答案】C。

30. 数学公式

Word 2010 中可以插入复杂数学公式，利用"插入"选项卡中"符号"组中"公式"命令可以打开数学公式，如

$\sum_{i}^{n}$ 或 $\sqrt[3]{5}$ 等。

『经典例题解析』

在 Word 2010 的文档中插入数学公式，在"插入"选项卡中应选的组是（　　）。

A. 符号　　　　　　B. 截图　　　　　　C. 链接　　　　　　D. 对象

【答案】A。

31. 图表的插入和编辑

对象的链接与嵌入（OLE）技术，是在面向对象的程序设计的思想下发展起来的。

对象的链接：被链接的信息保存在源文件中，目标文件中只显示链接信息的一个影像。如果改变源文件中的原始数据，链接信息会自动更新。这种方式可以节省磁盘空间。

对象的嵌入：嵌入的对象保存在目标文件中，成为目标文件的一部分。更改源文件不会更新该对象。这种方式占用的磁盘空间大。

32. 页面设置和打印

页面设置主要包括页边距、纸张、版式、文档网格等。

Word 2010 采用"所见即所得"的字处理方式，在页面视图模式下，窗体的页面与实际打印的页面是一致的。在打印之前，可以"打印预览"，以了解页面的整体效果。

打印时，可以选择"页面范围"，有四个选项：全部（整个文档打印）、当前页、页码范围、选中的内容。

『经典例题解析』

1. 在 Word 2010 中打印文档时，与打印第 1，3，9 及 5 至 7 页，在打印命令中"页码范围"栏应输入（　　）。

A. 1，3，5，7，9　　　　　B. 1，3，5~7，9　　　　C. 1~9　　　　　D. 1，3，5—7，9

【答案】D。

2. 一位同学正在撰写毕业论文，并且要求只用 A4 规格的纸输出，在打印预览中，发现最后一页只有一行，她想把这一行提到上一页，最好的办法是（　　）。

A. 改变纸张大小　　　　　　　　　　B. 增大页边距

C. 减小页边距　　　　　　　　　　　D. 将页面方向改为横向

【答案】C。

3. 在 Word 2010 中，页面设置的功能可在"（　　）"选项卡中找到。

A. 插入　　　　　　　B. 文件　　　　　　　C. 开始　　　　　D. 引用

【答案】B。

4. 在 Word 2010 中，下列有关页边距的说法，错误的是（　　）。

A. 用户可以同时设置左、右、上、下页边距

B. 设置页边距影响原有的段落缩进

C. 可以同时设置装订线的距离

D. 页边距的设置只影响当前页或选定文字所在的页

【答案】BD。

5. Word 2010 提供了打印预览功能，预览方法有（　　）。

A. "快速"工具栏上的"打印预览和打印"按钮

B. 单击"开始"选项卡中"全屏显示"命令

C. 单击"文件"选项卡中"打印预览"命令

D. 单击"文件"选项卡中"打印"命令

【答案】AD。

6. 在 Word 2010 中，通过"页面设置"命令可以完成纸张的打印方向设置。（　　）

A. 正确　　　　　　　B. 错误

【答案】A。

7. 在 Word 2010 中，要打印一篇文档的第 1，3，5，6，7 和 20 页，需要在打印命令的页码范围文本框中输入（　　　）。

A. 1-3，5-7，20　　　　　　　　　　B. 1-3，5，6，7-20

C. 1，3-5，6-7，20　　　　　　　　　D. 1，3，5-7，20

【答案】D。

8. Word 2010 文档中，能看到的所有的一切都可以打印出来。（　　　）

A. 正确　　　　　　　B. 错误

【答案】B。

『你问我答』

问题：在 Word 2010 的打印预览窗口下不可以（　　　）。

A. 设置文档的显示比例　　　　　　　B. 设置文档的显示页数

C. 设置文档的字体颜色　　　　　　　D. 缩小字体填充

答：答案为 C。字体颜色是在页面视图编辑状态下完成的。

33. 邮件合并

日常办公事务中，许多邮件除了对收信人的公司、地址、姓名及称谓等不同外，其他内容基本上相同。Word 能够自动地按给出的一批收信人的信息，生成一批相应的邮件，这便是邮件合并的功能。

邮件合并是把每份邮件中都重复的内容与区分不同邮件的数据合并起来。前者称为"主文档"，后者称为"数据源"。

在邮件合并操作中，主文档中包含对每个版本的合并文档都相同的文字和图形，即主文档中包含邮件中重复的全部内容。

数据源中则包含不相重复的内容。通过在文档中插入特殊的"合并域"，告诉 Word 应在什么地方打印来自数据源的变化信息。

『经典例题解析』

每年的元旦，BB 信息公司要发大量的内容相同的信，只是信中的称呼不一样，为了不做重复的编辑工作、提高效率，可用以下（　　　）功能实现。

A. 邮件合并　　　B. 书签　　　C. 信封和选项卡　　　D. 复制

【答案】A。

34. 索引和目录

对于一个长文档，目录是不可缺少的。在 Word 文档中，使用"索引和目录"域功能，可以自动将文档中使用的内部标题样式提取到目录中。

『你问我答』

问题：在 Word 2010 中，下面说法错误的是（　　　）。

A. 通过拖动标尺不可以修改文档的页边距

B. 使用"目录和索引"功能，可将文档中使用的内部标题样式自动抽取为目录

C. 文档具体内容分为两栏显示的方式可以是导航窗格

D. Word 文档中，不同节中可以设置不同的页面方向

答：答案为 A。

35. 域

域是隐藏在文档中的由一组特殊代码组成的命令。

『经典例题解析』

Word 2010 中，更新域的方法是（ ）。

A. 右击单击此域，从弹出的快捷菜单中选"更新域"命令

B. 使用 F9 功能键

C. 使用 < Ctrl + Shift + F11 > 组合键

D. 使用 < Ctrl + Shift + F9 > 组合键

【答案】AB。

【解析】更新域：F9 键；

显示或者隐藏指定的域代码：< Shift + F9 > 键；

显示或者隐藏文档中所有域代码：< Alt + F9 > 键；

要锁定某个域，以防止修改当前的域结果：< Ctrl + F11 > 键；

要解除锁定，以便对域进行更改：< Ctrl + Shift + F11 > 键；

解除域的链接：< Ctrl + Shift + F9 > 键；

插入域定义符：< Ctrl + F9 > 键。

 习 题

一、单项选择题

1. 关于 Word 2010 文档中的页面边框的说法正确的是（ ）。

A. 文档中每一页必须使用统一边框

B. 一节内每页必须使用统一边框

C. 除首页外其他页必须使用统一边框

D. 每页均可使用不同边框

2. 在 Word 2010 文档的某段落内，快速三次单击鼠标左键可以（ ）。

A. 选定当前"插入点"位置的一个词组

B. 选定整个文档

C. 选定该段落

D. 选定当前"插入点"位置的一个字

3. 在 Word 2010 中，若要删除表格中的某单元格所在行，则应选择"删除单元格"对话框中（ ）。

A. 右侧单元格左移　　　　　　　B. 下方单元格上移

C. 整行删除　　　　　　　　　　D. 整列删除

4. Word 2010 不具备的功能是（ ）。

A. 所见即所得　　　　　　　　　B. 科学计算

C. 撤消与恢复操作　　　　　　　D. 自动更正

5. 在 Word 2010 中，以下哪种操作可以使在下层的图片移置于上层？（ ）

A. "图片工具"选项中的"下移一层"

B. "图片工具"选项中的"上移一层"

C. "开始"选项中的"上移一层"

D. "开始"选项中的"下移一层"

6. 在 Word 2010 中，如果当前光标在表格中某行的最后一个单元格的外框线上，每按一次 Enter 键后，（　　　）。

A. 在光标所在行下增加一行　　　　　　B. 对表格不起作用

C. 光标所在行加高　　　　　　　　　　D. 光标所在列加宽

7. 关于制表位的说法不正确的是（　　　）。

A. 制表位是为了制作表格而设置的

B. 制表位的类型有五种

C. 进入小数点对齐的制表位站点处输入字符，将自动向左分布

D. 可通过标尺可以设置制表位的位置及对齐方式

8. 在 Word 2010 下，复制和粘贴按钮位于（　　　）。

A. 开始　　　　　B. 插入　　　　　C. 设计　　　　　D. 布局

9. 设置标题与正文之间距离的正规方法为（　　　）。

A. 在标题与正文之间插入换行符　　　　B. 设置段间距

C. 设置行距　　　　　　　　　　　　　D. 设置字符间距

10. 现有前后两段落且段落格式也不同，当删除前一个段落标记时，下列说法正确的是（　　　）。

A. 两段会合为一段，原先格式丢失而采用文档默认格式

B. 仍为两段，且格式不变

C. 两段文字合为一段，并采用原前一段格式

D. 两段文字合为一段，并采用原后一段格式

11. 若希望光标在英文文档中逐词移动，应按（　　　）键。

A. Tab　　　　　　　　　　　　　　　B. <Ctrl + Home>

C. <Ctrl + 左右箭头>　　　　　　　　D. <Ctrl + Shift + 左右箭头>

12. 在 Word 2010 中使用标尺可以直接设置段落缩进，标尺顶部的三角形标记代表（　　　）。

A. 首行缩进　　　B. 悬挂缩进　　　C. 左缩进　　　D. 右缩进

13. 下列选项中能够实现链接的是（　　　）。

A. 自选图形　　　B. 艺术字　　　　C. 图文框　　　D. 文本框

14. 关于分栏命令说法错误的是（　　　）。

A. 分栏命令在"插入"选项卡中　　　　B. 分栏命令在"页面布局"选项卡中

C. 分栏命令可以将段落分成三栏　　　　D. 可以在栏之间加分隔线

15. "左缩进"和"右缩进"调整的是（　　　）。

A. 非首行　　　　B. 首行　　　　　C. 整个段落　　　D. 段前距离

16. 在"文件"选项卡中选择"打开"选项时，（　　　）。

A. 可以同时打开多个 Word 文件　　　　B. 只能一次打开一个 Word 文件

C. 打开的是 Word 工作表　　　　　　　D. 打开的是 Word 图表

17. 使用（　　　）键，可以将光标快速移至文档尾部。

A. <Ctrl + Shift>　　　　　　　　　　B. <Shift + Home>

C. <Ctrl + Home>　　　　　　　　　　D. <Ctrl + End>

18. 在 Word 2010"打开"对话框内不能打开所需文件的操作是（　　　）。

A. 双击文件名

B. 在"文件名"输入框输入文件名后再单击"打开"按钮

C. 单击文件名

D. 选定文件名后再单击"打开"按钮

19. 在同一个页面中，如果希望页面上半部分为一栏，后半部分分为两栏，应插入的分隔符号为（　　）。

A. 分页符　　　　B. 分栏符　　　　C. 分节符（连续）　　　　D. 分节符（奇数页）

20. 在 Word 2010 中选定了整个表格之后，若要删除整个表格中的内容，以下操作正确的是（　　）。

A. 单击"布局"选项卡中的"删除表格"命令

B. 按 Delete 键

C. 按 Space 键

D. 按 Esc 键

21. 在 Word 2010 中，可以通过（　　）功能区对所选内容添加批注。

A. 插入　　　　B. 页面布局　　　　C. 引用　　　　D. 审阅

22. Word 2010 默认的视图是（　　）。

A. 大纲视图　　　　B. Web 视图　　　　C. 草稿　　　　D. 页面视图

23. 下列不属于 Word 2010 文本效果的是（　　）。

A. 轮廓　　　　B. 阴影　　　　C. 发光　　　　D. 三维

24. 在 Word 2010 中，若某一段落的行距如果不特别设置，则由 Word 根据该字符的大小自动调整，此行距称为（　　）。

A. 1.5 倍行距　　　　B. 单倍行距　　　　C. 固定值　　　　D. 最小值

25. 在 Word 2010 中，按 Esc 键可以（　　）当前的查找。

A. 列出　　　　B. 取消　　　　C. 显示查找　　　　D. 定点查找

26. 在 Word 2010 中，要将"微软"文本复制到插入点，应先将"微软"选中，再（　　）。

A. 直接拖动到插入点

B. 单击"剪切"，再在插入点单击"粘贴"

C. 单击"复制"，再在插入点单击"粘贴"

D. 单击"撤消"，再在插入点单击"恢复"

27. 在 Word 2010 的编辑状态，选择了当前文档中的一个段落，按 Delete 键，则（　　）。

A. 该段落被删除且不能恢复

B. 该段落被删除，但能恢复

C. 能利用"回收站"恢复被删除的该段落

D. 该段落被移到"回收站"内

28. 在 Word 2010 下，查找的快捷键是（　　）。

A. ＜Alt + F＞　　　B. ＜Ctrl + F＞　　　C. ＜Ctrl + H＞　　　D. ＜Alt + H＞

29. 在书籍杂志的排版中，为了将页边距根据页面的内侧、外侧进行设置，可将页面设置为（　　）。

A. 对称页边距　　　　　　B. 拼页

C. 书籍折页　　　　　　D. 反向书籍折页

30. Word 2010 中，默认汉字字号是（　　）。

A. 五号　　　　B. 小四号　　　　C. 四号　　　　D. 小五号

31. 关于 Word 2010 中"自动更正"的说法，错误的是（　　）。

A. 可以自定义更正项目

B. 可以更正前两个字母连续大写

C. 可以设置不参与自动更正的例外项

D. 不可以撤消已有更正结果

32. 要使文档中每段的首行自动缩进 2 个汉字，应使用（　　）。

A. 左缩进标记　　　　　　B. 右缩进标记

C. 首行缩进标记　　　　　　D. 悬挂缩进标记

33. 在 Word 2010 编辑时，文字下面有红色波浪线表示（　　）。

A. 已修改过的文档　　　　　　　　B. 对输入的确认

C. 可能是拼写错误　　　　　　　　D. 可能的语法错误

34. 用户在一篇文档中的不同页面上欲添加不同的页眉和页脚，下列说法正确的是（　　）。

A. 出现错误信息

B. 必须先人工插入分节符

C. 可直接添加，Word 将自动插入分节符

D. 可直接添加，不需分节符

35. 等于每行中最大字符高度两倍的行距被称为（　　）。

A. 双倍行距　　　　B. 单倍行距　　　　C. 1.5 倍行距　　　　D. 最小值

36. 在 Word 2010 中，通过鼠标拖动操作复制文本时，应在拖动所选定的文本的同时按住（　　）键。

A. Shift　　　　　　B. Alt　　　　　　C. Tab　　　　　　D. Ctrl

37. 艺术字对象实际上是（　　）。

A. 文字对象　　　　　　　　　　　B. 图形对象

C. 链接对象　　　　　　　　　　　D. 既是文字对象，也是图形对象

38. Word 2010 中对于拆分表格，正确的说法是（　　）。

A. 可以把表格拆分为左右两部分

B. 只能把表格拆分为上下两部分

C. 可以把表格拆分为上下左右四部分

D. 只能把表格拆分成列

39. 在 Word 2010 中，可以通过（　　）功能区对不同版本的文档进行比较和合并。

A. 页面布局　　　　B. 引用　　　　　　C. 审阅　　　　　　D. 视图

40. 在 Word 2010 中，不属于"开始"功能区的组是（　　）。

A. 页面设置　　　　B. 字体　　　　　　C. 段落　　　　　　D. 样式

41. 在 Word 2010 中，下面选项不是"自动调整"操作的是（　　）。

A. 固定列宽　　　　　　　　　　　B. 固定行高

C. 根据窗口调整表格　　　　　　　D. 根据内容调整表格

42. Word 2010 关于用"插入表格"命令，下面说法错误的是（　　）。

A. 插入表格只能是 2 行 3 列　　　　B. 插入表格能够套用格式

C. 插入表格能调整列宽　　　　　　D. 插入表格可自定义表格的行、列数

43. 在 Word 2010 中，每个段落的段落标记在（　　）。

A. 段落中无法看到　　　　　　　　B. 段落的结尾处

C. 段落的中部　　　　　　　　　　D. 段落的开始处

44. 以下不是 Word 2010 的标准功能区是（　　）。

A. 审阅　　　　　　B. 图表工具　　　　C. 开发工具　　　　D. 加载项

45. 在 Word 2010 中，快捷键 <Ctrl + A> 的意义为（　　）。

A. 剪切　　　　　　B. 粘贴　　　　　　C. 全选　　　　　　D. 帮助

46. Word 2010 表格功能相当强大，当把插入点放在表的最后一行的最后一个单元格时，按 Tab 键，将（　　）。

A. 在同一单元格里建立一个文本新行

B. 产生一个新列

C. 产生一个新行

D. 插入点移到第一行的第一个单元格

47. 有关占位符的说法错误的是（　　）。

A. 带有提示信息的提示框　　　　　B. 可以修改占位符的图形

C. 可以修改占位符的填充色　　　　　　　D. 占位符和文本框一样

48. 在 Word 2010 中建立索引，是通过标记索引项，在被索引内容旁插入域代码形式的索引项，随后再根据索引项所在的页码生成索引。与索引类似，以下哪种目录，不是通过标记引用项所在位置生成目录？（　　）

　　A. 目录　　　　　　　B. 书目　　　　　　　C. 图表目录　　　　　　D. 引文目录

49. 在 Word 2010 文档中输入 www.91zsb.cn 并按 Enter 键，说法错误的是（　　）。

　　A. 自动加下划线　　　　　　　　　　B. 自动变成超级链接

　　C. 自动变颜色　　　　　　　　　　　D. 什么也不发生

50. 在 Word 2010 新建段落样式时，可以设置字体、段落、编号等多项样式属性，以下不属于样式属性的是（　　）。

　　A. 制表位　　　　　　　B. 语言　　　　　　　C. 文本框　　　　　　　D. 快捷键

51. 在 Word 2010 中，最多可以同时打开（　　）个文档。

　　A. 5 个　　　　　　　B. 3 个　　　　　　　C. 9 个　　　　　　　D. 任意多，但受内存容量限制

52. 以下（　　）是可被包含在文档模板中的元素。

①样式 ②快捷键 ③页面设置信息④ 宏方案项 ⑤工具栏

　　A. ①②④⑤　　　　　　　　　　　B. ①②③④

　　C. ①③④⑤　　　　　　　　　　　D. ①②③④⑤

53. 在 Word 2010 的编辑状态，执行两次剪切操作，则剪贴板中（　　）。

　　A. 仅有第一次被剪切的内容　　　　　B. 仅有第二次被剪切的内容

　　C. 有两次被剪切的内容　　　　　　　D. 无内容

54. 在 Word 2010 中，选定一行文本的技巧方法是（　　）。

　　A. 将鼠标箭头置于目标处，单击

　　B. 将鼠标箭头置于此行的选定栏并出现选定光标单击

　　C. 用鼠标在此行的选定栏双击

　　D. 用鼠标三击此行

55. 通过设置内置标题样式，以下功能无法实现的是（　　）。

　　A. 自动生成题注编号　　　　　　　　B. 自动生成脚注编号

　　C. 自动显示文档结构　　　　　　　　D. 自动生成目录

56. 在 Word 2010 中，将已选择的内容复制到剪贴板的快捷键是（　　）。

　　A. ＜Ctrl + A＞　　　B. ＜Ctrl + X＞　　　C. ＜Ctrl + C＞　　　D. ＜Ctrl + V＞

57. 在 Word 2010 编辑状态下，文本的查找和替换，应打开（　　）。

　　A. "开始"选项卡　　　　　　　　　B. "视图"选项卡

　　C. "插入"选项卡　　　　　　　　　D. "审阅"选项卡

58. 在 Word 2010 中，将图片作为字符来移动的版式是（　　）。

　　A. 嵌入型　　　　　　　B. 紧密型　　　　　　　C. 浮于文字上方　　　D. 四周型

59. 在 Word 2010 中，（　　）选项可以调整纸张方向。

　　A. 页面布局　　　　　　B. 字体设置　　　　　　C. 打印预览　　　　　　D. 页码设置

60. 一般情况下，如果忘记了 Word 文件的打开权限密码，则（　　）。

　　A. 可以以只读方式打开　　　　　　　B. 可以以副本方式打开

　　C. 可以通过属性对话框，将其密码取消　D. 无法打开

61. 如何插入人工分页符？（　　）

　　A. 单击"开始"选项，选择"分隔符"→"分页符"→"确定"

　　B. 单击"页面布局"选项，选择"分隔符"→"分页符"→"确定"

　　C. 按＜Alt + Enter＞键

　　D. 按＜Shift + Enter＞键

62. 在 Word 2010 中，"水印"命令位于（   ）选项中。

A. 视图　　　　　　B. 开始　　　　　　C. 页面布局　　　　　D. 插入

63. 在 Word 2010 中，系统提供了一些快捷键用于插入常用的域：使用快捷键 < Alt + Shift + T > 插入（   ）。

A. 当前的日期　　　　　　　　B. 当前的页码

C. 当前的时间　　　　　　　　D. 列表编号

64. 以下关于 Word 2010 的主文档说法正确的是（   ）。

A. 当打开多篇文档，子文档可再拆分

B. 对长文档可再拆分

C. 对长文档进行有效的组织和维护

D. 创建子文档时必须在主控文档视图中

65. 关于 Word 2010 的艺术字，下列说法是错误的是（   ）。

A. 艺术字可以修改样式

B. 不可以选中艺术字中的一部分进行修改

C. 艺术字是一种图形化的文字

D. 艺术字中的文字可以进行编辑

66. Word 2010 在表格计算时，对运算结果进行刷新，可使用功能键（   ）。

A. F8　　　　　　B. F9　　　　　　C. F5　　　　　　D. F7

67. 在 Word 2010 中，可以通过（   ）功能区中的"翻译"对文档内容翻译成其他语言。

A. 开始　　　　　　B. 页面布局　　　　　C. 引用　　　　　D. 审阅

68. 关于格式刷说法正确的是（   ）。

A. 单击格式刷图标，可以使用一次

B. 双击格式刷图标，可以使用两次

C. 格式刷只能复制字体格式

D. 以上全部正确

69. 在 Word 2010 中插入图片的默认版式为（   ）。

A. 嵌入型　　　　　　B. 紧密型　　　　　C. 浮于文字上方　　　D. 四周型

70. Word 2010 的模板文件的扩展名是（   ）。

A. . datx　　　　　　B. . xlsx　　　　　C. . dotx　　　　　D. . docx

71. 新建 Word 2010 文档的快捷键是（   ）。

A. < Ctrl + N >　　　B. < Ctrl + O >　　　C. < Ctrl + C >　　　D. < Ctrl + S >

72. 在 Word 2010 中，精确设置"制表位"的操作是（   ）。

A. 双击"制表位"符号，在弹出的对话中设置

B. 直接拖动"制表位"符号

C. 单击"开始"选项卡中"段落"

D. 单击"插入"选项卡中"符号"

73. 在 Word 2010 中，在草稿视图下，多栏文本将显示为（   ）。

A. 较窄的一栏　　　B. 保持多栏　　　C. 普通一栏　　　D. 不显示内容

74. 若文档被分为多个节，并在"页面设置"的版式选项卡中将页眉和页脚设置为奇偶页不同，则以下关于页眉和页脚说法正确的是（   ）。

A. 文档中所有奇偶页的页眉必然都不相同

B. 文档中所有奇偶页的页眉可以都不相同

C. 每个节中奇数页页眉和偶数页页眉必然不相同

D. 每个节的奇数页页眉和偶数页页眉可以不相同

75. 如果用户想保存一个正在编辑的文档，但希望以不同文件名存储，可用（   ）命令。

A. 保存   B. 另存为   C. 比较   D. 限制编辑

76. 在表格中任意位置单击，再在"底纹"选项卡的填充中选"无"，此时取消（   ）的底纹。

A. 表格   B. 当前行   C. 当前列   D. 当前单元格

77. 如果要将某个新建样式应用到文档中，以下方法无法完成样式的应用的是（   ）。

A. 使用快速样式库或样式任务窗格直接应用

B. 使用查找与替换功能替换样式

C. 使用格式刷复制样式

D. 使用＜Ctrl＋W＞快捷键重复应用样式

78. 要在 Word 2010 中建一个表格式简历表，最简单的方法是（   ）。

A. 在"插入"菜单中绘制表格   B. 在新建中选择简历模板中适用的表格型简历表

C. 用绘图工具进行绘制   D. 用插入快速表格的方法

79. 修改字符间距，应执行的操作是（   ）。

A. 分散对齐   B. 两端对齐

C. "字体"对话框中的"高级"选项卡   D. 缩放

80. 在 Word 2010 中，打印 1，3，5，6，7，8 页，应在"打印范围"中输入（   ）。

A. 1，3，5-8   B. 1，3，5：8   C. 1、3、5-8   D. 以上都正确

81. 在 Word 2010 文档中输入复杂的数学公式，执行（   ）命令。

A. "插入"功能区中的"编号"   B. "插入"功能区中的"符号"

C. "插入"功能区中的"表格"   D. "插入"功能区中的"公式"

82. 为了便于在文档中查找信息，可以使用（   ）来代替任何一个字符进行匹配。

A. ＊   B. ＆   C. ％   D. ？

83. 关于字号的设置，说法正确的是（   ）。

A. 中文字号越大，字体越大

B. 最大字号为"72"号

C. 可在工具栏的"字号"框中直接输入自定义大小的字号，例如 100

D. 最大字号可任意指定，无限制

84. Word 2010 中的段落标记符是通过（   ）产生的。

A. 插入分页符   B. 插入分段符

C. 按 Enter 键   D. 按＜Shift＋Enter＞键

85. 在 Word 2010 中打印文档时，下列说法中不正确的是（   ）。

A. 在同一页上，可以同时设置纵向和横向两种页面方向

B. 在同一文档中，可以同时设置纵向和横向两种页面方向

C. 在打印预览时可以同时显示多页

D. 在打印时可以指定打印的页面

86. 关于导航窗格，以下表述错误的是（   ）。

A. 能够浏览文档中的标题

B. 能够浏览文档中的各个页面

C. 能够浏览文档中的关键文字和词

D. 能够浏览文档中的脚注、尾注、题注等

87. 关于样式、样式库和样式集，以下表述正确的是（   ）。

A. 快速样式库中显示的是用户最为常用的样式

B. 用户无法自行添加样式到快速样式库

C. 多个样式库组成了样式集

D. 样式集中的样式存储在模板中

88. 如果 Word 2010 文档中有一段文字不允许别人修改，可以通过（　　）。

A. 格式设置限制　　　　　　　　　B. 编辑限制

C. 设置文件修改密码　　　　　　　D. 以上都是

89. 在 Word 2010 中，"语言"任务组在（　　）功能区中。

A. 开始　　　　　B. 插入　　　　　C. 引用　　　　　D. 审阅

90. Word 2010 "文件"功能区的命令中没有设置快捷键的是（　　）。

A. 新建　　　　　B. 保存　　　　　C. 打印　　　　　D. 页面设置

91. 以下方法中不能实现选取一段的是（　　）。

A. 在段落中任何位置双击鼠标　　　B. 在段落中任何位置三击鼠标

C. 在该段的选择区域双击鼠标　　　D. 用鼠标拖动选取该段

92. 在 Word 2010 文档中的拼音指南功能的作用是（　　）。

A. 给汉字添加汉语拼音

B. 将汉字翻译成中文

C. 把文中出现的拼音用汉字显示出来

D. 把所有的汉字都转换成拼音

93. 关于大纲级别和内置样式的对应关系，以下说法正确的是（　　）。

A. 如果文字套用内置样式"正文"，则一定在大纲视图中显示为"正文文本"

B. 如果文字在大纲视图中显示为"正文文本"，则一定对应样式为"正文"

C. 如果文字的大纲级别为 1 级，则被套用样式"标题 1"

D. 以上说法都不正确

94. 在 Word 2010 中给文字加上着重符号，可以使用（　　）对话框实现。

A. "字体"　　　　B. "段落"　　　　C. "分栏"　　　　D. "文字方向"

95. 在 Word 2010 中，如果要精确的设置段落缩进量，应该使用（　　）操作。

A. 页面设置　　　B. 标尺　　　　　C. 样式　　　　　D. 段落

96. "文件"选项卡中关闭 Word 2010 窗口的命令是（　　）。

A. 关闭　　　　　B. 新建　　　　　C. 退出　　　　　D. 打开

97. 在 Word 2010，若要删除表格中的某单元格所在行，则应选择"删除单元格"对话框中（　　）。

A. 右侧单元格左移　　　　　　　　B. 下方单元格上移

C. 整行删除　　　　　　　　　　　D. 整列删除

98. 在 Word 2010 中的手动换行符是通过（　　）产生的。

A. 插入分页符　　　　　　　　　　B. 插入分节符

C. 键入 Enter 键　　　　　　　　　D. 按 < Shift + Enter > 键

99. 关于 Word 2010 的页码设置，以下表述错误的是（　　）。

A. 页码可以被插入页眉和页脚区域

B. 页码可以被插入左右页边距

C. 如果希望首页和其他页页码不同必须设置"首页不同"

D. 可以自定义页码并添加到构建基块管理器中的页码库中

100. 下面有关 Word 2010 表格功能的说法，不正确的是（　　）。

A. 可以通过表格工具将表格转换成文本

B. 表格的单元格中可以插入表格

C. 表格中可以插入图片

D. 不能设置表格的边框线

101. Word 2010 文档的编辑限制包括（　　）。

A. 格式设置限制　　　　　　　　　B. 编辑限制

C. 权限保护 D. 以上都是

102. 有关格式刷，下列说法错误的是（　　）。

A. 首先双击格式刷，然后在段落中多次单击

B. 首先将光标插入点定位在目标段落中，再双击格式刷

C. 首先将光标插入点定位在源段落中，或选中源段落，再双击格式刷

D. 取消格式刷工作状态，不能用 Esc 键

103. 在字体对话框中下列设置无法实现的是（　　）。

A. 更改字体 B. 更改字形

C. 更改字号 D. 更改字体背景颜色

104. Word 2010 在编辑一个文档完毕后，要想知道它打印后的结果，可使用（　　）功能。

A. 打印预览 B. 模拟打印 C. 提前打印 D. 屏幕打印

105. Word 2010 可自动生成参考文献书目列表，在添加参考文献的"源"主列表时，"源"不可能直接来自于（　　）。

A. 网络中各知名网站 B. 网上邻居的用户共享

C. 计算机中的其他文档 D. 自己录入

106. 在 Word 2010 中，默认的汉字字体是（　　）。

A. 楷体 B. 黑体 C. 仿宋体 D. 宋体

107. 有关标尺的作用，下面说法正确的是（　　）。

A. 利用标尺可以调整页边距

B. 利用标尺可以调整段落缩进

C. 利用标尺可以查看页边距和版心的大小

D. 以上说法都正确

108. Word 2010 插入题注时如需加入章节号，如"图 1-1"，无需进行的操作是（　　）。

A. 将章节起始位置套用内置标题样式

B. 将章节起始位置应用多级符号

C. 将章节起始位置应用自动编号

D. 自定义题注样式为"图"

109. 在 Word 2010 中，按住（　　）键不放，再拖动鼠标可选取矩形区域。

A. Shift B. Ctrl C. Alt D. Tab

110. 在 Word 2010 中如果用键盘对窗口进行移动、改变大小、最大化、最小化等操作，可以通过（　　）实现。

A. 文件菜单 B. 按 < Ctrl + 光标移动键 >

C. 直接使用光标移动键 D. 控制菜单框

111. 在 Word 2010 中拆分表格的快捷键是（　　）。

A. Enter B. Tab

C. < Ctrl + Shift + Enter > D. < Ctrl + Z >

112. 在 Word 2010 中，以下有关"项目符号"的说法错误的是（　　）。

A. 项目符号可以是英文字母 B. 项目符号可以改变格式

C. #、& 不可以定义为项目符号 D. 项目符号可以自动顺序生成

113. 关于 Word 2010 的定位功能，下列说法正确的是（　　）。

A. 无法定位书签 B. 只能是文本字符

C. 无法定位图片 D. 可以定位脚注

114. 段前间距最小值是（　　）。

A. 0 B. 1 C. −0.2 D. 无最小值

115. 能显示页眉和页脚的方式是（　　　）。

A. 草稿　　　　　　B. 页面视图　　　　　C. 大纲视图　　　　　D. 全屏幕视图

116. 在 Word 2010 中，（　　　）选择可以调整纸张方向。

A. 页面布局　　　　B. 字体设置　　　　　C. 打印预览　　　　　D. 页码设置

117. 在 Word 2010 中，（　　　）的作用是能在屏幕上显示所有文本内容。

A. 控制框　　　　　B. 最大化按钮　　　　C. 滚动条　　　　　　D. 标尺

118. 应用快捷键 < Ctrl + B > 后，字体发生的变化是（　　　）。

A. 上标　　　　　　B. 底线　　　　　　　C. 斜体　　　　　　　D. 加粗

119. 进入 Word 2010 后，打开了一个已有文档 w1. docx，又进行了"新建"操作，则（　　　）。

A. w1. docx 被关闭　　　　　　　　　　　B. w1. docx 和新建文档均处于打开状态

C. "新建"操作失败　　　　　　　　　　　D. 新建文档被打开但 w1. docx 被关闭

120. 以下关于 Word 2010 页面布局的功能，说法错误的是（　　　）。

A. 页面布局功能可以为文档设置特定主题效果

B. 页面布局功能可以设置文档分隔符

C. 页面布局功能可以设置稿纸效果

D. 页面布局功能不能设置段落的缩进与间距

121. 在 Word 2010 中转换中英文标点符号的快捷键是（　　　）。

A. < Shift + Space >　B. < Ctrl + Space >　C. < Ctrl + Shift >　D. < Ctrl + . >

122. 在 Word 2010 中，要选定插入点所在单元格可按快捷键（　　　）。

A. < Ctrl + End >　　B. < Ctrl + Home >　C. < Shift + Home >　D. < Shift + End >

123. 对于 Word 2010 表格中的数据，正确的说法是（　　　）。

A. 既不能计算也不能排序　　　　　　　　B. 不能计算但能排序

C. 不能排序但能计算　　　　　　　　　　D. 既能计算又能排序

124. 以下关于 Word 2010 使用的叙述中，正确的是（　　　）。

A. 被隐藏的文字可以打印出来

B. 直接单击"右对齐"按钮而不用选定，就可以对插入点所在行进行设置

C. 若选定文本后，单击"粗体"按钮，则选定部分文字全部变成粗体或常规字体

D. 双击"格式刷"可以复制一次

125. 将插入点定位于句子"飞流直下三千尺"中的"直"与"下"之间，按一下 Delete 键，则该句子（　　　）。

A. 变为"飞流下三千尺"　　　　　　　　B. 变为"飞流直三千尺"

C. 整句被删除　　　　　　　　　　　　　D. 不变

126. 在 Word 2010 的编辑状态，选择了文档全文，若在"段落"对话框中设置行距为 20 磅的格式，应当选择"行距"列表框中的（　　　）。

A. 单倍行距　　　　B. 1.5 倍行距　　　　C. 固定值　　　　　　D. 多倍行距

127. 下面关于页眉和页脚的叙述中，错误的是（　　　）。

A. 一般情况下，页眉和页脚适用于整个文档

B. 奇数页和偶数页可以有不同的页眉和页脚

C. 在页眉和页脚中可以设置页码

D. 首页不能设置页眉和页脚

128. 在 Word 2010 中，"开始"功能区上的段落对齐按钮分别是（　　　）。

A. 左对齐、右对齐、居中对齐、分散对齐、两端对齐

B. 左对齐、居中对齐、右对齐、两端对齐、分散对齐

C. 两端对齐、左对齐、右对齐、居中对齐、分散对齐

D. 上对齐、下对齐

129. Word 2010 文字最大的缩放比例是（ ）。

A. 300.00%　　　　B. 200.00%　　　　C. 400.00%　　　　D. 500.00%

130. 在 Word 2010 中，输入的文字默认的对齐方式是（ ）。

A. 左对齐　　　B. 右对齐　　　C. 居中对齐　　　D. 两端对齐

131. Word 2010 中对于拆分表格，正确的说法是（ ）。

A. 只能把表格拆分为左右两部分　　　B. 只能把表格拆分为上下两部分

C. 可以自己设定拆成的行列数　　　D. 只能把表格拆分成列

132. 利用"格式刷"复制格式时，若复制一次能粘贴多次，连击格式刷的次数是（ ）。

A. 1 次　　　B. 2 次　　　C. 3 次　　　D. 4 次

133. Word 2010 中显示页号、节号、页数、总页数等的是（ ）。

A. 工具栏　　　B. 标题栏　　　C. 菜单栏　　　D. 状态栏

134. 在 Word 2010 中，<Ctrl+Z>键表示的是（ ）。

A. 执行撤消操作　　　B. 执行重复操作

C. 选择文本操作　　　D. 复制文本操作

135. Word 2010 要选择连续的若干个文件或文件夹，单击第一个文件或文件夹，按住（ ）键，再单击最后一个文件或文件夹。

A. Alt　　　B. Shift　　　C. Enter　　　D. Ctrl

136. 某论文要用规定的纸张大小，但在打印预览中发现最后一页只有一行，若要把这一行提到上一页，最好的办法是（ ）。

A. 改变纸张大小　　　B. 增大页边距

C. 使用孤行控制　　　D. 把页面方向改为横向

137. 在 Word 2010 编辑状态下，分栏应该在（ ）菜单。

A. 开始　　　B. 插入　　　C. 设计　　　D. 页面布局

138. Word 2010 有四种基本视图，其中适于查看具有标题级别的长文档是（ ）。

A. Web 视图　　　B. 页面视图　　　C. 大纲视图　　　D. 草稿

139. 在 Word 2010 中，使用定位操作，如果当前页为第 11 页则输入"+2"后，光标将移动到（ ）。

A. 第 9 页　　　B. 第 11 页　　　C. 第 2 行　　　D. 第 13 页

140. 关于 Word 2010 的文本框，下列说法正确的是（ ）。

A. Word 2010 中提供了横排和竖排两种类型的文本框

B. 在文本框中不可以插入图片

C. 在文本框中不可以使用项目符号

D. 通过改变文本框的文字方向不可以实现横排和竖排的转换

141. 以下哪一项功能可以帮助用户查找不熟悉单词的近义替换词？（ ）

A. 同义词库　　　B. 自动编写摘要

C. 拼写和语法　　　D. 自动更正

142. 在当前文档中，若需要插入 Windows 的图片，应将光标移到插入位置，然后选择（ ）。

A. "插入"菜单中的"对象"命令　　　B. "插入"菜单中的"图片"命令

C. "编辑"菜单中的"图片"命令　　　D. "文件"菜单中的"新建"命令

143. 关于 Word 2010 修订，下列说法错误的是（ ）。

A. 在 Word 中可以突出显示修订

B. 不同的修订者的修订会用不同颜色显示

C. 所有修订都用同一种比较鲜明的颜色显示

D. 在 Word 中可以针对某一修订进行接受或拒绝修订

144. 在 Word 2010 中，如果要让表格的第一行在每一页重复出现，应该使用的方法是（　　）。

A. 打印顶端标题行　　　　　　　　B. 打印左端标题列

C. 标题行重复　　　　　　　　　　D. 标题列重复

145. 如果要隐藏文档中的标尺，可以通过（　　）选项来实现。

A. 插入　　　　　B. 编辑　　　　　C. 视图　　　　　D. 文件

146. 在 Word 中，要在按回车键的地方显示段落标记，可选择（　　）选项卡中的"显示段落标记"命令。

A. 页面布局　　　　B. 开始　　　　　C. 插入　　　　　D. 视图

147. 在 Word 2010 中，将 Word 表格中两个单元格合并成一个单元格后，单元格中的内容（　　）。

A. 只保留第 1 个单元格内容　　　　B. 只保留第 2 个单元格内容

C. 2 个单元格内容均保留　　　　　D. 2 个单元格内容全部丢失

148. 下列有关页眉和页脚的说法中，不正确的有（　　）。

A. 只要将"奇偶页不同"这个复选框选中，就可在文档的奇、偶页中插入不同的页眉和页脚内容

B. 在输入页眉和页脚内容时还可以在每一页中插入页码

C. 可以将每一页的页眉和页脚的内容设置成相同的内容

D. 插入页码时必须每一页都要输入页码

149. 在一篇 200 页的文档中，快速地将光标移到第 80 页可使用（　　）。

A. 鼠标拖动垂直滚动条上滑块　　　B. 键盘上的 Pagedown 键

C. 编辑菜单中的定位命令　　　　　D. 快捷键 < Ctrl + Pagedown >

150. 在 Word 2010 中，关于"打印预览"，下列说法有误的是（　　）。

A. 可以进行页面设置　　　　　　　B. 可以利用标尺调整页边距

C. 只能显示一页　　　　　　　　　D. 不可直接制表

二、多项选择题

1. 在 Word 2010 表格的操作中，可（　　）。

A. 根据窗口调整表格　　　　　　　B. 固定列宽

C. 平分分配单元格　　　　　　　　D. 根据内容调整表格大小

2. 在 Word 2010 中，要将 123456 转换成 6 列 1 行的表格，则应先如何将其分隔？（　　）

A. 1，2，3，4，5，6　　　　　　　B. 1 * 2 * 3 * 4 * 5 * 6

C. 1/2/3/4/5/6　　　　　　　　　D. 1！2！3！4！5！6

3. 有关"间距"的说法，正确的是（　　）。

A. 在"字体"对话框，可设置"字符间距"

B. 在"段落"对话框，可设置"字符间距"

C. 在"段落"对话框，可设置"行间距"

D. 在"段落"对话框，可设置"段落前后间距"

4. 在 Word 2010 中，拆分表格可通过（　　）。

A. "开始"→"拆分表格"　　　　　　B. "插入"→"拆分表格"

C. "表格工具"→"布局"→"拆分表格"　D. < Ctrl + Shift + Enter > 键

5. 如何选择多个图形？（　　）

A. 按 Ctrl 键，依次选取　　　　　B. 按 Shift 键，依次选取

C. 按 Alt 键，依次选取　　　　　　D. 按 Tab 键，依次选取

6. Word 2010 的操作方式（即各种命令的启动方式）是（　　）。

A. 选项卡方式　　　B. 表格方式　　　C. 图标方式　　　D. 快捷键方式

7. 在 Word 2010 中，下列操作会出现"另存为"对话框的是（　　）。

A. 新建文档第一次保存　　　　　　B. 打开已有文档修改后保存

C. Word 窗口已命名文档修改后存盘　　　　D. 建立文档副本，以其他名字保存

8. Word 2010 状态栏显示下列哪些项？（　　　）

A. 当前页码　　　　B. 总页码　　　　C. 字数　　　　D. 显示比例

9. "剪切"选中的文本，可通过下列哪些方法？（　　　）

A. "开始"→"剪切"命令　　　　　　　　B. ＜Ctrl＋V＞键

C. 对象上右击→"剪切"命令　　　　　　D. ＜Ctrl＋X＞键

10. 在"边框和底纹"命令中，可以设置边框的对象有（　　　）。

A. 文字　　　　B. 段落　　　　C. 页面　　　　D. 以上都可以

11. 以下属于段落制表位的是（　　　）。

A. 左对齐制表符　　　　　　　　　　　B. 居中对齐制表符

C. 右对齐制表符　　　　　　　　　　　D. 小数点和竖线对齐制表符

12. "开始"功能区含有以下哪些功能？（　　　）

A. 样式设置　　　　　　　　　　　　　B. 字号设置

C. 项目符号设置　　　　　　　　　　　D. 段落对齐方式设置

13. 下面是 Word 2010 表格功能的是（　　　）。

A. 在表格中支持插入子表　　　　　　　B. 在表格中支持插入图形

C. 提供了绘制表头斜线的功能　　　　　D. 提供了整体改变表格大小和移动表格位置的控制句柄

14. Word 2010 中的字数统计，可统计（　　　）。

A. 字数　　　　B. 页数　　　　C. 空格　　　　D. 行数

15. 如何保存一个文件？（　　　）

A. 单击标题栏上的"保存"按钮　　　　　B. 单击"文件"→"保存"命令

C. 利用快捷键＜Ctrl＋S＞　　　　　　　D. 利用功能键 F12

16. 关于制表位，说法正确的是（　　　）。

A. 按 Tab 键，切换到下一制表位

B. 在水平标尺上，可对制表位进行设置、删除、移动

C. 竖线对齐方式可让文本垂直方向比较齐

D. 不可一次清除所有制表位

17. 在 Word 2010 中能对艺术字进行哪些操作，以下正确的是（　　　）。

A. 编辑文字　　　　B. 修改样式

C. 改变线条颜色　　　D. 改变艺术字的文字的横、竖排列方式

18. 利用"带圈字符"命令可以给字符加上（　　　）。

A. 圆形　　　　B. 正方形　　　　C. 菱形　　　　D. 三角形

19. Word 2010 中可隐藏（　　　）。

A. 功能区　　　　B. 标尺　　　　C. 网格线　　　　D. 选中的字符

20. 以下关于"项目符号"的说法正确的是（　　　）。

A. 可以使用项目符号按钮来添加　　　　B. 可以自己设计项目符号的样式

C. 可以使用软键盘来添加　　　　　　　D. 可以使用格式刷来添加

21. Word 2010 中有哪些视图方式？（　　　）

A. 页面视图　　　　　　　　　　　　　B. Web 版式视图

C. 大纲视图　　　　　　　　　　　　　D. 普通视图

22. 关于如何关闭 Office 软件中的任意一个组件，说法正确的是（　　　）。

A. "文件"菜单→"退出"命令　　　　　　B. ＜Ctrl＋W＞键

C. ＜Alt＋F4＞键　　　　　　　　　　　D. 关闭计算机

23. 在 Word 2010 中，以下关于表格编辑正确的说法是（　　　）。

A. 在表格中输入的文字可以自动换行

B. 按 Enter 键可以在单元格中开始一个新的段落

C. 对表格中字的编辑与在 Word 2010 中的编辑方式相同

D. 表格中的文字不可以进行编辑

24. 以下属于段落格式的是（　　　）。

A. 对齐方式　　　　B. 段落间距　　　　C. 字体大小　　　　D. 行距

25. 在 Word 2010 中，定位命令可以定位到（　　　）。

A. 页　　　　　　　B. 书签　　　　　　C. 脚注　　　　　　D. 字

26. 在 Word 2010 中用"即点即输"功能，能在文档空白处快速插入（　　　）。

A. 文字　　　　B. 图形　　　　C. 表格　　　　D. 视频

27. 在 Word 2010 表格中，调整行高和列宽的方法有（　　　）。

A. 利用工具栏按钮　　　　　　　　B. 拖动标尺上的行、列标记

C. 拖动表格线　　　　　　　　　　D. 利用"插入"菜单中的命令

28. 调节页边距有哪些方法可以实现？（　　　）

A. 调整左右缩进　　　　　　　　　B. 调整标尺

C. 用"页面设置"对话框　　　　　　D. 用"段落"对话框

29. 修改 Word 2010 文档时，光标在行首，欲将光标移至行尾，操作可以是（　　　）。

A. 直接用鼠标点到行尾　　　　　　B. 按 End 键

C. 按 Home 键　　　　　　　　　　D. 按 < Ctrl + End > 键

30. 一篇文档中两个不同的节之间可以有不同的（　　　）。

A. 页边距　　　　B. 页眉页脚　　　　C. 纸张大小　　　　D. 行的编号方式

31. 要想在 Word 2010 中创建表格，以下方法正确的是（　　　）。

A. 使用"插入"选项中的"表格"命令创建

B. 使用"插入"选项中的"表格"中的"绘制表格"命令创建

C. 使用"开始"选项中的"插入表格"命令创建

D. 利用"格式"选项创建

32. Word 2010 中在修改图形的大小时，若想保持其长宽比例不变，应该采用的操作是（　　　）。

A. 用鼠标拖动四角上的控制点

B. 按住 Shift 键，同时用鼠标拖动四角上的控制点

C. 按住 Ctrl 键，同时用鼠标拖动四角上的控制点

D. 在"布局"对话框中，锁定纵横比

33. 对自动更正的说法中，错误的有（　　　）。

A. 自动更正只能更正符号

B. 通过自动更正不可将"ABCDEFG"替换为"ABC"

C. 通过自动更正不可用符号替换文字

D. 自动更正仅限于英文

34. 关于 Word 2010 中的样式，下列说法正确的有（　　　）。

A. 样式是文字格式和段落格式的集合，主要用于快速制作具有一定规范格式的段落

B. Word 2010 提供了一系列标准样式供人们使用，但不能够进行修改

C. 只有人们自己自定义的样式，才能够进行修改

D. 所有的样式包括 Word 2010 自带的样式都可以进行修改

35. Word 2010 文档分栏后，下列视图下不能正常显示的有（　　　）。

A. 草稿　　　　B. Web　　　　C. 页面　　　　D. 大纲

36. 有关拆分 Word 2010 文档窗口的方法，正确的是（　　　）。

A. 按 < Ctrl + Enter > 键　　　　　　　B. 按 < Ctrl + Alt + S > 键
C. 拖动垂直滚动条上方的"拆分"按钮　　D. "视图"→"拆分"命令

37. 图文混排包含的项目有（　　　）。

A. 图片　　　　　　B. 文本框　　　　　　C. 绘图　　　　　　D. 艺术字

38. 利用 Word 2010 编辑文档，能完成的功能有（　　　）。

A. 插入图片　　　　　　　　　　　B. 插入页眉或页脚
C. 设置边框和底纹　　　　　　　　D. 设置水印

39. 在 Word 2010 中，可设置图片的环绕方式为（　　　）。

A. 四周型　　　　　　B. 上下型　　　　　　C. 紧密型　　　　　　D. 浮于文字上方

40. 在 Word 2010 中，阴影效果可以应用到下列哪些对象？（　　　）

A. 图片　　　　　　B. 自选图形　　　　　　C. 艺术字　　　　　　D. 表格

41. 关于 Word 2010 的表格的"标题行重复"功能，说法正确的是（　　　）。

A. 属于"表格"菜单的命令
B. 属于"表格工具"选项卡下的命令
C. 能将表格的第一行即标题行在各页顶端重复显示
D. 当表格标题行重复后，修改其他页面表格第一行，第一页的标题行也随之修改

42. 在 Word 2010 中，"打印"命令可以打印（　　　）。

A. 当前页　　　　　B. 选定内容　　　　　C. 整个文档　　　　　D. 指定范围

43. 在 Word 2010 中，关于表格，下列说法正确的是（　　　）。

A. 可以删除表格中的某行　　　　　　B. 可以删除表格中的某列
C. 按 Delete 键，删除表格的内容　　　D. 按 Delete 键，删除整个表格

44. 在 Word 2010 中应用样式正确的是（　　　）。

A. 选择所需"样式"命令应用样式　　　B. 在样式和格式任务窗格中应用样式
C. 只使用快捷键（D）应用样式　　　　D. 使用"插入"功能区应用样式

45. 设置页边距的方法有（　　　）。

A. 使用水平和垂直标尺　　　　　　　B. "文件"→"页面设置"
C. "文件"→"打印"　　　　　　　　　D. "格式"→"边框和底纹"

46. 设置首行缩进的方法有（　　　）。

A. 打开"段落"对话框，然后在"特殊格式"设定"首行缩进"格式
B. 通过标尺调节
C. 通过 Tab 键
D. 以上只有一种方法正确

47. 以下关于 Word 2010 的新建文档功能，说法正确的有（　　　）。

A. 可以为文档加密保护　　　　　　　B. 可以添加数字签名保护
C. 可以将文档标记为最终状态　　　　D. 可以按人员限制权限

48. Word 2010 中"打印预览"状态中（　　　）。

A. 仍可以像正常视图中一样，编辑文档
B. 可设置多页同时显示
C. 可以全屏显示
D. 可以直接送往打印机

49. 在 Word 2010 中，查找对话框中的查找内容包括（　　　）。

A. 格式　　　　　　B. 表格　　　　　　C. 特殊符号　　　　　　D. 图形

50. 在 Word 2010 中，分栏可用在（　　　）上。

A. 选中文本　　　　　B. 整篇文档　　　　　C. 文本框　　　　　D. 自选图形

51. 关于 Office 2010, 下列说法正确的是 (　　)。

A. 通过设置"打开权限密码"和"修改权限密码"皆可达到保护文档的目的

B. "打开权限"和"修改权限"只是说法不一样, 其功能完全相同

C. "打开权限"与"修改权限"所起的保护作用不完全一样

D. 以上说法皆正确

52. 在 Word 2010 中"审阅"功能区的"翻译"可以进行 (　　) 操作。

A. 翻译文档　　　　　　　　　　　B. 翻译所选文字

C. 翻译屏幕提示　　　　　　　　　D. 翻译批注

53. 以下哪些对象可以插入 Word 2010 文档中? (　　)

A. 组织结构图　　　B. BMP 图形　　　C. 图像文档　　　D. 写字板文档

54. 以下关于 Word 2010 的保存功能, 说法正确的是 (　　)。

A. 可以每隔几分钟自动保存一次　　　B. 可以为文档设只读密码

C. 不可以为文档设密码　　　　　　　D. 可以把文件保存为 bnf 格式

55. 以下关于 Word 2010 的"格式刷"功能, 说法正确的有 (　　)。

A. 所谓格式刷, 即复制一个位置的格式, 然后将其应用到另一个位置

B. 单击格式刷, 可以进行一次格式复制; 双击格式刷, 可以进行多次格式复制

C. 格式刷只能复制字符格式

D. 可以使用快捷键 < Ctrl + Shift + C >

56. 在 Word 2010 中, 关于全选操作正确的是 (　　)。

A. 按 < Ctrl + A > 键　　　　　　　B. "开始"→"编辑"→"选择"→"全选"

C. 按 < Ctrl + B > 键　　　　　　　D. "插入"→"全选"

57. 在 Word 2010 中, 文档可以保存为下列哪些格式? (　　)

A. Web 页　　　B. 纯文本　　　C. PDF 文档　　　D. XPS 文档

58. 以下方法中可以实现复制格式的是 (　　)。

A. 利用格式刷

B. 先选中带有格式的文本按住 < Ctrl + Shift + C > 键, 再选中需要格式化的文本, 按住 < Ctrl + Shif + V > 键

C. 按 < Ctrl + C > 键

D. 按 < Ctrl + V > 键

59. 在 Word 2010 中, 若想知道文档的字符数, 可以应用的方法有 (　　)。

A. "审阅"标签下"校对"功能区的"字数统计"按钮

B. 快捷键 < Ctrl + Shift + G >

C. 快捷键 < Ctrl + Shift + H >

D. "审阅"标签下"修订"功能区的"字数统计"按钮

60. 在 Word 2010 中, 可以分栏的操作有 (　　)。

A. "页面布局"→"分栏"　　　　　　B. 单击开始功能区中的"分栏"按钮

C. "插入"→"分栏"　　　　　　　　D. 设置"页面设置"对话框的"文档网格"选项卡

三、判断题

1. 在 Word 2010 中, 不但能插入内置公式, 而且可以插入新公式并可通过"公式工具"功能区进行公式编辑。(　　)

A. 正确　　　　　　B. 错误

2. 在 Word 2010 中, 如需对某个样式进行修改, 可单击插入选项卡中的"更改样式"按钮。(　　)

A. 正确　　　　　　B. 错误

3. 在 Word 2010 的表格中, 当改变了某个单元格中的值的时候, 计算结果也会随之改变。(　　)

A. 正确　　　　　　B. 错误

4. 艺术字实际上是一种图形对象。（　　）

A. 正确　　　　　　　B. 错误

5. 在 Word 2010 中，要使文本框中的文本由横排改为竖排，不必选定文本，只需右击"更改文字方向"按钮即可。（　　）

A. 正确　　　　　　　B. 错误

6. 在 Word 2010 中，表格和文本可以相互转换。（　　）

A. 正确　　　　　　　B. 错误

7. 在 Word 2010 中，不但能插入封面、脚注，而且可以制作文档目录。（　　）

A. 正确　　　　　　　B. 错误

8. 在插入页码时，页码的范围只能从 1 开始。（　　）

A. 正确　　　　　　　B. 错误

9. 艺术字的旋转可以通过鼠标自由旋转。（　　）

A. 正确　　　　　　　B. 错误

10. 在 Word 2010 中，正文样式不能修改，也不能删除。（　　）

A. 正确　　　　　　　B. 错误

11. 使用"页面设置"命令可以指定每页的行数。（　　）

A. 正确　　　　　　　B. 错误

12. 在 Word 2010 中，可以为创建的样式指定快捷键。（　　）

A. 正确　　　　　　　B. 错误

13. Word 2010 不但提供了对文档的编辑保护，还可以设置对节分隔的区域内容进行编辑限制和保护。（　　）

A. 正确　　　　　　　B. 错误

14. 在 Word 2010 中，默认的对齐方式为居中对齐。（　　）

A. 正确　　　　　　　B. 错误

15. 艺术型边框只能出现在页面边框中。（　　）

A. 正确　　　　　　　B. 错误

16. 在 Word 2010 中，要设置图片与文字上下环绕方式，应进行紧密型环绕。（　　）

A. 正确　　　　　　　B. 错误

17. 在 Word 2010 中跟踪超链接需要按住 Ctrl 键，再用鼠标单击链接文本。（　　）

A. 正确　　　　　　　B. 错误

18. 中文语音识别系统可以使用语音及语音命令来录入文本。（　　）

A. 正确　　　　　　　B. 错误

19. 在 Word 2010 中，用拆分窗口的方法可以同时看到一篇长文档的开头和结尾。（　　）

A. 正确　　　　　　　B. 错误

20. 在 Word 2010 中，如果删除了某个分节符，其前面的文字将合并到后面的节中，并且采用后者的格式设置。（　　）

A. 正确　　　　　　　B. 错误

21. 文本可以绕指定图形的形状绕排。（　　）

A. 正确　　　　　　　B. 错误

22. 文本框的位置无法调整，要想重新定位只能删掉该文本框以后重新插入。（　　）

A. 正确　　　　　　　B. 错误

23. 在文档中单击构建基块库中已有的文档部件，会出现构建基块框架。（　　）

A. 正确　　　　　　　B. 错误

24. 在 Word 2010 表格中，不能改变表格线的粗细。（　　）

A. 正确　　　　B. 错误

25. 在 Word 2010 中，如需使用导航窗格对文档进行标题导航，必须预先为标题文字设定大纲级别。（　　）

A. 正确　　　　B. 错误

26. 在 Word 文档中有一幅图片，根本不能改变它的位置。（　　）

A. 正确　　　　B. 错误

27. 在 Word 2010 中，不但可以给文本选取各种样式，而且可以更改样式。（　　）

A. 正确　　　　B. 错误

28. 可用 Word 2010 提供的模板建立新的文档，但不能创造自定义模板。（　　）

A. 正确　　　　B. 错误

29. 在 Word 2010 的"开始"功能区的"字符边框"图标与"页面布局"→"边框和底纹"命令中"边框"选项效果完全一样。（　　）

A. 正确　　　　B. 错误

30. Word 2010 中的所有功能都可通过工具栏上的工具按钮来实现。（　　）

A. 正确　　　　B. 错误

31. 位于每节或者文档结尾，用于对文档某些特定字符、专有名词或术语进行注解的注释，就是脚注。（　　）

A. 正确　　　　B. 错误

32. 拒绝修订的功能等同于撤消操作。（　　）

A. 正确　　　　B. 错误

33. 在 Word 2010 表格只能做求和运算。（　　）

A. 正确　　　　B. 错误

34. 要使指定文本改变大小，必须先选中。（　　）

A. 正确　　　　B. 错误

35. 在 Word 2010 中，单元格的内容只能够是文本。（　　）

A. 正确　　　　B. 错误

36. Word 2010 文档中的图片，在普通视图下看不到。（　　）

A. 正确　　　　B. 错误

37. Word 中的艺术字是一种图形化的文字。（　　）

A. 正确　　　　B. 错误

38. Word 2010 表格中，可求连续单元格的和，也可求不连续的和。（　　）

A. 正确　　　　B. 错误

39. 项目符号和编号都可以通过自定义的方法选择所需的样式种类。（　　）

A. 正确　　　　B. 错误

40. 文本框中不能插入表格。（　　）

A. 正确　　　　B. 错误

41. 在 Word 2010 打印预览窗中，可通过浏览文档观察文章段落在页面上的整体布局，但不能对其编辑修改。（　　）

A. 正确　　　　B. 错误

42. 打印时，在 Word 2010 中插入的批注将与文档内容一起被打印出来，无法隐藏。（　　）

A. 正确　　　　B. 错误

43. 在审阅时，对于文档中的所有修订标记只能全部接受或全部拒绝。（　　）

A. 正确　　　　B. 错误

44. 目录生成后会独占一页，正文内容会自动从下一页开始。（　　）

A. 正确　　　　B. 错误

45. Word 2010 表格中的数据也是可以进行排序的。（　　）

A. 正确　　　　　　B. 错误

46. "自定义功能区"和"自定义快速工具栏"中其他工具的添加，可以通过"文件"→"选项"→"Word 选项"进行添加设置。（　　）

A. 正确　　　　　　B. 错误

47. 要删除分节符，必须转到草稿才能进行。（　　）

A. 正确　　　　　　B. 错误

48. dotx 格式为启用宏的模板格式，而 dotm 格式无法启用宏。（　　）

A. 正确　　　　　　B. 错误

49. 在 Word 2010 中，只要插入的表格选取了一种表格样式，就不能更改表格样式和进行表格的修改。（　　）

A. 正确　　　　　　B. 错误

50. 在 Word 2010 中，可以同时打开多个 Word 文档，并建立多个显示文档的窗口。（　　）

A. 正确　　　　　　B. 错误

51. 在 Word 2010 中，可一次求多个单元格的和。（　　）

A. 正确　　　　　　B. 错误

52. 域就像一段程序代码，文档中显示的内容是域代码运行的结果。（　　）

A. 正确　　　　　　B. 错误

53. "打开权限密码"和"修改权限密码"都是保护文档，两者的作用完全是一样的。（　　）

A. 正确　　　　　　B. 错误

54. Word 2010 默认视图是页面视图。（　　）

A. 正确　　　　　　B. 错误

55. 在"插入表格"对话框中可以调整表格的行数和列数。（　　）

A. 正确　　　　　　B. 错误

56. 坐标线只有在页面方式下才可以显示出来。（　　）

A. 正确　　　　　　B. 错误

57. Word 2010 文本可以转换为表格，亦可将 Word 表格内容转换为文本。（　　）

A. 正确　　　　　　B. 错误

58. Word 2010 中的文本框可以实现任意角度的旋转。（　　）

A. 正确　　　　　　B. 错误

59. 单击"格式刷"命令，只可能使用一次。（　　）

A. 正确　　　　　　B. 错误

60. 用 Delete 键不可以删除两个以上的项目符号或编号。（　　）

A. 正确　　　　　　B. 错误

61. 在 Word 2010 的"设计"→"表格自动套用格式"命令中，可对应用的格式进行一些改变。（　　）

A. 正确　　　　　　B. 错误

62. 文本框有横排和竖排两种。（　　）

A. 正确　　　　　　B. 错误

63. 插入剪贴画首先要做的是将光标定位在文档需要插入剪贴画的位置。（　　）

A. 正确　　　　　　B. 错误

64. 利用格式刷不能复制图片样式的项目符号。（　　）

A. 正确　　　　　　B. 错误

65. 在 Word 2010 中，"行和段落间距"或"段落"提供了单倍、多倍、固定值、多倍行距等行间距供选择。（　　）

A. 正确　　　　　　B. 错误

66. 在 Word 2010 中，撤消命令可以撤消到文档打开时状态。（　　）

A. 正确　　　　　　　B. 错误

67. 文档的任何位置都可以通过运用 TC 域标记为目录项后建立目录。（　　　）

A. 正确　　　　　　　B. 错误

68. 可以通过插入域代码的方法在文档中插入页码，具体方法是先输入花括号"｛"、再输入"page"、最后输入花括号"｝"即可。选中域代码后按下 < Shift + F9 > 键,即可显示为当前页的页码。（　　　）

A. 正确　　　　　　　B. 错误

69. < Ctrl + Delete > 键可用来删除光标所在位置到行末的所有字符。（　　　）

A. 正确　　　　　　　B. 错误

70. 在一个段落中，任何一行都可以加上项目符号。（　　　）

A. 正确　　　　　　　B. 错误

71. 利用 Word 2010 也可以制作 Web 页。（　　　）

A. 正确　　　　　　　B. 错误

72. 图片可以设置阴影和三维效果。（　　　）

A. 正确　　　　　　　B. 错误

73. 经过复制的文本，可通过粘贴成图片。（　　　）

A. 正确　　　　　　　B. 错误

74. 在 Word 2010 中，通过鼠标拖动操作，可将已选定的文本移动到另一个已打开的文档中。（　　　）

A. 正确　　　　　　　B. 错误

75. 添加项目符号或编号后，如果增加、移动或删除段落，Word 会自动更新或调整编号。（　　　）

A. 正确　　　　　　　B. 错误

76. Word 2010 中的批注不可以打印出来。（　　　）

A. 正确　　　　　　　B. 错误

77. 格式刷单击一次可以使用多次。（　　　）

A. 正确　　　　　　　B. 错误

78. Word 2010 文档中的工具栏可由用户根据需要显示或隐藏。（　　　）

A. 正确　　　　　　　B. 错误

79. 可以对 Office 文档进行加密，使不知道密码的人无法打开文档。（　　　）

A. 正确　　　　　　　B. 错误

80. Word 2010 中斜线表头时，可以使用文本框与直线组合。（　　　）

A. 正确　　　　　　　B. 错误

81. 在 Word 2010 中，"文档视图"方式和"显示比例"除在"视图"等选项卡中设置外，还可以在状态栏右下角进行快速设置。（　　　）

A. 正确　　　　　　　B. 错误

82. 目前国家、机关单位用的正式文件纸张是 B5 纸。（　　　）

A. 正确　　　　　　　B. 错误

83. 在 Word 2010 中，通过"文件"→"打印"选项同样可以进行文档的页面设置。（　　　）

A. 正确　　　　　　　B. 错误

84. 分散对齐和两端对齐的唯一区别是在最后一行。（　　　）

A. 正确　　　　　　　B. 错误

85. 在 Word 2010 中，表格底纹设置只能设置整个表格底纹，不能对单个单元格进行底纹设置。（　　　）

A. 正确　　　　　　　B. 错误

86. 在 Word 2010 中，剪贴板上的内容可粘贴到文本的多处。（　　　）

A. 正确　　　　　　　B. 错误

87. 分页符、分节符等编辑标记只能在草稿中查看。（　　　）

A. 正确　　　　　B. 错误

88. 左对齐和两端对齐的效果一样，只是两种叫法。（　　）

A. 正确　　　　　B. 错误

89. "查找"命令只能查找字符串，不能查找格式。（　　）

A. 正确　　　　　B. 错误

90. Word 2010 工具栏中的位置是固定的，不能移动到其他地方。（　　）

A. 正确　　　　　B. 错误

91. 在 Word 2010 的编辑状态，按先后顺序依次打开了 d1. docx、d2. docx、d3. docx、d4. docx 四个文档，当前的活动窗口是 d1. docx 文档的窗口。（　　）

A. 正确　　　　　B. 错误

92. 在"根据格式设置创建新样式"对话框中可以新建表格样式，但表格样式在"样式"任务窗格中不显示。（　　）

A. 正确　　　　　B. 错误

93. 在 Word 2010 文档中，"初号"是最大的字号。（　　）

A. 正确　　　　　B. 错误

94. 在 Word 2010 表格中每条边的样式都可不同。（　　）

A. 正确　　　　　B. 错误

95. 绘制表格的命令是在"开始"功能区中。（　　）

A. 正确　　　　　B. 错误

96. Word 2010 的屏幕截图功能可以将任何最小化后收藏到任务栏的程序屏幕视图等插入文档中。（　　）

A. 正确　　　　　B. 错误

97. Word 2010 页眉中的边框线不可以删除。（　　）

A. 正确　　　　　B. 错误

98. 在 Word 2010 中，插入的艺术字只能选择文本的外观样式，不能进行艺术字颜色、效果等其他的设置。（　　）

A. 正确　　　　　B. 错误

99. 样式的优先级可以在新建样式时自行设置。（　　）

A. 正确　　　　　B. 错误

100. 图表的数据会自动随表格数据的变化而自动更新。（　　）

A. 正确　　　　　B. 错误

101. 在 Word 2010 中可以插入表格，而且可以对表格进行绘制、擦除、合并和拆分单元格、插入和删除行列等操作。（　　）

A. 正确　　　　　B. 错误

102. Word 2010 中的撤消命令只能执行三次。（　　）

A. 正确　　　　　B. 错误

103. 在打开的最近文档中，可以把常用文档进行固定而不被后续文档替换。（　　）

A. 正确　　　　　B. 错误

104. 在 Word 2010 中，可以插入"页眉和页脚"，但不能插入"日期和时间"。（　　）

A. 正确　　　　　B. 错误

105. 只有在按下 F7 键的时候，才能进行拼音和语法的检查。（　　）

A. 正确　　　　　B. 错误

106. 利用 Word 2010 水平标尺的制表位可用来绘制各种表格。（　　）

A. 正确　　　　　B. 错误

107. Word 2010 中艺术字不能被打印出来。（　　）

A. 正确　　　　　　B. 错误

108. 文档右侧的批注框只用于显示批注。（　　）

A. 正确　　　　　　B. 错误

109. 在 Word 2010 文档中，可以插入并编辑 Excel 工作表。（　　）

A. 正确　　　　　　B. 错误

110. 按一次 TAB 键就右移一个制表位，按一次 Delete 键左移一个制表位。（　　）

A. 正确　　　　　　B. 错误

111. 在 Word 2010 中，通过"屏幕截图"功能，不但可以插入未最小化到任务栏的可视化窗口图片，还可以通过屏幕剪辑插入屏幕任何部分的图片。（　　）

A. 正确　　　　　　B. 错误

112. "文件"下的"打印"命令与快捷键＜Ctrl＋P＞功能完全相同。（　　）

A. 正确　　　　　　B. 错误

113. Word 2010 在文字段落样式的基础上新增了图片样式，可自定义图片样式并列入图片样式库中。（　　）

A. 正确　　　　　　B. 错误

114. Word 2010 中，书签名必须以字母、数字或者汉字开头，不能有空格，可以由下划线字符来分隔文字。（　　）

A. 正确　　　　　　B. 错误

115. Word 2010 中衬于文字下方可设置成水印效果。（　　）

A. 正确　　　　　　B. 错误

116. 在 Word 2010 中，不能创建"书法字帖"文档类型。（　　）

A. 正确　　　　　　B. 错误

117. Word 2010 不能实现英文字母的大小写互相转换。（　　）

A. 正确　　　　　　B. 错误

118. 在一个段落中，任何一行都可以加上一个项目符号。（　　）

A. 正确　　　　　　B. 错误

119. Word 2010 中，如果要在更新域时保留原格式，只要将域代码中"* MERGEFORMAT"删除即可。（　　）

A. 正确　　　　　　B. 错误

120. 在一个段落中，任何一行都可以加上项目符号和编号。（　　）

A. 正确　　　　　　B. 错误

四、填空题

1. 在 Word 2010 中为了能在打印之前看到打印后的效果，以节省纸张和重复打印花费的时间，一般可采用＿＿＿＿＿＿的方法。

2. 在图形编辑状态中，单击"矩形"按钮，按下＿＿＿＿＿＿键的同时拖动鼠标，可以画出正方形。

3. 如果要将 Word 2010 文档中的一个关键词改变为另一个关键词，需使用"＿＿＿＿＿＿"组中的"替换"命令。

4. 要选择光标所在段落，可＿＿＿＿＿＿该段落。

5. Word 2010 中拖动标尺上的"移动表格列"，可改变表格列的＿＿＿＿＿＿。

6. 在 Word 2010 中，如果放弃刚刚进行的一个文档内容操作（如粘贴），只需单击工具栏上的＿＿＿＿＿＿按钮即可。

7. 在 Word 2010 中，进行各种文本、图形、公式、批注等搜索可以通过＿＿＿＿＿＿来实现。

8. Word 2010 对文件另存为另一新文件名，可选用"文件"选项卡中的＿＿＿＿＿＿命令。

9. Word 2010 中文档中两行之间的间隔叫＿＿＿＿＿＿。

10. 在 Word 2010 中，想对文档进行字数统计，可以通过＿＿＿＿＿＿功能区来实现。

11. 在 Word 2010 中，选定文本后，会显示出＿＿＿＿＿＿，可以对字体进行快速设置。

12. 在 Word 2010 中，在选定文档内容之后，单击工具栏上的"复制"按钮，是将选定的内容复制到_____。

13. 在 Word 2010 中，格式工具栏上标有"I"字母按钮的作用是使选定对象_____。

14. 在 Word 2010 中，按键_____与工具栏上的粘贴按功能相同。

15. 在 Word 2010 中插入了表格后，会出现_____选项卡，对表格进行"设计"和"布局"的操作设置。

16. Word 2010 中如果双击左端的选定栏，就选择_____。

17. 在 Word 2010 中，按_____键与工具栏上的保存按钮功能相同。

18. 在 Word 2010 文档编辑过程中，如果先选定了文档内容，再按住 Ctrl 键并拖曳鼠标至另一位置，即可完成选定文档内容的_____操作。

19. Word 2010 中将剪贴板中的内容插入到文档中的指定位置，叫作_____。

20. 在 Word 2010 中，工具栏上标有软磁盘图形按钮的作用是_____文档。

21. Word 2010 中要使用"字体"对话框进行字符编排，可选择"_____"选项卡中的"字体"组，打开"字体"对话框。

22. Word 2010 中新建 Word 文档的快捷键是_____。

23. Word 2010 中复制的快捷键是_____。

24. 在 Word 2010 的"开始"功能区的"样式"组中，可以将设置好的文本格式进行"将所选内容保存为_____"的操作。

25. 在 Word 2010"打印"对话框中选定"_____"，表示只打印光标所在的一页。

26. 在 Word 2010 中，工具栏上标有剪刀图形按钮的作用是_____选定对象。

27. 如果要退出 Word 2010，最简单的方法是_____击标题栏上的控制框。

28. 在 Word 2010 文档编辑区中，要删除插入点右边的字符，应该按_____键。

29. Word 2010 格式栏上的 B、I、U，代表字符的粗体、_____、下划线标记。

30. _____栏位于在 Word 2010 窗口的最下方，用来显示当前正在编辑的位置、时间、状态等信息。

31. Word 2010 中取消最近一次所做的编辑或排版动作，或删除最近一次输入的内容，叫作_____。

32. 将文档中一部分内容移动到别处，首先要进行的操作是_____。

33. Word 2010 中打印预览显示的内容和打印后的格式_____。（填"相同"或"不相同"）

34. Word 2010 中按住_____键，单击图形，可选定多个图形。

35. Word 2010 中，＜Ctrl + Home＞操作可以将插入光标移动到_____。

36. 在 Word 2010 中，格式工具栏上标有"B"字母按钮的作用是使选定对象_____。

37. Word 2010 中用键盘选择文本，只要按_____的同时进行光标定位的操作。

38. 在"插入"功能区的"符号"组中，可以插入_____和"符号"、编号等。

39. 在 Word 2010 中，如果要选定较长的文档内容，可先将光标定位于其起始位置，再按住_____键，单击其结束位置即可。

40. 在 Word 2010 中，按_____键可以选定文档中的所有内容。

参考答案

一、单项选择题

1	2	3	4	5	6	7	8	9	10
D	C	C	B	B	A	A	A	B	C
11	12	13	14	15	16	17	18	19	20
C	A	D	A	C	A	D	C	C	B

（续）

21	22	23	24	25	26	27	28	29	30
D	D	D	B	B	C	B	B	A	A
31	32	33	34	35	36	37	38	39	40
D	C	C	B	A	D	B	B	C	A
41	42	43	44	45	46	47	48	49	50
B	A	B	B	C	C	D	B	D	C
51	52	53	54	55	56	57	58	59	60
D	D	C	B	C	C	A	A	A	D
61	62	63	64	65	66	67	68	69	70
B	C	C	C	B	B	D	A	A	C
71	72	73	74	75	76	77	78	79	80
A	A	A	D	B	A	D	B	C	A
81	82	83	84	85	86	87	88	89	90
D	D	C	C	A	D	A	B	D	D
91	92	93	94	95	96	97	98	99	100
A	A	D	A	D	C	C	D	B	D
101	102	103	104	105	106	107	108	109	110
D	D	D	A	B	D	D	C	C	D
111	112	113	114	115	116	117	118	119	120
C	C	D	C	B	A	C	D	B	D
121	122	123	124	125	126	127	128	129	130
D	D	D	C	B	C	D	B	D	D
131	132	133	134	135	136	137	138	139	140
B	B	D	A	B	C	D	C	D	A
141	142	143	144	145	146	147	148	149	150
A	B	C	C	C	B	C	D	C	C

二、多项选择题

1	2	3	4	5	6	7	8	9	10
ABD	ABCD	ACD	CD	AB	ACD	AD	ABCD	ACD	ABCD
11	12	13	14	15	16	17	18	19	20
ABCD	ABCD	ABCD	ABCD	ABC	AB	ABCD	ABCD	ABCD	ABCD
21	22	23	24	25	26	27	28	29	30
ABC	AC	ABC	ABD	ABC	ABC	BC	BC	AB	ABCD
31	32	33	34	35	36	37	38	39	40
AB	BD	ABCD	AD	ABD	BCD	ABCD	ABCD	ABCD	ABC
41	42	43	44	45	46	47	48	49	50
BC	ABCD	ABC	AB	AB	ABC	ABCD	BD	ACD	AB
51	52	53	54	55	56	57	58	59	60
AC	ABC	ABCD	AB	ABD	AB	ABCD	AB	AB	AD

三、判断题

1	2	3	4	5	6	7	8	9	10
A	B	B	A	B	A	A	B	A	B
11	12	13	14	15	16	17	18	19	20
A	A	B	B	B	B	A	A	A	B
21	22	23	24	25	26	27	28	29	30
A	B	A	B	A	B	A	B	B	B
31	32	33	34	35	36	37	38	39	40
B	B	B	A	A	A	A	A	A	B
41	42	43	44	45	46	47	48	49	50
B	B	B	B	A	A	B	B	B	A
51	52	53	54	55	56	57	58	59	60
A	A	B	A	A	A	A	A	A	A
61	62	63	64	65	66	67	68	69	70
A	A	A	B	A	A	A	B	B	B
71	72	73	74	75	76	77	78	79	80
A	A	A	A	A	B	B	A	A	B
81	82	83	84	85	86	87	88	89	90
A	B	A	B	B	A	B	B	B	B
91	92	93	94	95	96	97	98	99	100
B	B	B	A	B	B	B	B	A	A
101	102	103	104	105	106	107	108	109	110
A	B	A	B	B	B	B	A	A	B
111	112	113	114	115	116	117	118	119	120
A	B	B	B	A	B	B	B	A	B

四、填空题

1. 打印预览　　2. Shift　　3. 编辑　　4. 三击　　5. 宽度

6. 撤消　　7. 导航　　8. 另存为　　9. 行距　　10. 审阅

11. 悬浮工具栏　　12. 剪贴板　　13. 变为斜体　　14. ＜ Ctrl + V ＞　　15. 表格工具

16. 一段　　17. ＜ Ctrl + S ＞　　18. 复制　　19. 粘贴　　20. 保存

21. 开始　　22. ＜ Ctrl + N ＞　　23. ＜ Ctrl + C ＞　　24. 新快速样式　　25. 当前页

26. 剪切　　27. 双　　28. Delete　　29. 斜体　　30. 状态

31. 撤消　　32. 选定　　33. 相同　　34. Shift　　35. 文档的开头

36. 变为粗体　　37. Shift　　38. 公式　　39. Shift　　40. ＜ Ctrl + A ＞

第四章

电子表格系统 Excel 2010

本章主要考点如下：

Excel 2010 的窗口组成，工作簿和工作表的基本概念，单元格和单元格区域的概念，工作簿的新建、打开、保存、关闭。

工作表的插入、删除、复制、移动、重命名和隐藏等基本操作，行、列的插入与删除，行、列的锁定和隐藏。单元格区域的选择，各种类型数据的输入、编辑及数据填充功能的使用。

绝对引用、相对引用和三维地址引用，工作表中公式的输入与常用函数的简单使用，批注的使用。

工作表格式化及数据格式化，调整单元格的行高和列宽，自动套用格式和条件格式的使用。

数据清单的概念，记录的排序、筛选、分类汇总、合并计算，数据透视表，获取外部数据，模拟分析。

图表的创建和编辑，迷你图，页面设置及分页符使用，表格打印。

 知识点分析

1. Excel 的主要功能、启动与退出

Excel 主要功能有：1）表格制作；2）图形、图像、图表功能；3）数据处理和数据分析；4）列表（数据清单）功能。

2. 工作簿、工作表、单元格和单元格区域

1）工作簿（Book）：是存储数据、进行数据运算以及数据格式化的文件。扩展名为 .xlsx，工作簿由多个工作表（Sheet）构成。

2）工作表：新建一个工作簿时，Excel 自动创建三个工作表，分别命名为 Sheet1、Sheet2、Sheet3。工作表的名字是可以改变的。工作表不是一个独立的文件，因此不能单独存盘。当删除某个工作表时，是直接删除，而不是删除到回收站中。

一个工作表最多有 16384 列，最多有 1048576 行。列编号从 A 开始，行编号从 1 开始。

同时选中多个工作表：使用 Ctrl 或 Shift 键。

可以同时在多个工作表中输入信息，也可以同时在多个单元格中输入相同信息 < Ctrl + Enter >。

可以生成当前工作表的副本。假设当前被选中的工作表的名字为 Sheet1，则副本工作表的

名字为：Sheet1（2）。

移动：选中工作表，按住鼠标左键，拖动至目的地即可。

复制：选中工作表，按住 Ctrl 键，然后按住鼠标左键，拖动至目的地即可。

新建一个工作簿文件，系统默认生成三个工作表。可以通过设置"文件"→"选项"→"常规"选项卡中的"包含的工作表数"修改新建工作簿文件的工作表的数目。最小数目是 1，最大数目是 255。

3）单元格：工作表中行、列交叉的地方称为单元格，是工作表最基本的数据单元，是电子表格软件中处理数据的最小单位。

单元格名称：也就是单元格的地址，由单元格所处的列名和行名组成。

在同一时刻只有一个单元格处于活动状态。每个单元格内容长度的最大限制是 32767 个字符，但是单元格中最多只能显示 2041 个字符。

『经典例题解析』

1. Excel 2010 一张工作表所包含的由行和列构成的单元格个数为（　　　）。

A. 65536×256　　　　B. 1048576×16384　　　C. 65536×1024　　　D. 65535×256

【答案】B。

2. 在 Excel 2010 中，用于存储并处理工作表数据的文件称为（　　　）。

A. 单元格　　　　　B. 工作区　　　　　C. 工作簿　　　　　D. 工作表

【答案】C。

3. 在 Excel 2010 中，工作表（　　　）。

A. 可以增加或删除　　　　　　　　　B. 不可以增加或删除

C. 只能增加　　　　　　　　　　　　D. 只能删除

【答案】A。

4. 在 Excel 2010 中，每张工作表最多可以包含的行数是（　　　）。

A. 255　　　　　B. 1024　　　　　C. 65536　　　　　D. 1048576

【答案】D。

5. Excel 2010 工作簿的最小组成单位是单元格。（　　　）

A. 正确　　　　　B. 错误

【答案】A。

6. 在 Excel 2010 中，新建的工作簿默认包含＿＿＿＿＿＿张工作表。

【答案】3。

7. Excel 2010 新建工作簿的默认名为"文档1"。（　　　）

A. 正确　　　　　B. 错误

【答案】B。

8. 在 Excel 2010 中，某工作簿中若仅有一张工作表，则不允许删除该工作表。（　　　）

A. 正确　　　　　B. 错误

【答案】A。

9. 在 Excel 2010 中，下面叙述正确的有（　　　）。

A. 合并后的单元格内容与合并前区域左上角的单元格内容相同

B. 合并后的单元格内容与合并前区域右下角的单元格内容相同

C. 合并后的单元格内容等于合并前区域中所有单元格内容之和

D. 合并后的单元格还可以被重新拆分

【答案】AD。

10. 在 Excel 2010 中,可用（　　）进行单元格区域的选取。

A. 鼠标　　　　　　B. 键盘　　　　　　C. "查找"命令　　　D. "选取"命令

【答案】AB。

11. 在 Excel 2010 中,一个工作簿最多能提供 255 个工作表使用。（　　）

A. 正确　　　　　　B. 错误

【答案】A。

12. Excel 2010 工作簿文件的文件扩展名为_____。

【答案】.xlsx。

13. Excel 2010 中正在处理的单元格称为单元格,其外部有一个黑色的_____方框。

【答案】活动。

14. Excel 2010 中,用来存储并处理工作表数据的文件,称为_____。

【答案】工作簿。

15. 在 Excel 2010 中,工作表和工作簿的关系是（　　）。

A. 工作表即是工作簿　　　　　　　　B. 工作簿中可包含多张工作表

C. 工作表中包含多个工作簿　　　　　D. 两者无关

【答案】B。

『你问我答』

问题一:不管同一个工作簿中包含多少个工作表,当前活动工作表只有一个。这句话我觉得不对,Excel 中不是允许同时在一个工作簿中的多个工作表中输入数据吗?

答:能够直接接收鼠标或键盘消息的才被称为是活动的,可以同时选中一个工作簿中的多个工作表,但能直接接收输入的只有一个工作表。

问题二:因为屏幕范围有限,无法看到工作簿中其他工作表的内容,这句话为什么不对?

答:活动工作表只有一个。

3. 工作簿的创建、打开、保存及关闭

Excel 工作簿相当于 Word 文档。

『经典例题解析』

1. 在保存 Excel 2010 工作簿的操作过程中,默认的工作簿文件名是（　　）。

A. Excel1　　　　B. Book1　　　　C. XL1　　　　D. 文档1

【答案】B。

2. 在 Excel 2010 中,当实现了工作簿的初次保存以后,对工作簿文件进行修改后的保存可按组合键（　　）来实现。

A. <Ctrl + S>　　　B. <Alt + S>　　　C. <Ctrl + A>　　　D. <Alt + A>

【答案】A。

『你问我答』

问题:Excel 2010 中新建的工作簿在默认的情况下只有三张工作表,对吗?

答:对,默认的三张工作表,可以在 1～255 的范围内进行设置。

4. 工作表的管理

可以根据需要对工作表进行添加、删除、复制、切换、重命名和隐藏等操作。

（1）选择多个工作表

按住 Ctrl 键分别单击工作表标签，可同时选择多个不连续工作表。选中一个工作表标签，按住 Shift 键再单击某工作表标签，可同时选择多个连续工作表。

同时选中的多个工作表称为工作表组，可对这组工作表同时完成相同的操作。

（2）插入新工作表

1）单击工作表标签右侧的"插入工作表"按钮，可快速插入新工作表。

2）按下 <Shift + F11> 组合键，可快速在当前工作表的前面插入一张新工作表。

3）在"开始"选项卡的"单元格"组中，单击"插入"按钮右侧的下拉按钮，在弹出的下拉列表中单击"插入工作表"选项。

4）使用鼠标右键单击某个工作表标签，在弹出的快捷菜单中单击"插入"命令，打开"插入"对话框。在"常用"选项卡的列表框中选择"工作表"，然后单击"确定"按钮，即可在当前工作表的前面插入一张新工作表。如果要添加多个工作表，可以同时选定与待添加工作表数目相同的工作表标签。

（3）删除工作表

1）右击需要删除的工作表标签，在弹出的快捷菜单中单击"删除"命令。

2）选中需要删除的工作表，在"开始"选项卡的"单元格"组中，单击"删除"按钮右侧的下拉按钮，在弹出的下拉列表中单击"删除工作表"选项。删除工作表是永久删除，无法撤消删除操作，其右侧的工作表将成为当前工作表。

（4）重命名工作表

1）右击要重命名的工作表标签，在弹出的快捷菜单中单击"重命名"命令。

2）双击相应的工作表标签，输入新名称覆盖原有名称即可。

3）在"开始"选项卡的"单元格"选项组中，从"格式"按钮中选择"重命名工作表"命令。

（5）移动或复制工作表

用户既可以在一个工作簿中移动或复制工作表，也可以在不同工作簿之间移动或复制工作表。

（6）隐藏工作表和取消隐藏

选中要隐藏的工作表，在"开始"选项卡的"单元格"组中单击"格式"按钮，在弹出的下拉列表的"可见性"栏中，依次单击"隐藏和取消隐藏"→"隐藏工作表"选项。

『经典例题解析』

1. 在 Excel 中，双击工作表标签，输入新名称，即可修改相应的工作表名。（　　　）

A. 正确　　　　　　　B. 错误

【答案】A。

2. 在 Excel 2010 中，要在同一工作簿中把工作表 Sheet3 移动到 Sheet1 前面，应（　　　）。

A. 单击工作表 Sheet3 标签，并沿着标签行拖动到 Sheet1 前

B. 单击工作表 Sheet3 标签，并按住 Ctrl 键沿着标签行拖动到 Sheet1 前

C. 单击工作表 Sheet3 标签，并选"开始"选项卡的"复制"命令，然后单击工作表

Sheet1 标签，再选"开始"选项卡的"粘贴"命令

  D. 单击工作表 Sheet3 标签，并选"开始"选项卡的"剪切"命令，然后单击工作表 Sheet1 标签，再选"开始"选项卡的"粘贴"命令

【答案】A。

3. Excel 2010 工作簿的某一工作表被删除后，下列说法正确的是（ ）。

  A. 该工作表中的数据全部被删除，不再显示

  B. 可以用组合键 <Ctrl + Z> 撤消删除操作

  C. 该工作表进入回收站，可以去回收站将工作表恢复

  D. 该工作表被彻底删除，而且不可用"撤消"来恢复

【答案】AD。

『你问我答』

  问题一：Excel 2010 中，复制单元格格式可采用（ ）。

  A. 复制 + 粘贴   B. 复制 + 选择性粘贴   C. "格式刷"工具

  本题答案为 BC。为什么不选 A？复制 + 粘贴只能复制数据？

  答：复制 + 粘贴复制的内容包括数据、格式与批注。

  问题二：在 Excel 2010 中，选定工作表组方法是_____。

  答：按 Ctrl 键依次单击工作表，可以选择不连续的；选中起始位置按 Shift 键，单击结束位置，可以选择多张连续的工作表。

5. 行、列的锁定和隐藏

  工作簿、工作表、行、列和单元格都可以被隐藏。

『经典例题解析』

  在 Excel 2010 中，有关行、列隐藏的说法不正确的是（ ）。

  A. 工作表中的行、列都可以被隐藏，这时它们不再被显示

  B. 当工作表中的行、列被隐藏时，它们没有被删除

  C. 当工作表中的行、列被隐藏时，它们将不参加任何操作

  D. 要重新显示被隐藏的行、列时，可以用"取消隐藏"命令来恢复显示

【答案】C。

【解析】行或列所在范围被选中才可以取消隐藏。

6. 单元格区域的选择

  单元格区域指多个相邻单元格组成的矩形区域。表示方法：区域左上角单元格地址 + "："+ 区域右下角单元格地址。例如：B2：C3。

  选择单元格区域的操作见表 4-1。

表 4-1 选择单元格区域的操作

选 择 内 容	具 体 操 作
单个单元格	单击相应的单元格
某个单元格区域	单击选定该区域的第一个单元格，然后拖动鼠标直至选定最后一个单元格
工作表中的所有单元格	单击"全选"按钮

（续）

选择内容	具体操作
不相邻的单元格或单元格区域	先选定第一个单元格或单元格区域，然后按住 Ctrl 键再选定其他的单元格或单元格区域
较大的单元格区域	单击选定区域的第一个单元格，然后按住 Shift 键再单击该区域的最后一个单元格（若此单元格不可见，则可以用滚动条使之可见）
整行	单击行号
整列	单击列标
连续的行或列	沿行号或列标拖动鼠标；或先选定第一行或第一列，然后按住 Shift 键再选定其他行或列
不连续的行或列	先选定第一行或第一列，然后按住 Ctrl 键再选定其他的行或列
增加或减少活动区域的单元格	按住 Shift 键并单击新选定区域的最后一个单元格，在活动单元格和所单击的单元格之间的矩形区域将成为新的选定区域

『经典例题解析』

1. 在 Excel 2010 工作表中选定若干不相邻单元格时，要使用 Shift 键配合鼠标操作。（　　）

A. 正确　　　　B. 错误

【答案】B。

2. 在 Excel 2010 中，区域 C3：E5 共占据_____个单元格。

【答案】9

【解析】区域 C3：E5 指的是从左上角 C3 到右下角 E5 结束的矩型区域，3 行 3 列共 9 个单元格。

3. 在 Excel 2010 中，某区域由 A4、A5、A6 和 B4、B5、B6 组成，下列不能表示该区域的是（　　）。

A. A4：B6　　　B. A4：B4　　　C. B6：A4　　　D. A6：B4

【答案】B。

4. 在 Excel 2010 中，选取单元范围不能超出当前屏幕范围。（　　）

A. 正确　　　　B. 错误

【答案】B。

5. Excel 2010 中，单元格区域 B1：F6 表示_____个单元格。

【答案】30

6. 在 Excel 2010 中，用 Shift 或 Ctrl 选择多个单元格后，活动单元格的数目是（　　）。

A. 一个单元格　　　　　　　　B. 所选的单元格总数

C. 所选的单元格的区域数　　　D. 用户自定义的个数

【答案】A。

【解析】无论选中多少个单元格，活动单元格有且只有一个。

『你问我答』

问题一：Excel 2010 中，可以同时向多个表格输入内容，但是当前的工作表是_____。

答：第一张。

问题二：Excel 2010 表格中，可以选定一个或一组单元格，其中活动单元格的数目是_____。

当前单元格和当前活动单元格是一个意思吗？若选定一个或一组单元格，其中活动单元格的数目是一个，还是所选中的单元格呢？

答：一个单元格。

问题三：在 Word 中表格单元格的引用和 Excel 是一样的吗？

答：基本一样。

7. 输入和编辑数据

Excel 2010 单元格中可以接收的数据类型有：文本类型（字符、文字）、数字（值）、日期和时间、公式与函数。输入时，系统自动判断输入的数据的数据类型，并进行适当的处理。向单元格中输入信息的方式如下：

1）单击需要输入数据的单元格，直接输入数据，此时输入的内容将直接显示在单元格和编辑栏中。

2）单击单元格，然后单击编辑栏，可以在编辑栏中输入或者编辑当前单元格的内容。

3）双击单元格，单元格内部出现光标，移动光标到所需位置，即可进行数据的输入和修改。

『经典例题解析』

1. 在 Excel 2010 工作表中，如果双击输入有公式的单元格或先选择单元格再按 F2 键，则单元格显示（　　）。

A. 公式　　　　　B. 公式的结果　　　　C. 公式和结果　　　　D. 空白

【答案】A。

2. 在 Excel 2010 工作表中可以输入的两类数据是（　　）。

A. 常量和函数　　B. 常量和公式　　　C. 函数和公式　　　D. 数字和文本

【答案】B。

3. 下列属于 Excel 2010 编辑区的是（　　）。

A. 确定按钮　　　B. 函数指令按钮　　C. 文字输入区域　　D. 单元格

【答案】AB。

4. 在 Excel 2010 中，如果修改工作表中的某一单元格内容过程中，发现正在修改的单元格不是需要的单元格，这时要恢复单元格原来的内容可以（　　）。

A. 按 Esc 键　　　　　　　　　　　B. 按 Enter 键

C. 按 Tab 键　　　　　　　　　　　D. 单击编辑栏中的"×"按钮

【答案】AD。

『你问我答』

问题一：输入按钮是确认数据的一种方式。什么是输入按钮？

答：编辑栏上的"√"是确认按钮，"×"是取消按钮。

问题二：在 Excel 2010 中单元格可输入公式，显示其结果，但它真正存储的是公式还是结果？

答：单元格中真正存储的是公式，显示的是其计算结果。

问题三：当单元格格式为"常规"时，逻辑值和错误值（　　）对齐。

A. 靠左　　　　　B. 靠右　　　　　C. 两端　　　　　D. 居中

答：D。

8. 数据填充

实现自动填充数据的方法如下：

1）先在当前单元格内输入第一个数据，然后按住当前单元格右下角的填充柄进行填充。在用这种方法对不同类型的数据进行填充时，会得到不同的填充结果，具体情形见表 4-2。

表 4-2　单元格数据的自动填充

当前单元格数据类型		直接拖动填充柄的结果	按住 Ctrl 键拖动填充柄的结果
数值型		相同序列	差为 1 的等差序列
日期型		天数相差 1 的等差序列	相同序列
时间型		相差 1 小时的等差序列	相同序列
文本型	具备增减性	变化的文本序列	相同序列
	不具备增减性	相同序列	相同序列
	既有文本也有数字	文本不变，数字等差	

2）单击"开始"选项卡"编辑"组中的"填充"按钮，选择"系列"命令，在弹出的"序列"对话框（见图 4-1）中进行设置。

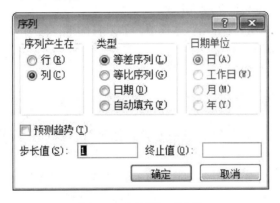

图 4-1　"序列"对话框

『经典例题解析』

1. Excel 2010 要对数据进行填充，可以（　　）。

A. 拖动填充柄进行填充　　　　　　　B. 用"填充"对话框进行填充

C. 用"序列"对话框进行填充　　　　D. 用"替换"对话框进行填充

【答案】AC。

2. 在 Excel 2010 工作表中，A1 单元格的内容是 1，如果在区域 A1：A5 中生成序列 1、3、5、7、9，下面操作正确的有（　　）。

A. 在 A2 中输入 3，选中区域 A1：A2 后拖曳填充柄至 A5

B. 选中 A1 单元格后，按 Ctrl 键拖曳填充柄至 A5

C. 在 A2 中输入 3，选中 A2 后拖曳填充柄至 A5

D. 选中 A1 单元格后，使用"编辑"组中的"填充"→"序列"命令，然后选中相应选项

【答案】AD。

3. Excel 2010 中，选中一个单元格后，在该单元格右下角有一个小黑方块，被称为_____。

【答案】填充柄。

4. 在 Excel 2010 中，对于上下相邻两个含有数值的单元格用拖曳法向下做自动填充，默认的填充规则是（　　）。

　　A. 等比序列　　　　　B. 等差序列　　　　　C. 自定义序列　　　　D. 日期序列

【答案】B。

5. 在 Excel 2010 中，已知 B2、B3 单元格中的数据分别为 1 和 3，可以使用自动填充的方法使 B4 ~ B6 单元格中的数据分别为 5、7、9，下列操作中，可行的是（　　）。

　　A. 选定 B3 单元格，拖动填充柄到 B6 单元格

　　B. 选定 B2：B3 单元格，拖动填充柄到 B6 单元格

　　C. 以上两种方法都可以

　　D. 以上两种方法都不可以

【答案】B。

【解析】选中连续的两个有数据的单元格，拖动填充柄，产生的是等差数列。

『你问我答』

问题一：在 Excel 2010 中使用自动填充功能时，如果初始值为纯文本，则填充都只相当于数据复制，为什么不对？

答：具备增减性的话将会产生填充序列。

问题二：在 Excel 2010 的数据移动过程中，如果目的地已经有数据，则 Excel 会请示是否将目的地的数据后移。为什么不对？

答：无条件覆盖，不会请示。

9. 文本类型

文本可以是字母、汉字、数字、空格或者其他字符，以及它们的组合，默认对齐方式：左对齐。

把数字作为文本输入：先输入一个半角的单引号"'"，再输入相应的字符。

可以作为文本型数据的：身份证号码、电话号码、学号、2/3、= 3 + 5 之类信息的输入。

『经典例题解析』

1. 为了区别"数字"与"数字字符串"数据，Excel 2010 要求在输入项前添加符号（　　）。

　　A. "　　　　　　　　B. '　　　　　　　　C. #　　　　　　　　D. @

【答案】B。

【解析】把数字作为文本输入：先输入一个半角的单引号"'"。

2. 在 Excel 2010 工作表的某单元格内输入数字字符串"456"，正确的输入方法是（　　）。

　　A. 456　　　　　B. '456　　　　　C. =456　　　　　D. "456"

【答案】B。

3. 在 Excel 2010 中，在数据类型为"常规"的工作表单元格中输入字符型数据 05118，下列输入中正确的是（　　）。

　　A. '05118　　　　B. "05118　　　　C. "05118"　　　　D. '05118'

【答案】A

【解析】把数字作为文本输入：先输入一个半角的单引号"'"，再输入相应的数字。

10. 数字类型

数字（值）型数据的输入：可以是 0 ~ 9，以及（+）、（-）、（,）、（.）、（/）、（$）、（%）、（E）、（e）等特殊字符，默认对齐方式：右对齐。

分数输入：在分数的前面先输入 0，以及一个空格。如分数 2/3 应输入"0 2/3"（必须是一个空格）。

负数输入：可在数字前面输入符号，或者将数字两边添加小括号。

注意：1）如果直接输入"2/3"，则系统将之视为日期，认为是 2 月 3 日；

2）可以在数字内部使用千分位号。千分位号","，在这里不认为是一个标点符号。

『经典例题解析』

1. 在 Excel 2010 工作表中，如果输入分数，应当首先输入（　　　）。

A. 字母、0　　　　　B. 数字、空格　　　　　C. 0、空格　　　　　D. 空格、0

【答案】C。

【解析】分数输入，在分数的前面先输入 0，以及一个空格，如果直接输入当成日期型进行处理。

2. 如果在单元格中输入数据"20091225"，Excel 2010 将它识别为（　　　）数据。

A. 文本型　　　　　B. 数值型　　　　　C. 日期时间型　　　　　D. 公式型

【答案】B。

3. 在 Excel 2010 中，百分比格式的数据单元格，删除格式后，数字不变，仅仅去掉百分号。（　　　）

A. 正确　　　　　B. 错误

【答案】B。

4. 在 Excel 2010 工作表单元格中输入（　　　），可使该单元格显示 1/5。

A. 1/5　　　　　B. "1/5"　　　　　C. 0 1/5　　　　　D. =1/5

【答案】C。

5. Excel 2010 中数值符号有（　　　）。

A. &　　　　　B. %　　　　　C. *　　　　　D. .

【答案】BD。

6. 在 Excel 2010 工作表中，若向单元格中输入"0 3/4"，则在编辑框中显示出的数据应该是（　　　）。

A. 3/4　　　　　B. 3 月 4 日　　　　　C. 0 3/4　　　　　D. 0.75

【答案】D。

『你问我答』

问题一：若输入"17497546"时，未使用千分位符号，那么，系统会将其默认为文本型数据？直接输入为什么不可以？

答：无论使不使用千分位符号，都将它当成数据类型，可以直接进行输入。

问题二：在 Excel 2010 中，若一单元格值为 0.05245，使用百分数按钮来格式化，然后连续按两下增加位数按钮，则显示内容为 5.25%。为什么？

答：连续按两下增加位数按钮，表示小数点保留两位，注意四舍五入。

问题三：在 Excel 2010 中，以下（　　）不能作为有效的数字型数据输入工作表。

A. 4.83　　　　　B. 5%　　　　　C. $54　　　　　D. 123,000.00

答案为 B，我感觉是 D。正确答案应该是什么？

答：以上全正确，D 是千分位符。

问题四：在 Excel 2010 的单元格中输入"20091223"（连引号也输进去）是不是作为文本型对待？

答：是的。

问题五：某个单元格的数值为 1.234E+05，这个科学记数法的数值表示哪个数？

答：相当于 123400。

11. 日期和时间型数据类型

Excel 2010 将日期和时间型数据作为数据处理，默认对齐方式：右对齐。

日期分隔符："/"、"-"；2018-2-16、2018/2/16、16/Feb/2018、16-Feb-2018，都表示 2018 年 2 月 16 日。

时间分隔符："："；

如果仅输入月份和日，Excel 2010 则将计算机当前内部时钟的年份作为默认值。

输入时间：

1）24 小时制。可以只输入时和分，例如（23：00）；也可以只输入小时数和冒号，例如（23：）；也可以输入一个大于 24 的小时数，系统将自动进行转换。

2）12 小时制。可以在时间后面输入一个空格，然后输入 AM 或者 PM（也可以是 A 或者 P），表示上午或下午。例如"3：00AM"表示凌晨 3：00，而"3：00PM"则表示下午 3：00（或称 15：00）。注意："3：AM"的写法不能表示上午 3：00，应修改为"3：00AM"

输入当天日期：<Ctrl+;>键

输入当前时间：<Ctrl+Shift+;>键

『经典例题解析』

1. 在 Excel 2010 中，设 A1 单元格内容为 2010-10-1，A2 单元格内容为 2，A3 单元格的内容为 =A1+A2，则 A3 单元格显示的数据为（　　）。

A. 2012-10-1　　　B. 2010-12-1　　　C. 2010-10-3　　　D. 2010-10-12

【答案】C。

2. 时间和日期可以（　　），并可以包含到其他运算当中。

A. 相减　　　　　　　　　　B. 相加、相减

C. 相加　　　　　　　　　　D. 相乘、相加

【答案】B。

『你问我答』

问题一：Excel 2010 中日期型数据是右对齐，我试了试（见图 4-2），怎么是左对齐？

答："星期"属于文本类型，而不是日期型数据。

问题二：在 Excel 2010 中，有关日期输入方法错误的是（　　）。

A. 输入"12/31"或"12-31"将显示 12 月 31 日

B. 希望输入 2009 年 1 月 7 日，则"2009/1/7"或"2009-1-7"都可以

图 4-2　对齐问题

C. 希望输入 2009 年 1 月 7 日，则输入 "1/7/2009" 即可

D. <CTRL + ; >键，可以输入当前系统日期。

答：C。输入 "1/7/2009" 表示的是 2009 年 7 月 1 日。

12. 公式和函数

公式：由参与运算的数据和运算符组成，在输入时必须以 "=" 开头。

函数：Excel 2010 提供了大量内置函数，包括日期和时间函数、数学与三角函数、统计、查找与引用、数据库、文本、逻辑、信息等方面。常见的函数及其使用见表 4-3。

函数由函数名、括号和参数组成。例如 "= SUM（B2：E2）" 表示一个求和函数。

表 4-3　常见的函数及其使用

函 数 名	功　能	示　例
SUM	求和	= Sum(3, 2, 5) 结果为 10
AVERAGE	求平均值	= Average(3, 2, 5) 结果为 3.3333
MAX	求最大值	= Max(3, 2, 5) 结果为 5
MIN	求最小值	= Min(3, 2, 5) 结果为 2

参数：可以是数字、文本、形如 TRUE 或 FALSE 的逻辑值、数组、形如 #N/A 的错误值或单元格引用。给定的参数必须能产生有效的值。参数也可以是常量、公式或其他函数。

『经典例题解析』

1. 在 Excel 2010 的单元格输入一个公式时，必须首先输入（　　）。

A. =　　　　　　　B. @　　　　　　　C. (　　　　　　　D. 空格、0

【答案】A。

2. Excel 2010 单元格 C7 的值等于 E5 的值加上 E6 的值，在单元格 C7 中应输入公式（　　）。

A. = E5 + E6　　　B. = E5：E6　　　C. E5 + E6　　　D. 以上都不对

【答案】A。

3. 单元格 A1、A2、A3、B1、B2、B3 中有数据 1、2、3、4、5、6，在单元格 C5 中 "= AVERAGE（B3：A1）"，则 C5 单元格中的数据为（　　）。

A. 21　　　　　　　B. #NAME?　　　　C. 3　　　　　　　D. 3.5

【答案】D。

4. Excel 2010 提供了许多内置函数，使用这些函数可执行标准算所使用的数值称为参数，函数的语法形式为 "函数" 参数可以是（　　）。

A. 常量，变量，单元格，区域名，逻辑位，错误值或其他函数

B. 常量，变量，单元格，区域，逻辑位，错误值或其他函数

C. 常量，变量，单元格，区域名，逻辑位，引用，错误值或其他函数

D. 常量，变量，单元格，区域，逻辑位，引用，错误值或其他函数

【答案】D。

5. 在 Excel 2010 的数据操作中，计算求和的函数是（　　）。

A. SUM　　　　　　B. COUNT　　　　　C. AVERAGE　　　　D. TOTAL

【答案】A。

6. 下列 Excel 公式输入的格式中，（ ）是正确的。

A. = SUM（1，2，…，9，10）　　　　B. = SUM（E1：E6）

C. = SUM（A1；E7）　　　　　　　　D. = SUM（"18"，"25"，7）

【答案】BD。

7. Excel 2010 中公式 " = SUM（B2 = C2 = E3）" 的含义是 " = B2 + C2 + E3"。（ ）

A. 正确　　　　　　　　B. 错误

【答案】B。

8. 在 Excel 2010 编辑中，若单元格 A2、B5、C4、D3 的值分别是 4、6、8、7，单元格 D5 中函数表达为 = MAX（A2，B5，C4，D3），则 D5 的值为（ ）。

A. 4　　　　　　　B. 6　　　　　　　C. 7　　　　　　　D. 8

【答案】D。

9. 函数也可以用作其他函数的（ ），从而构成组合函数。

A. 变量　　　　　　　B. 参数　　　　　　　C. 公式　　　　　　　D. 表达式

【答案】B。

10. 在 Excel 2010 中，如果单元格中输入内容以（ ）开始，Excel 认为输入的是公式。

A. =　　　　　　　　B. !　　　　　　　　C. *　　　　　　　　D. ∧

【答案】A

『你问我答』

问题一：若 A1：A5 命名为 xi，数值分别为 7，9，10，27，2；C1：C3 命名为 axi，数值为 4，18，7，则 AVERAGE（xi，axi）等于？

答：10.5，AVERAGE 函数是求平均值，即将所有数据相加然后除以数据个数。

问题二：在单元格中输入公式 8 * 6 的方法，下面说法正确的是（ ）。

A. 先输入一个单引号'，然后输入 = "8 * 6"

B. 直接输入 = "8 * 6"

答：选 B。A 是文本类型，原样保留。

13. 运算符的种类

公式中的运算符类型：算术运算符、比较运算符、文本运算符、引用运算符。

算术运算符：+、-、*、/、%、∧，用于完成基本的算术运算。

比较运算符：=、>、<、> =、< =、< >，用于实现两个值的比较，结果是 True 或者 False，参加算术运算时 True 为 1，False 为 0。

文本运算符：&，用于连接一个或者多个文本数据以产生组合的文本。

单元格引用运算符：

1）（:）：称为区域表示运算符。

2）（空格）：区域交集运算符。

3）（,）：区域并集运算符；

『经典例题解析』

1. 在 Excel 2010 中，不是单元格引用运算符的是（ ）。

A. :　　　　　　　B. ,　　　　　　　C. #　　　　　　　D. 空格

【答案】C。

2. 在 Excel 2010 中，区域合并符是冒号（:）。（　　）

A. 正确　　　　　　　　B. 错误

【答案】B。

3. 连接运算符是_____，其功能是把两个字符连接起来。

【答案】&

【解析】连接运算符又称为文本运算符，符号是 &。其功能是把两个字符连接起来产生组合的文本。

4. 在 Excel 2010 中，如果 A4 单元格的值为 100，那么公式"=A4>100"的结果是（　　）。

A. 200　　　　　　B. 0　　　　　　C. TRUE　　　　　　D. FALSE

【答案】D。

【解析】比较运算符：=、>、<、>=、<=、<>，结果是 True 或者 False。

5. 在 Excel 2010 中，单元格区域"A1：C3，C4：E5"包含_____个单元格。

【答案】15。

6. 在 Excel 2010 中，公式 SUM（B1：B4）等价于（　　）。

A. SUM（A1：B4　B1：C4）　　　　　　B. SUM（B1+B4）

C. SUM（B1+B2，B3+B4）　　　　　　D. SUM（B1，B4）

【答案】AC。

7. 在 Excel 2010 中，运算符 & 表示（　　）。

A. 逻辑值的与运算　　　　　　　　B. 子字符串的比较运算

C. 数值型数据的无符号相加　　　　D. 字符型数据的连接

【答案】D

8. 在 Excel 2010 中，已知 B3 和 B4 单元格中的内容分别为"四川"和"成都"，要在 B1 中显示，"四川成都"可在 B1 中输入公式（　　）。

A. =B3+B4　　　　B. =B3−B4　　　　C. =B3&B4　　　　D. =B3 $ B4

【答案】C。

【解析】文本运算符 &，用于连接一个或者多个文本数据以产生组合的文本。

『你问我答』

问题一：若 B1 的内容为'10：10，B2 的内容为'1：1，输入公式"=B1&B2"，其计算结果为文本型？

答：结果为文本型，值为 10：101：1。

问题二：在 Excel 2010 电子表格中，设 A1、A2、A3、A4 单元格中分别输入了：3、星期三、5X、2002-12-27，则可以进行计算的公式是（　　）。

A. =A1^5　　　　B. =A2+1　　　　C. =A3+6X+1　　　　D. =A4+1

答：答案应为 AD。A1 是数值类型，A2、A3 是文本类型，A4 是日期类型，文本类型只能进行连接运算，即 & 运算。

14. 公式出错原因

公式不能正确计算出来，Excel 将显示一个错误值，用户可以根据提示信息判断出错原因。主要出错原因见表 4-4。

表4-4 公式出错原因

显示	出错原因
######	单元格中数字、日期或时间比单元格的宽度大，或者单元格的日期时间公式产生了一个负值
#VALUE!	使用了错误的参数或者运算符类型，或者公式出错。例如设单元格 E18 中输入"abc"，公式"=E18+3"
#DIV/0!	公式中出现 0 做除数现象
#NAME?	公式中应用了 Excel 不能识别的文本，例如公式"=SUM（AC，BD）"
#N/A!	函数或公式中没有可用数值
#REF	单元格引用无效
#NUM	公式或函数某个数字有问题
#NULL	试图为两个并不相交的区域指定交叉点

『经典例题解析』

1. 在 Excel 2010 中，如果一个单元格中的显示为"#####"，这表示（　　）。

A. 公式错误　　　　　B. 数据错误　　　　　C. 行高不够　　　　　D. 列宽不够

【答案】D。

【解析】单元格中数字、日期或时间比单元格的宽度大，或者单元格的日期时间公式产生了一个负值时将会显示######。

2. 在 Excel 2010 中，如果公式中仅出现函数，则该公式一定不会出现错误信息。（　　）

A. 正确　　　　　　　B. 错误

【答案】B。

15. 单元格的引用

单元格的引用：分为相对引用和绝对引用，系统默认是相对引用。

相对引用：单元格引用是随着公式的位置的改变而改变。公式的值将会随更改后的单元格地址的值重新计算。例如公式"=A1"就属于单元格的相对引用。

绝对引用：公式中的单元格或单元格区域地址不随着公式位置的改变而发生改变。不论公式的单元格位置如何变化，公式中所引用的单元格位置都是其在工作表中的确切位置。绝对单元格引用的形式是：在每一个列标号及行号前面增加一个"$"符号，例如"=1.06 * C4"。

混合引用：指单元格或单元格区域地址部分是相对引用，部分是绝对引用。例如：$B2 或者 B$2。

注意：相对引用、绝对引用、混合引用相互转化可以按 F4 键。

三维地址引用：Excel 中引用单元格时，不仅可以引用同一工作表中的单元格，还可以引用不同工作表中的单元格。格式为：［工作簿］+工作表名!+单元格引用。例如：［Book2］Sheet1! E3，表示工作簿 Book2 的 Sheet1 工作表的第三行第 E 列单元格。

『经典例题解析』

1. 如果将 B3 单元格中的公式"=C3 + $D5"复制到同一工作表的 D7 单元格中，该单元格公式为（　　）。

A. =C3 + $D5　　　　B. C7 + $D9　　　　C. E7 + $D9　　　　D. E7 + $D5

【答案】C。

2. 在 Excel 2010 中，如果要在 Sheet1 的 A1 单元格内输入公式时，引用 Sheet3 表中的 B1：C5 单元格区域，其正确的引用为（　　　）。

A. Sheet3！B1：C5

B. Sheet3！（B1：C5）

C. Sheet3 B1：C5

D. B1：C5

【答案】A。

3. 在 Excel 2010 中，公式中表示绝对单元格引用时使用（　　）符号。

A. ＊　　　　　　B. ＄　　　　　　C. ＃　　　　　　D. —

【答案】B。

4. 在 Excel 2010 工作表中，（　　）是混合地址。

A. C3　　　　　　B. ＄B＄4　　　　　　C. ＄F8　　　　　　D. A1

【答案】C。

5. 在 Excel 2010 中，B5 单元格是指位于第 B 行第 5 列的单元格。（　　）

A. 正确　　　　　　B. 错误

【答案】B。

6. Excel 2010 对单元格的引用方式有两种：_____和绝对引用。

【答案】相对引用

7. 在 Excel 2010 中，单元格 D6 中有公式"＝＄B2＋C＄6"，将 D6 单元格的公式复制到 C7 单元格内，则 C7 单元格的公式为（　　　）。

A. ＝B2＋C6　　　　B. ＝＄B3＋D＄6　　　C. ＝3＄B2＋C＄6　　D. ＝＄B3＋B＄6

【答案】D。

8. 在 Excel 2010 工作表中，单元格的引用地址有（　　　）。

A. 绝对引用　　　　B. 相对引用　　　　C. 交叉引用　　　　D. 间接引用

【答案】AB。

9. 对单元格中的公式进行复制时，会发生变化的是（　　　）。

A. 相对地址中的偏移量

B. 相对地址所引用的单元格

C. 绝对地址中的地址表达式

D. 绝对地址所引用的单元格

【答案】B。

『你问我答』

问题一：在相对引用中，单元格地址改变，那么里面的内容会改变吗？

答：有可能改变。

问题二：在 Excel 2010 中，公式 ＝SUM（Sheet1：Sheet5！＄E＄3）表示什么？

答：求 Sheet1～Sheet5 这些工作表里 E3 单元格的和。

问题三：在 Excel 2010 中，混合引用的单元格如果被复制到其他位置，其值可能变化，也可能不变化。应如何理解这句话？

答：混合引用表示即有绝对引用也有相对引用部分。如 ＄A2，如果把该引用复制到第二行任意位置，都不会改变值，而如果复制到其他行中，值就有可能发生变化。

16. 批注的使用

批注是根据实际需要对单元格中的数据添加的注释，可以被单独粘贴。

单击需要添加批注的单元格，在"审阅"选项卡的"批注"组中单击"新建批注"，在弹出的批注框中输入批注文本。

批注可以编辑、删除、显示、隐藏批注。

『你问我答』

问题一：在 Excel 2010 中，关于批注，可以进行的操作包括（　　）。

A. 复制粘贴批注　　B. 移动批注

C. 查看批注　　　　D. 清除批注

E. 编辑批注

本题答案 ACDE，批注不能单独移动。但是我在 Excel 中操作了下可以移动。我想问下是不是所谓的可以移动是指跟随单元格一起的移动，而不是批注自己单独的移动？

答：是的。

图 4-3　"页面设置"对话框"工作表"选项卡

问题二：课本上说批注不可以打印，但我看到"页面设置"对话框"工作表"选项卡中有批注选项（见图 4-3）。请问在 Excel 2010 中，批注可以打印吗？

答：批注不能单独打印，但可随着工作表进行打印。

17. 行高和列宽的调整

行高和列宽的调整通常有以下方式：

1）通过拖动鼠标实现。

2）双击分隔线实现：双击行号之间的分隔线或列标之间的分隔线，可实现自动调整行高或列宽。

3）通过对话框实现。

如果需要设置更为精确的行高或列宽，在"开始"选项卡的"单元格"组中单击"格式"按钮，在弹出的下拉列表中单击"列宽"或"行高"选项，会弹出"列宽"或"行高"对话框。

如果要将某一列的列宽复制到其他列中，则选定该列中的单元格，使用"复制"命令，然后选定目标列，在"选择性粘贴"对话框中，单击"列宽"选项，再单击"确定"按钮即可。

同一行的行高相同，同一列的列宽相同。

18. 编辑数据

拖动（复制）：一种是使用剪贴板，第二种是使用拖拽技术。选定源区域，按下 Ctrl 后，将鼠标指针指向四周边界，此时鼠标变成右上角带一个小十字的空心箭头，拖动到目标区域释放即可完成复制。

移动（剪切）：方法同复制类似，也可以采用以上两种技术，只是在拖拽时不要按下 Ctrl 键。拖拽过程中鼠标的形状变成十字箭头形。

数据的选择性粘贴：一个单元格中含有多种特性，例如内容、格式、批注、列宽等。可以使用选择性粘贴复制它的部分特性。步骤为：先将数据复制到剪贴板，再选择待粘贴目标区域的第一个单元格，单击"剪贴板"→"选择性粘贴"命令，然后在弹出的对话框（见图 4-4）

中选择相应的选项后再单击"确定"按钮即可。

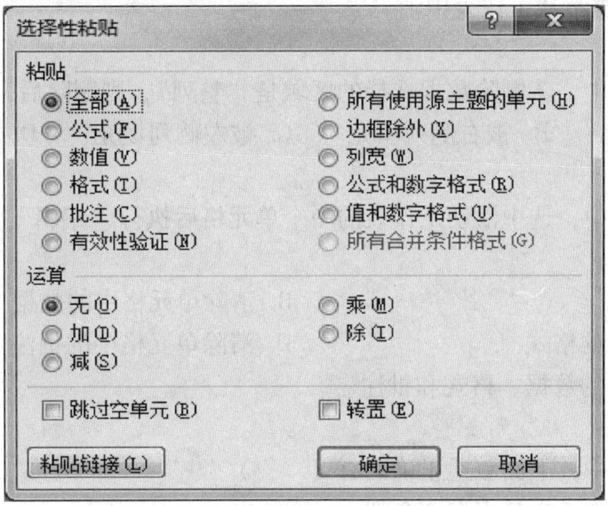

图 4-4 "选择性粘贴"对话框

『经典例题解析』

Excel 2010 工作表的一个单元格含格式、内容、批注等多个特性，可通过（　　）来实现数据部分特性的复制。

A. 选择性复制　　　　B. 部分复制　　　　C. 选择性粘贴　　　　D. 部分粘贴

【答案】C。

『你问我答』

问题一：执行表格中的数据的行列交换，可以在（　　）对话框中实现。

A. 单元格　　　　B. 序列　　　　C. 选择性粘贴　　　　D. 选项

答：在 Excel 2010 中，选定需要交换的行列，选择复制，打开另外一个工作表右键选择"选择性粘贴"，在对话框中选中"转置"即可。

问题二：在 Excel 2010 中，"复制"命令的功能是将选择的单元格或单元格区域的内容复制到指定的单元格或单元格区域，还是复制到剪贴板啊？

答：先复制到剪贴板，再可以粘贴到单元格或单元格区域。

问题三：在 Excel 2010 中进行单元格复制时，无论单元格是什么内容，复制出来的内容与原单元格总是完全一致的这句话对吗？

答：错。如为相对引用或填充序列就有可能改变。

19. 数据清除和数据删除

在 Excel 2010 中，数据清除和数据删除是两个不同的概念。

数据清除指的是清除单元格格式、单元格中的内容及格式、批注、超链接等，单元格本身并不受影响。

在"开始"选项卡的"编辑"组中，单击"清除"按钮，级联菜单中的命令有"全部清除""清除格式""清除内容""清除批注""清除超链接"。数据清除后单元格本身仍保留在原位置不变。

选定单元格或单元格区域后按 Delete 键，相当于选择"清除内容"命令。

　　数据删除的对象是单元格、行或列，即单元格、行或列的删除。删除后，选取的单元格、行或列连同里面的数据都从工作表中消失。

『经典例题解析』

　　1. 在 Excel 2010 中，若删除数据选择的区域是"整列"，则删除后，该列（　　　）。

　　A. 仍留在原位置　　　B. 被右侧列填充　　　C. 被左侧列填充　　　D. 被移动

　　【答案】B。

　　2. 在 Excel 2010 中，选中活动工作表的一个单元格后执行"编辑"组中"清除"中的子命令，可以（　　　）。

　　A. 删除单元格　　　　　　　　　　B. 清除单元格中的数据

　　C. 清除单元格中的格式　　　　　　D. 清除单元格中的批注

　　E. 清除单元格中的数据、格式和批注

　　【答案】BCDE。

　　3. 在 Excel 2010 中，下面叙述正确的有（　　　）。

　　A. Excel 2010 工作表中最多有 255 列

　　B. 按快捷键 < Ctrl + S > 可以保存工作簿文件

　　C. 按快捷键 < Shift + F12 > 可以保存工作簿文件

　　D. 对单元格内容的"删除"与"清除"操作是相同的

　　【答案】BC。

　　4. 在 Excel 2010 中清除一行内容的方法有（　　　）。

　　A. 选中该行行号，再按 Delete 键

　　B. 用鼠标将该行隐藏

　　C. 用鼠标拖动功能

　　D. 选中要清除的部分，使用"编辑"组中的"清除/全部"命令

　　【答案】AD。

　　5. 在 Excel 2010 中，清除和删除的意义：清除的是单元格内容，单元格依然存在；而删除则是将选定的单元格和单元格内的内容一并删除。（　　　）

　　A. 正确　　　　　　　　B. 错误

　　【答案】A。

『你问我答』

　　问题：在 Excel 2010 中，如果将某些单元格选中，然后再按 Delete 键，将删除单元格的批注、格式和内容，对吗？

　　答：不对，只有内容。如果想删除其他内容可以选用清除功能。

20. 查找与替换

　　Excel 2010 中的查找与替换功能中，可以使用"？"及"＊"通配符来代替不确定部分的信息。

21. 格式化工作表

　　工作表的格式化：Excel 2010 可以对工作表内的数据及外观进行修饰，制作出既符合日常应用习惯又美观的表格，如可进行数字显示格式的设置，文字的字形、字体、字号和对齐方式的设置，表格边框、底纹、图案颜色等设置；可以调整单元格的行高和列宽，见图 4-5。

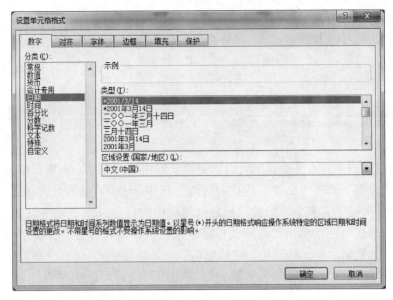

图 4-5　"设置单元格格式"对话框

22. 数据的对齐方式

在 Excel 2010 中，数据对齐方式有水平对齐和垂直对齐。

23. 数据清单

数据清单：Excel 2010 的数据清单具有类似数据库的特点，可以实现数据的排序、筛选、分类汇总、统计、查询等操作，具有数据库的组织、管理和处理数据的功能。

具有二维表性质的电子表格在 Excel 中称为"数据清单"，其中行表示记录、列表示字段。数据清单需要满足如下条件：

1）第一行必须为文本类型，为相应列的名称。

2）在第一行的下面是连续的数据区域，每一列包含相同类型的数据。

3）不允许出现空行和空列。

4）一个数据清单最好占有一个工作表。

『经典例题解析』

1. 在 Excel 2010 中，排序、筛选、分类汇总等操作的对象都必须是（　　）。

A. 任意工作表　　　　　　　　　　B. 数据清单

C. 工作表任意区域　　　　　　　　D. 含合并单元格的区域

【答案】B。

2. 在 Excel 2010 中具有二维表性质的数据清单可以像数据库一样使用，其中（　　）。

A. 可以有合并过的单元格　　　　　B. 每一行称为一个记录

C. 第一行称为字段名　　　　　　　D. 数据区域每一列包含不同的数据类型

【答案】BC。

3. 在 Excel 2010 中，数据清单中的列标可以选择与清单中相同的字体等，不需要与清单中的数据有区别。（　　）

A. 正确　　　　　　　B. 错误

【答案】A。

4. 在 Excel 2010 中，排序、（　　）等操作的对象都必须是数据清单。

A. 筛选　　　　　　B. 图标制作　　　　　C. 分类汇总　　　　D. 复制、删除

【答案】AC。

24. 数据的排序

排序的方法如下：

1）若排序的关键字只有一个，则可以将关键字所在列中任意一个单元格设置为当前单元格，然后单击"数据"选项卡，在"排序和筛选"组中单击升序或降序按钮。

2）若排序的关键字有多个，则可以把数据清单中的任意一个单元格设置为当前单元格，然后在"排序和筛选"组中单击"自定义排序"按钮，在设置好主要关键字后，可以对排序依据进行设置（如数值、单元格颜色、字体颜色、单元格图标），可以分别设置主要、次要及第三关键字及其排序方式，然后单击"确定"按钮即可；如果选中"有标题行"，则数据清单中的第一行不参与排序，否则，第一行也作为一条记录参与数据排序。

方向：按行或按列排序。

方法：字母、笔画。

『经典例题解析』

1. 使用中文 Excel 2010 排序时，所谓升序是指（　　）。

A. 逻辑值 TURE 放在 FALSE 前　　　　B. 字母按从 A 到 Z 的顺序排列

C. 数字从最小负数到最大正数　　　　D. 日期和时间由最早到最近排列

【答案】BCD。

2. 在 Excel 2010 中，对工作表的数据进行一次排序，对排序关键字的要求是（　　）。

A. 只能一列　　　B. 只能两列　　　C. 最多三列　　　D. 最多64列

【答案】D。

3. 在 Excel 2010 中，对数据清单进行多重排序，则（　　）。

A. 主要关键字和次要关键字都必须递增

B. 主要关键字和次要关键字都必须递减

C. 主要关键字和次要关键字都必须同为递增和递减

D. 主要关键字和次要关键字可以独立选择递增和递减

【答案】D。

【解析】主要关键字、次要关键字和第三关键字都可以独立选择递增和递减顺序。

『你问我答』

问题一：在 Excel 2010 中，单击数据清单中关键字所在列的任意一个单元格进行排序时，为什么没有选择的字段也进行了排序？

答：排序是以记录为单位进行排序的，一行就是一条记录。

问题二：在 Excel 2010 中假定存在一个数据库工作表，内含姓名，专业，奖学金，成绩等项目，现要求对相同专业的学生按奖学金从高到低进行排列，则要进行多个字段的排列，并且主关键字段是奖学金还是专业？

答：专业是主关键字。

25. 数据的筛选

筛选就是将不符合特定条件的行隐藏起来，这样可以更方便用户查看数据，分为自动筛选和高级筛选。

（1）自动筛选

选择"数据"选项卡，在"排序和筛选"组中单击"筛选"按钮，此时，数据清单中的字段名右侧会出现一个下拉箭头，单击下拉箭头，可设置筛选条件、删除筛选条件或自定义自动筛选条件。

在设置自动筛选的自定义条件时，可以使用通配符，其中问号（？）代表任意单个字符，星号（＊）代表任意一组字符。

注意：若多个字段都设置了筛选条件，则多个字段的筛选条件之间是"与"的关系。

（2）高级筛选

先设置一个条件区域，条件区域和数据清单之间要间隔一个以上的空行或空列，单击"排序和筛选"组中的"高级筛选"命令。

高级筛选的条件区域至少有两行，第一行是字段名，下面的行放置筛选条件，这里的字段名一定要与数据清单中的字段名完全一致；在条件区域的设置中，同一行上的条件认为是"与"条件，而不同行上的条件认为是"或"条件。

『经典例题解析』

1. 在 Excel 2010 中，使用自动筛选功能对某姓名列中自定义筛选条件，要求筛选姓氏为"张"的人员数据时，可在筛选条件中输入"等于"_____。

【答案】张＊。

2. 在 Excel 2010 的高级筛选中，条件区域中不同行的条件是（　　）。

A. "或"的关系　　　B. "与"的关系　　　C. "非"的关系　　　D. "异或"的关系

【答案】A。

3. 在使用高级筛选中，条件区域中"性别"字段下输入"男"，"成绩"字段下输入"中级"，则将筛选出（　　）。

A. 所有记录

B. 性别为"男"或成绩为"中级"的所有记录

C. 性别为"男"且成绩为"中级"的所有记录

D. 筛选无效

【答案】C。

4. 希望只显示数据清单"学生成绩表"中计算机文化基础课成绩大于或等于120分的记录，可以使用（　　）命令。

A. 查找　　　　　B. 全屏显示　　　　　C. 自动筛选　　　　　D. 数据透视表

【答案】C。

【解析】适合条件的记录显示，不适合条件的记录被隐藏。

『你问我答』

问题一：Excel 2010 中，自定义筛选只允许定义两个条件吗？

答：最多两个条件，条件之间的关系可以是"与""或"，条件中可以使用通配符。

问题二：在 Excel 2010 中，关于"筛选"的正确叙述是（　　）。

A. 自动筛选和高级筛选都可以将结果筛选至另外的区域中

B. 执行高级筛选前必须在另外的区域中给出筛选条件

C. 自动筛选的条件只能是一个，高级筛选的条件可以是多个

D. 如果所选条件出现在多列中，并且条件间有"与"的关系，必须使用高级筛选

答：B。

26. 分类汇总

分类汇总是指把数据清单中的数据记录先根据一列分类，然后再分别对每一类进行汇总统计。汇总的方式有求和、计数、平均值、最值等。选择"数据"选项卡中的"分类汇总"命令即可进行分类汇总。

进行分类汇总之前，必须先进行排序，否则无法实现预期效果。排序的依据与分类的依据相同，即按哪个字段分类，就按哪个字段对数据进行排序。

『经典例题解析』

1. 在 Excel 2010 中，对数据表做分类汇总前必须先要（   ）。

A. 任意排序   B. 按分类字段进行排序

C. 进行筛选操作   D. 改其数据格式

【答案】B。

【解析】进行分类汇总之前，必须先进行排序，否则无法实现预期效果。

2. Excel 2010 中，在对数据进行分类汇总前，必须对数据进行_____操作。

【答案】排序

3. 在 Excel 2010 中，下列关于分类汇总的说法正确的是（   ）。

A. 不能删除分类汇总   B. 分类汇总可以嵌套

C. 汇总方式只有求和   D. 进行分类汇总前，必须先对数据清单进行排序

【答案】BD。

4. 分类汇总后，工作表左端自动产生分级显示控制符，其中分级编号以（   ）表示。

A. 1、2、3   B. A、B、C   C. Ⅰ、Ⅱ、Ⅲ   D. 一、二、三

【答案】A。

5. 对 Excel 2010 工作表的数据进行分类汇总前，必须先按分类字段进行自动筛选操作。（   ）

A. 正确   B. 错误

【答案】B。

6. 在 Excel 2010 中，分类汇总对汇总项不能进行求最大值操作。（   ）

A. 正确   B. 错误

【答案】B。

27. 常见命令

1）数据透视表是一种对大量数据快速汇总和建立交叉列表的交互式动态表格，能帮助用户分析、组织数据。数据透视表功能能够将筛选、排序和分类汇总等操作依次完成，并生成汇总表格。

2）IF 条件函数，其格式为 IF（＜条件＞，＜条件真取值＞，＜条件假取值＞）。

3）条件格式，在"开始"选项卡的"样式"组中找到"条件格式"按钮。

4）排位函数 RANK。排位函数语法格式为 RANK（number，ref，order），其中 number 为需要找到排位的数字，ref 为包含一组数字的数组或引用，order 为一数字，用来指明排位的方式。如果 order 为 0 或省略，则 Excel 2010 将 ref 当作按降序排列的数据清单进行排位；如果 order 不为零，Excel 2010 将 ref 当作按升序排列的数据清单进行排位。RANK 函数对重复数的排位相同，但重复数的存在将影响后续数值的排位。

『经典例题解析』

1. Excel 2010 中，设 E 列单元格存放工资总额，F 列用以存放实发工资，其中当工资总额＞1600 时，实发工资＝工资－（工资总额－1600）＊税率；当工资总额＜＝1600 时，实发工资＝工资总额。设税率＝0.05。则 F 列可根据公式实现。其中 F2 的公式应为（   ）。

A. ＝IF（"E2＞1600"，E2－（E2－1600））＊0.05，E2）

B. ＝IF（E2＞1600，E2，E2－（E2－1600）＊0.05）

C. ＝IF（E2＞1600，E2－（E2－1600）＊0.05，E2）

D. ＝IF（"E2＞1600"，E2，E2－（E2－1600）＊0.05）

【答案】C。

2. 在 Excel 2010 中，公式"＝COUNT（工资，"＞1000"）"的值为 26，其含义是_____。

【答案】工资大于 1000 的记录有 26 条。

3. 在 Excel 2010 中，要使某单元格内输入的数据介于 18～60 之间，而一旦超出范围就出现错误提示，可使用（   ）。

A. "数据"选项卡下的"有效性"命令　　　B. "开始"选项卡中的"单元格"命令

C. "开始"选项卡中的"条件格式"命令　　D. "开始"选项卡中的"样式"命令

【答案】A。

4. 在 Excel 2010 中，设 A1～A4 单元格的数值为 82、71、53、60，A5 单元格使用公式为 ＝If（Average（A＄1：A＄4）＞＝60，"及格"，"不及格"），则 A5 显示的值是_____。

【答案】及格。

『你问我答』

问题：＝If（"E2＞1600"，E2—（E2—1600）＊0.05，E2）与公式 COUNTIF（工资，"＞1000"）的语句有时有引号有时没有，有点分不清了。

答：公式必须有等号，没等号不可以；如有引号表示的是文本类型，没引号表示数值类型。

28. 图表的建立与编辑

数据图表是将单元格中的数据以各种统计图表的形式显示，以使得数据更直观。图表和建立图表的数据就建立了一种动态链接关系：当工作表中的数据发生改变时，图表中的对应项会自动变化，反之亦然。

图表分两种，一种是嵌入式图表，它和创建图表的数据源放置在同一张工作表中；另一种是独立图表。

一个完整的图表通常由图表区、绘图区、图表标题和图例等几大部分组成。

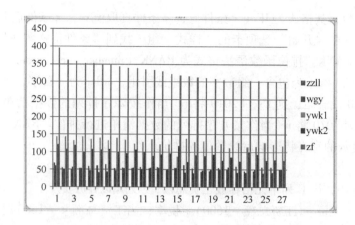

『经典例题解析』

1. 在 Excel 2010 中，利用工作表数据建立图表时，引用的数据区域是（   ）单元格地址区域。

A. 相对   B. 绝对   C. 混合   D. 任意

【答案】B。

【解析】Excel 2010 图表是对工作表数据的绝对引用。

2. 在 Excel 2010 中可以创建嵌入式图表，它和创建图表的数据源放置在（   ）工作表中。

A. 不同的   B. 相邻的   C. 同一张   D. 另一工作簿的

【答案】C。

3. 关于 Excel 2010 中创建图表，叙述正确的是（   ）。

A. 嵌入式图表建在工作表之内，与数据同时显示

B. 如果需要修饰图表，只能使用格式栏上的按钮

C. 创建了图表之后，便不能修改

D. 图表工作表建在工作表之外，与数据分开显示

【答案】AD。

4. 在 Excel 2010 中，图表与建立它的工作表数据之间的关系（   ）。

A. 没有联系   B. 改变数据图表立即变化

C. 图表任意变化不影响数据   D. 图表类型变化会引起数据变化

【答案】B。

【解析】当工作表中的数据发生改变时，图表中的对应项会自动变化，反之亦然。

『你问我答』

问题一：嵌入式图表和独立图表是不是原数据发生变化都变化呢？

答：图表和原数据只要有一个发生变化，另一个就随之改变。

问题二：在 Excel 2010 工作簿中，某图表与生成它的数据相连接，当删除该图表中某一序列时，（   ）。

A. 清除表中对应的数据   B. 删除表中对应的数据以及单元

C. 工作表中数据无变化   D. 工作表中对应数据变为 0

答：答案为 C。

29. 页面设置与打印

可以选中全部内容或部分内容设置为打印区域，也可以插入水平分页符与垂直分页符，分页符可以在分页预览视图下进行调整。

"页面设置"对话框中共有四个选项卡："页面""页边距""页眉/页脚""工作表"。

30. 冻结

我们在做表的时候习惯第一行写列名，但是如果行太多的话，向下滚几下就看不到列名了，于是就想让这一行冻结在顶部。如果列也多，可把第一列也冻结。但是怎么才能只把第一行和第一列都冻结住呢？

想冻结第一行和第一列，就单击 B2（第二行第二列单元格），也就是想冻结第几行第几列就单击下一行下一列的第一个单元格。例如想冻结两行四列，那么点选 E3，再选择"视图"功能区的"冻结窗格"按钮就可以了。

『你问我答』

问题一：Excel 2010 清单中，（　　　）

A. 可以将任意列或行冻结 　　　　B. 可以将 A 列和 1~3 行同时冻结

C. 只能将标题行冻结 　　　　　　D. 可以将任意的单元格冻结

我试了觉着 A 不对如果冻结 D 列则 ABCD 列都不动，至于 B 项只能是个区域所以不对。请老师明示！

答：B 正确。

问题二：在 Excel 2010 中，可按需拆分窗口，一张工作表最多拆分为 4 个窗口，对么？

答：对。

习　题

一、单项选择题

1. 如果公式中出现"#DIV/0!"，则表示（　　　）。

A. 结果为 0 　　　B. 列宽不足 　　　C. 无此函数 　　　D. 除数为 0

2. Excel 2010 中输入数据时，单元格显示为######，表示（　　　）。

A. 输入时出错 　　　　　　　　　B. 计算机系统问题

C. 列宽不够 　　　　　　　　　　D. Excel 软件有问题

3. Excel 2010 中，为表格添加边框的正确的操作是（　　　）。

A. 单击"开始"选项卡的"字体"组 　　B. 单击"开始"选项卡的"对齐方式"

C. 单击"开始"选项卡中"数字"组 　　D. 单击"开始"选项卡的"编辑"组

4. 在数据表（有"工资"字段）中查找工资 > 1280 的记录，其有效方法是（　　　）。

A. 依次查看各记录"工资"字段的值

B. 按 < Ctrl + A > 组合键，在弹出的对话框的"工资"栏输入：工资 > 1280，再单击"确定"按钮

C. 在记录单对话框中连续单击"下一条"按钮

D. 在记录单对话框中单击"条件"按钮，在"工资"栏输入：工资 > 1280，再单击"下一条"按钮

5. 在 Excel 2010 中，函数可以用来完成的操作是（　　　）。

A. 只是复杂的运算 　　　　　　　　B. 只是统计运算

C. 简单或复杂的运算　　　　　　　　　　D. 只是财务运算

6. 以下填充方式不是属于 Excel 2010 的填充方式的是（　　）。

A. 等差填充　　　　B. 等比填充　　　　C. 排序填充　　　　D. 日期填充

7. 下列关于 Excel 2010 中区域及其选定的叙述不正确的是（　　）。

A. B4：D6 表示是 B4～D6 之间所有的单元格

B. A2，B4：E6 表示是 A2 加上 B4～E6 之间所有的单元格构成的区域

C. 可以用拖动鼠标的方法选定多个单元格

D. 不相邻的单元格不能组成一个区域

8. Excel 2010 的三个主要功能是（　　）。

A. 电子表格、图表、数据库　　　　　　　B. 文字输入、表格、公式

C. 公式计算、图表、表格　　　　　　　　D. 图表、电子表格、公式计算

9. 在 Excel 2010 中，打印工作簿时下面的哪个表述是错误的？（　　）

A. 一次可以打印整个工作簿

B. 一次可以打印一个工作簿中的一个或多个工作表

C. 在一个工作表中可以只打印某一页

D. 不能只打印一个工作表中的一个区域位置

10. 已知单元格 A1 中存有数值 563.68，若输入函数 = INT（A1），则该函数值为（　　）。

A. 563.7　　　　B. 563.78　　　　C. 563　　　　D. 563.8

11. 在 Excel 2010 中，只显示清单中年龄大于 18，籍贯为安徽，外语成绩在 60～80 之间的记录，应如何操作？（　　）

A. 只能通过高级筛选实现　　　　　　　　B. 使用高级筛选或自动筛选都可实现

C. 通过"数据"→"分类汇总"实现　　　　D. 通过"数据"→"排序"实现

12. 在 Sheet1 的 C1 单元格中输入公式"= Sheet2！A1 + B1"，则表示将 Sheet2 的 A1 单元格数据与（　　）。

A. Sheet1 的 B1 单元的数据相加，结果放在 Sheet1 的 C1 单元格中

B. Sheet1 的 B1 单元的数据相加，结果放在 Sheet2 的 C1 单元格中

C. Sheet2 的 B1 单元的数据相加，结果放在 Sheet1 的 C1 单元格中

D. Sheet2 的 B1 单元的数据相加，结果放在 Sheet2 的 C1 单元格中

13. 在 Excel 2010 中，AND 函数属于下列函数中的哪一类？（　　）

A. 逻辑函数　　　　　　　　　　　　　　B. 查询函数和引用函数

C. 数据库函数　　　　　　　　　　　　　D. 信息函数

14. 数据透视表的数据区域默认的字段汇总方式是（　　）。

A. 均值　　　　B. 乘积　　　　C. 求和　　　　D. 最大值

15. 下面哪一个选项不属于"单元格格式"对话框中"数字"选项卡中的内容？（　　）

A. 字体　　　　B. 货币　　　　C. 日期　　　　D. 自定义

16. 在 Excel 2010 中，一个工作表最多可以含有（　　）列。

A. 254　　　　B. 255　　　　C. 16384　　　　D. 65536

17. 下面哪种操作可能破坏单元格数据有效性？（　　）

A. 在该单元格中输入无效数据

B. 在该单元格中输入公式

C. 复制别的单元格内容到该单元格

D. 该单元格本有公式引用别的单元格，别的单元格数据变化后引起有效性被破坏

18. 在单元格中输入"= AVERAGE(10，-3) - PI()"，则显示（　　）。

A. 大于 0 的值　　　　B. 小于 0 的值　　　　C. 等于 0 的值　　　　D. 不确定的值

19. 在单元格中输入（　　），使单元格显示 0.3。

A. 6/20　　　　　　B.　=6/20　　　　　　C. "6/20"　　　　　　D.　= "6/20"

20. 若某一个单元格右上角有一个红色的三角形，这表示（　　　）。

A. 表示单元格为文本数值　　　　　　　　B. 表示单元格出错

C. 表示强调　　　　　　　　　　　　　　D. 附有批注

21. 在 Excel 2010 中，可使用（　　　）功能来校验用户输入数据的有效性。

A. 数据筛选　　　　B. 单元格保护　　　　C. 有效数据　　　　D. 条件格式

22. 分类汇总前必须先进行的操作是（　　　）。

A. 求和　　　　　　B. 求平均　　　　　　C. 排序　　　　　　D. 以上三种均不对

23. 若要选定区域 A1：C4 和 D3：F6，应（　　　）。

A. 按鼠标左键从 A1 拖动到 C4，然后按鼠标左键从 D3 拖动到 F6

B. 按鼠标左键从 A1 拖动到 C4，然后按住 Shift 键，并按鼠标左键从 D3 拖动到 F6

C. 按鼠标左键从 A1 拖动到 C4，然后按住 Ctrl 键，并接鼠标左键从 D3 拖动到 F6

D. 按鼠标左键从工拖动到 C4，然后按住 Alt 键，并按鼠标左键从 D3 拖动到 F6

24. 在 Excel 2010 中，输入当前时间可按组合键（　　　）。

A.　＜Ctrl + ;＞　　B.　＜Shift + ;＞　　C.　＜Ctrl + Shift + ;＞　　D.　＜Ctrl + Shift +"＞

25. 对工作表建立的柱形图表，若删除图表中某数据系列柱形图，（　　　）。

A. 数据表中相应的数据不变

B. 数据表中相应的数据消失

C. 若事先选定与被删柱形图相应的数据区域，则该区域数据不变，否则将消失

D. 若事先选定与被删柱形图相应的数据区域，则该区域数据不变，否则保持不变

26. 在 Excel 2010 中，可以通过（　　　）功能区对所选单元格进行数据筛选，筛选出符合要求的数据。

A. 开始　　　　　　B. 插入　　　　　　　C. 数据　　　　　　D. 审阅

27. 在 Excel 2010，清除单元格的说法正确的是（　　　）。

A. 可仅清除其格式、批注或内容

B. 不可以将三者同时清除

C. 选中单元格，按 Delete 键，相当于清除单元格的格式批注及内容

D. 相当于删除操作

28. 在 Excel 2010 中某单元格的公式为"=IF（"学生">"学生会"，True，False）"，其计算结果为（　　　）。

A. True　　　　　　B. False　　　　　　C. 学生　　　　　　D. 学生会

29. Excel 2010 中取消工作表的自动筛选后（　　　）。

A. 工作表的数据消失　　　　　　　　　　B. 工作表恢复原样

C. 只剩下符合筛选条件的记录　　　　　　D. 不能取消自动筛选

30. 在 Excel 2010 中，如果想插入一条水平的分页符，活动单元格应（　　　）。

A. 放在任何区域均可　　　　　　　　　　B. 放在第一行

C. 放在第一列　　　　　　　　　　　　　D. 无法插入

31. 在 Excel 2010 中，如何利用鼠标拖动的方法将当前工作表中的内容移动到其他工作表？（　　　）

A. 将鼠标指针放在选择区域的边框上，按住 Shift 键加鼠标左键拖动

B. 将鼠标指针放在选择区域的边框上，按住 Ctrl 键加鼠标左键拖动

C. 将鼠标指针放在选择区域的边框上，按住 Alt 键加鼠标左键拖动，并指向相应的工作表标签

D. 将鼠标指针放在选择区域的边框上，按住鼠标左键拖动到指定的工作表中

32. 在 Excel 2010 中，若单元格 C1 中公式为 = A1 + B2，将其复制到 E5 单元格，则 E5 中的公式是（　　　）。

A.　= C3 + A4　　　B.　= C5 + D6　　　C.　= C3 + D4　　　D.　= A3 + B4

33. 在 Excel 2010 中，单元格中逻辑值的默认对齐方法是（　　　）。

A. 左对齐　　　　　B. 右对齐　　　　　　C. 居中对齐　　　　D. 合并及居中

34. 作为数据的一种表示形式，图表是动态的，当改变了其中（　　）之后，Excel 2010 会自动更新图表。

A. Y 轴上的数据 　　　　　　　　　　　　B. 所依赖的数据

C. X 轴上的数据 　　　　　　　　　　　　D. 标题的内容

35. 在 Excel 2010 中打开"单元格格式"的快捷键是（　　）。

A. < Ctrl + Shift + E > 　　　　　　　　B. < Ctrl + Shift + F >

C. < Ctrl + Shift + G > 　　　　　　　　D. < Ctrl + Shift + H >

36. 关于 Excel 2010 文件保存，下列说法错误的是（　　）。

A. Excel 文件可以保存为多种类型的文件

B. 高版本的 Excel 的工作簿不能保存为低版本的工作簿

C. 高版本的 Excel 的工作簿可以打开低版本的工作簿

D. 要将本工作簿保存在别处，不能选"保存"，要选"另存为"

37. 在 Excel 2010 中，在（　　）功能区可进行工作簿视图方式的切换。

A. 开始 　　　　　B. 页面布局 　　　　　C. 审阅 　　　　　D. 视图

38. 分类汇总说法正确的是（　　）。

A. 分类汇总字段必须排序，否则无意义

B. 分类汇总无须排序

C. 汇总方式只有求和排序

D. 只能对某一个字段汇总

39. 下列哪种格式可以将数据单位定义为"万元"，且带两位小数？（　　）

A. 0.00 万元 　　　　　　　　　　　　B. 0!.00 万元

C. 0/10000.00 万元 　　　　　　　　　D. 0!.00, 万元

40. 在 Excel 2010 中，为了使以后在查看工作表时能了解某些重要的单元格的含义，则可以给其添加（　　）。

A. 批注 　　　　　B. 公式 　　　　　C. 特殊符号 　　　　　D. 颜色标记

41. 下列操作中，不能在 Excel 2010 工作表的选定单元格中输入函数公式的是（　　）。

A. 单击"编辑"栏中的"插入函数"按钮

B. 单击"插入"选项卡中的"对象"命令

C. 单击"公式"选项卡中的"插入函数"命令

D. 在"编辑"栏中输入等于（=）号，从栏左端的函数列表中选择所需函数

42. 在 Excel 2010 中，使用"重命名"命令后，则下面说法正确的是（　　）。

A. 只改变工作表的名称 　　　　　　　B. 只改变它的内容

C. 既改变名称又改变内容 　　　　　　D. 既不改变名称又不改变内容

43. 在 Excel 2010 中快速插入图表的快捷键是（　　）。

A. F9 　　　　　B. F10 　　　　　C. F11 　　　　　D. F12

44. 下列删除单元格的方法，正确的是（　　）。

A. 选中要删除的单元格，按 Delete 键

B. 选中要删除的单元格，按剪切按钮

C. 选中要删除的单元格，按 < Shift + Delete > 键

D. 选中要删除的单元格，使用右键菜单中的删除单元格命令

45. 在 Excel 2010 中求平均的函数是（　　）。

A. SUM 　　　　　B. AVERAGE 　　　　　C. MAX 　　　　　D. MIN

46. 在 Excel 2010 中，如何进行输入数字文本，错误的是（　　）。

A. 直接输入数字即可

B. 先输入单引号，再输入数字

C. 先输入数字，然后再设置单元格的数字格式为文本

D. 先设置单元格的数字格式为"文本"，再输入数字

47. 在 Excel 2010 中，要编辑某单元格中的一部分内容，说法错误的是（　　）。

A. 双击想要修改的单元格，然后当光标进入到单元格之内即可修改

B. 选中想要修改的单元格，按下 F2 键

C. 选中想要修改的单元格，然后在编辑栏中进行修改

D. 选中单元格之后，直接输入

48. 下列关于 Excel 2010 的操作叙述错误的是（　　）。

A. 按 End 键后，再按 Alt 键，可光标移动到 Excel 的最后一行

B. 使用"编辑"→"删除工作表"命令，可以删除工作表

C. 键盘输入"＝B4-H4"，表示把第 4 行第 2 列的数据减去第 4 行第 8 列的数据

D. 通过"开始"选项卡，可以插入工作表、行、列和单元格

49. 在表格中选中 3 行，下面说法正确的是（　　）。

A. 可以插入 3 行　　　　　　　　　　　B. 可以插入 3 列

C. 可以插入 1 行　　　　　　　　　　　D. 以上说法都不正确

50. 在 Excel 2010 中选定任意 10 行，再在选定的基础上改变第 5 行的行高，则（　　）。

A. 任意 10 行的行高均改变，并与第 5 行的行高相等

B. 任意 10 行的行高均改变，并与第 5 行的行高不相等

C. 只有第 5 行的行高改变

D. 只有第 5 行的行高不变

51. Excel 2010 不可以进行以下哪一种运算？（　　）

A. 相加　　　　　　B. 相乘　　　　　　C. 乘和　　　　　　D. 相减

52. 下面关于工作表与工作簿的论述正确的是（　　）。

A. 一个工作簿的多张工作表类型相同，或同是数据表，或同是图表

B. 一个工作簿中一定有 3 张工作表

C. 一个工作簿保存在一个文件中

D. 一张工作表保存在一个文件中

53. 在 Excel 2010 中要想设置行高、列宽，应选用"（　　）"选项卡中的"格式"命令。

A. 开始　　　　　　B. 插入　　　　　　C. 页面布局　　　　D. 视图

54. 如何快速转到特定单元格（　　）。

A. 查找功能　　　　B. 替换功能　　　　C. 定位功能　　　　D. 搜索功能

55. 在 Excel 2010 中可以设置的货币符号有（　　）。

A. 人民币　　　　　B. 欧元　　　　　　C. 英镑　　　　　　D. 以上三种都可以

56. 在 Excel 2010 中，"撤消"命令最多能撤消多少次最近执行的操作？（　　）

A. 16　　　　　　　B. 24　　　　　　　C. 12　　　　　　　D. 8

57. 在 Excel 2010 中，关于"清除"命令说法正确的是（　　）。

A. 只能清除单元格的内容

B. 只能清除单元格的内容和格式

C. 清除单元格格式后，被删除格式的单元格将使用"常规"样式的格式

D. 清除命令不能删除所选单元格的批注

58. 设 A1 单元格的内容为 10，B2 单元格的内容为 20，在 C2 单元格中输入"B2-A1"，按 Enter 键后，C2 单元格的内容是（　　）。

A. 10　　　　　　　B. －10　　　　　　C. B2-A1　　　　　　D. ######

59. Excel 2010 中图表是（　　）。

A. 工作表数据的图表表示　　　　　　　　B. 图片

C. 可以用画图工具进行编辑　　　　　　　D. 根据工作表数据用画图工具绘制的

60. 在 Excel 2010 中要改变"数字"格式可使用"单元格格式"对话框的哪个选项？（　　　）

A. 对齐　　　　　B. 文本　　　　　C. 数字　　　　　D. 字体

61. 在 Excel 2010 中输入分数的方法是（　　　）。

A. 直接输入　　　　　　　　　　　　　　B. 在分数前加上空格

C. 在分数前加上零　　　　　　　　　　　D. 在分数前先加零再加上空格

62. 关于公式 = AVERAGE（A2：C2 B1：B10）和公式 = AVERAGE（A2：C2，B1：B10），下列说法正确的是（　　　）。

A. 计算结果一样的公式

B. 第一个公式写错了，没有这样的写法的

C. 第二个公式写错了，没有这样的写法的

D. 两个公式都对

63. Excel 2010 保护一个工作表，可以使不知道密码的人（　　　）。

A. 看不到工作表内容　　　　　　　　B. 不能复制工作表的内容

C. 不能修改工作表的内容　　　　　　D. 不能删除工作表所在的工作簿文件

64. Excel 2010 中，添加边框、颜色操作要进入下面哪个选项？（　　　）

A. 文件　　　　　B. 视图　　　　　C. 开始　　　　　D. 审阅

65. 在 Excel 2010 单元格引用中，B5：E7 包含（　　　）。

A. 2 个单元格　　　　　　　　　　　　B. 3 个单元格

C. 4 个单元格　　　　　　　　　　　　D. 12 个单元格

66. 在 Excel 2010 工作表中，不正确的单元格地址是（　　　）。

A. C $ 66　　　　B. $ C66　　　　C. C6 $ 6　　　　D. $ C $ 66

67. 在 Excel 2010 单元格中，手动换行方法是（　　　）。

A. < Ctrl + Enter >　　B. < Alt + Enter >　　C. < Shift + Enter >　　D. < Ctrl + Shift >

68. 在 Excel 2010 中为了移动分页符，必须处于何种视图方式中？（　　　）

A. 普通视图　　　　B. 分页预览　　　　C. 打印视图　　　　D. 缩放视图

69. 在 Excel 2010 中要将光标直接定位到 A1，可以按（　　　）键。

A. < Ctrl + Home >　　B. Home　　　C. < Shift + Home >　　D. Page Up

70. 在 Excel 2010 中可以缩放被打印的工作表，关于其缩放比例说法错误的是（　　　）。

A. 最小缩放为正常尺寸的10%　　　　B. 最小缩放为正常尺寸的40%

C. 最大缩放为正常尺寸的400%　　　　D. 100% 为正常尺寸

71. 在打印工作表前就能看到实际打印效果的操作是（　　　）。

A. 仔细观察工作表　　　　　　　　　B. 打印预览

C. 按 F8 键　　　　　　　　　　　　D. 分页预览

72. 在 Excel 2010 中函数 MIN（10，7，12，0）的返回值是（　　　）。

A. 10　　　　　B. 7　　　　　C. 12　　　　　D. 0

73. 启动 Excel 2010 后创建的第一个工件簿系统默认的文件名是（　　　）。

A. book　　　　B. Sheet　　　　C. Sheet1　　　　D. book1. xlsx

74. Excel 2010 图表中，一般用饼图表示（　　　）。

A. 各要素构成比例　　　　　　　　　B. 数据变化趋势

C. 数据的绝对值　　　　　　　　　　D. 以上都可以

75. 在 Excel 2010 中，插入的行默认是在选中行的（　　　）。

A. 下方　　　　B. 左侧　　　　C. 右侧　　　　D. 上方

76. 假设当前活动单元格在 B2，然后选择了冻结窗格命令，则冻结了（　　）。

A. 第一行和第一列　　　　　　　　　　　B. 第一行和第二列

C. 第二行和第一列　　　　　　　　　　　D. 第二行和第二列

77. 如果只想将源单元格的格式从复制区域转换到粘贴区域，应在编辑菜单中选择哪个命令？（　　）

A. 粘贴　　　　　　B. 选择性粘贴　　　　　　C. 粘贴为超级链接　　　　　　D. 链接

78. 如用户要在不同工作表中进行数据的移动操作，必须按住的键是（　　）。

A. Shift　　　　　　B. Alt　　　　　　C. Ctrl　　　　　　D. Tab

79. 如要在 Excel 2010 输入分数形式：1/3，下列方法正确的是（　　）。

A. 直接输入 1/3　　　　　　　　　　　　B. 先输入单引号，再输入 1/3

C. 先输入 0，然后空格，再输入 1/3　　　　D. 先输入双引号，再输入 1/3

80. 绝对引用与相对引用的切换键为（　　）。

A. F5　　　　　　B. F6　　　　　　C. F7　　　　　　D. F4

81. 在 Excel 2010 中，要向单元格输入数据，这个单元格必须是（　　）。

A. 当前单元格　　　　　　　　　　　　　B. 空单元格

C. 行首或行列单元格　　　　　　　　　　D. 必须定义好格式

82. 在 Excel 2010 中，单元格中数字默认对齐方式是（　　）。

A. 左对齐　　　　　　B. 右对齐　　　　　　C. 中间对齐　　　　　　D. 合并及居中

83. 在 Excel 2010 中，如果要改变行与行、列与列之间的顺序，应按住（　　）键不放，结合鼠标进行拖动。

A. Ctrl　　　　　　B. Shift　　　　　　C. Alt　　　　　　D. 空格

84. 可用（　　）表示 Sheet2 工作表的 B9 单元格。

A. ＝Sheet2. B9　　　　B. ＝Sheet2 $ B9　　　　C. ＝Sheet2：B9　　　　D. ＝Sheet2！B9

85. 现 A1 和 B1 中分别有内容 12 和 34，在 C1 中输入公式"＝A1&B1"，则 C1 中的结果是（　　）。

A. 1234　　　　　　B. 12　　　　　　C. 34　　　　　　D. 46

86. Excel 2010 中，下面哪一个选项不属于"设置单元格格式"对话框中"数字"选项卡中的内容？（　　）

A. 字体　　　　　　B. 货币　　　　　　C. 日期　　　　　　D. 自定义

87. Excel 2010 中取消工作表的自动筛选后（　　）。

A. 工作表的数据消失　　　　　　　　　　B. 工作表恢复原样

C. 只剩下符合筛选条件的记录　　　　　　D. 不能取消自动筛选

88. 下列关于 Excel 2010 中图表的叙述错误的是（　　）。

A. 图表是由标题、数据系列、图例、坐标轴网络线等组成

B. 任何图表都具有数据系列，而其他成分则不一定都有

C. 图表是以数据表格为基础，在创建图表之前必须先建立相应的数据表格

D. 修饰图表时不需要分别对这些图表的组成部分进行修饰

89. 在 Excel 2010 中，仅把某单元格的批注复制到另外单元格中，方法是（　　）。

A. 复制原单元格，到目标单元格执行粘贴命令

B. 复制原单元格，到目标单元格执行选择性粘贴命令

C. 使用格式刷

D. 将两个单元格链接起来

90. 数据筛选的功能是（　　）。

A. 只显示符合条件的数据，隐藏其他

B. 删除掉不符合条件的数据

C. 对工作表数据进行分类

D. 对工作表数据进行排序

91. 选择 A1：C1，A3：C3，然后右键复制，这时候（　　）。

A. "不能对多重区域选定使用此命令"警告

B. 无任何警告，粘贴也能成功

C. 无任何警告，但是粘贴不会成功

D. 选定不连续区域，右键根本不能出现复制命令

92. 已知 Excel 2010 某工作表中的 D1 单元格等于 1，D2 单元格等于 2，D3 单元格等于 3，D4 单元格等于 4，D5 单元格等于 5，D6 单元格等于 6，则 SUM（D1：D3，D6）的结果是（　　）。

A. 10　　　　　　　　B. 6　　　　　　　　C. 12　　　　　　　　D. 21

93. 在 Excel 2010 中套用表格格式后，会出现（　　）功能区选项卡。

A. 图片工具　　　　B. 表格工具　　　　C. 绘图工具　　　　D. 其他工具

94. 以下哪种情况一定会导致"设置单元格格式"对话框只有"字体"一个选项卡？（　　）

A. 安装了精简版的 Excel　　　　　　　　B. Excel 中毒了

C. 单元格正处于编辑状态　　　　　　　　D. Excel 运行出错了，重启即可解决

95. 在 Excel 2010 中，进行移动和复制工作表的操作，下面说法正确的是（　　）。

A. 工作表不能在同一工作簿中复制

B. 工作表可以复制到具有同名工作表的工作簿中

C. 不能同时移动几个工作表到其他工作簿中

D. 不能同时复制几个工作表到其他工作簿中

96. 在 Excel 2010 中，把 A1、B1 等称作该单元格的（　　）。

A. 地址　　　　　　B. 编号　　　　　　C. 内容　　　　　　D. 大小

97. 有关 Excel 2010 打印，以下说法错误的是（　　）。

A. 可以打印工作表　　　　　　　　B. 可以打印图表

C. 可以打印图形　　　　　　　　　D. 不可以进行任何打印

98. 以下不属于 Excel 2010 中的算术运算符的是（　　）。

A. /　　　　　　　　B. %　　　　　　　　C. ^　　　　　　　　D. < >

99. 某区域由 A1，A2，A3，B1，B2，B3 六个单元格组成，下列不能表示该区域的是（　　）。

A. A1：B1　　　　　B. A1：B3　　　　　C. A3：B1　　　　　D. B3：A1

100. 在 Excel 2010 中，如何插入人工分页符？（　　）

A. 单击"开始"选项卡，选择"分隔符"→"插入分页符"

B. 单击"页面布局"选项卡，选择"分隔符"→"插入分页符"

C. < Alt + Enter >

D. < Shift + Enter >

二、多项选择题

1. 要在学生成绩表中筛选出语文成绩在 85 分以上的同学，可通过（　　）。

A. 自动筛选　　　　B. 自定义筛选　　　　C. 高级筛选　　　　D. 条件格式

2. 只允许用户在指定区域填写数据，不能破坏其他区域，并且不能删除工作表，应怎样设置？（　　）

A. 设置"允许用户编辑区域"　　　　　　B. 保护工作表

C. 保护工作簿　　　　　　　　　　　　　D. 添加打开文件密码

3. 有关绝对引用和相对引用，下列说法正确的是（　　）。

A. 当复制公式时，单元格绝对引用不改变

B. 当复制公式时，单元格绝对引用将改变

C. 当复制公式时，单元格相对引用将会改变

D. 当复制公式时，单元格相对引用不改变

4. 在 Excel 2010 中，单元格地址引用的方式有（　　）。

A. 相对引用　　　　　B. 绝对引用　　　　　C. 混合引用　　　　　D. 三维引用

5. 在 Excel 2010 中可以运用的运算符的有（　　）。

A. 算术运算符　　　　B. 比较运算符　　　　C. 文本运算符　　　　D. 引用运算符

6. 在 Excel 2010 中，要查找工作簿，可以基于（　　）。

A. 文件名　　　　　　B. 文件位置　　　　　C. 作者　　　　　　　D. 其他摘要信息

7. 在 Excel 2010 中进行分类汇总时，可设置的内容有（　　）。

A. 分类字段　　　　　　　　　　　　　　　B. 汇总方式（如：求和）

C. 汇总项　　　　　　　　　　　　　　　　D. 汇总结果显示在数据下方

8. Excel 2010 中关于公式，正确的说法是（　　）。

A. 所有用于计算的表达式都要以等号（＝）开头

B. 公式中可以使用文本运算符

C. 引用运算符只有冒号和逗号

D. 函数中不可使用引用运算符

9. 求 B3：E3 单元格之和，以下正确的是（　　）。

A. SUM（B3：E3）　　　　　　　　　　　B. SUM（B3，C3，D3，E3）

C. ＝B3＋C3＋D3＋E3　　　　　　　　　D. AVERAGE（B3：E3）

10. 数据记录单可以（　　）。

A. 新建记录　　　　　B. 定位记录　　　　　C. 删除记录　　　　　D. 排序记录

11. 在 Excel 2010 单元格中将数字作为文本输入，下列方法正确的是（　　）。

A. 先输入单引号，再输入数字

B. 直接输入数字

C. 先设置单元格格式为"文本"，再输入数字

D. 先输入"＝"，再输入双引号和数字

12. 在 Excel 2010 中下列为"自动筛选"下拉框，有关下拉框内容说法正确的有（　　）。

A.（全部）是指显示全部数据

B.（空白）是指显示该列中空白单元格所在的记录项

C.（全部）是指显示全部数据也可以只显示一部分。

D.（自定义）显示"自定义"对话框，由用户输入筛选条件

13. 在 Excel 2010 中，有关设置打印区域的方法正确的是（　　）。

A. 先选定一个区域，然后通过"页面布局"选择"打印区域"，再选择"设置打印区域"

B. 在页面设置对话框中选择"工作表"选项卡，在其中的打印区域中输入或选择打印区域，确定即可

C. 利用"编辑栏"设置打印区域

D. 在"分页预览视图"下设置打印区域

14. 关于"清除"操作，说法正确的是（　　）。

A. 可清除格式　　　　B. 可清除内容　　　　C. 可全部清除　　　　D. 可清除批注

15. 费用明细表的列标题为"日期""部门""姓名""报销金额"等，欲按部门统计报销金额，可有哪些方法？（　　）

A. 高级筛选　　　　　　　　　　　　　　　B. 分类汇总

C. 用 SUMIF 或 DSUM 函数计算　　　　　D. 用数据透视表计算汇总

16. 在 Excel 2010 中，移动和复制工作表的操作中，下面正确的是（　　）。

A. 工作表能移动到其他工作簿中　　　　　　B. 工作表不能复制到其他工作簿中

C. 工作表不能移动到其他工作簿中　　　　　D. 工作表能复制到其他工作簿中

17. 关于 Excel 2010 单元格格式设置正确的是（　　）。

A. 可以设置四周不同的边框线　　　　　　　B. 可以设置图案底纹

C. 可以设置自动换行　　　　　　　　　　　　D. 不可保护公式

18. 在 Excel 2010 中，单元格格式的对话框中的选项卡有（　　　）。

A. 数字　　　　　　　B. 字体　　　　　　　C. 对齐　　　　　　　D. 保护

19. 关于 Excel 2010 函数下面说法正确的有哪些？（　　　）

A. 函数就是预定义的内置公式　　　　　　　　B. SUM（）是求最大值函数

C. 按一定语法的特定顺序排序进行计算　　　　D. 在某些函数中可以包含子函数

20. 在 Excel 2010 中，下面可用来设置和修改图表的操作有（　　　）。

A. 改变分类轴中的文字内容　　　　　　　　　B. 改变系列图标的类型及颜色

C. 改变背景墙的颜色　　　　　　　　　　　　D. 改变系列类型

21. 在 Excel 2010 中进行查找替换操作时，搜索区域可以指定为（　　　）。

A. 整个工作簿　　　　　　　　　　　　　　　B. 选定的工作表

C. 当前选定的单元格区域　　　　　　　　　　D. 以上全部正确

22. 在 Excel 2010 中，工作表"销售额"中的 B2：H308 中包含所有的销售数据，在工作表"汇总"中需要计算机销售总额，可采用哪些方法？（　　　）

A. 在工作表"汇总"中，输入"＝销售额！（B2：H308）"

B. 在工作表"汇总"中，输入"＝SUM（销售额！B2：H308）"

C. 在工作表"销售额"中，选中 B2：H308 区域，并在名称框输入"sales"在工作表"汇总"中，输入"＝sales"

D. 在工作表"销售额"中，选中 B2：H308 区域，并在名称框输入"sales"在工作表"汇总"中，输入"＝SUM（sales）"

23. 有关电子表格单元格的合并说法，正确的是（　　　）。

A. 合并并居中　　　　　　　　　　　　　　　B. 合并后的数据为最左上角的数据

C. 合并后所有的数据换行显示　　　　　　　　D. Excel 没有该功能

24. 在 Excel 2010 中，有关插入、删除工作表的阐述，正确的是（　　　）。

A. "开始"→"单元格"组中的"单元格""插入"中的"插入工作表"命令，可插入一张新的工作表

B. 单击"开始"功能中的"清除"→"全部清除"命令，可删除一张工作表

C. 单击"开始"功能中的"删除"中"删除工作表"命令，可删除一张工作表

D. ＜Shift＋F11＞可插入工作表

25. 下列有关"自动筛选"下拉框中的"（前 10 个）"选项叙述正确的是（　　　）。

A. （前 10 个）显示的记录用户可以自选

B. （前 10 个）是指显示最前面的 10 个记录

C. （前 10 个）显示的不一定是排在前面的 10 个记录

D. （前 10 个）可能显示后 10 个记录

26. 下列选项中可以作为 Excel 2010 数据透视表的数据源的有（　　　）。

A. Excel 2010 的数据清单或数据库　　　　　　B. 外部数据

C. 多重合并计算数据区域　　　　　　　　　　D. 文本文件

27. 有关 Excel 2010 排序正确的是（　　　）。

A. 不可以按自定义序列排序　　　　　　　　　B. 可按列排序

C. 可按拼音排序　　　　　　　　　　　　　　D. 可按笔画数排序

28. 关于 Excel 2010 单元格边框可设置为（　　　）。

A. 可以设置边框线　　　　　　　　　　　　　B. 可以设置边框颜色

C. 可以设置不同的边框样式　　　　　　　　　D. 可以无边框

29. Excel 2010 为保护工作簿，采取的措施有（　　　）。

A. 设置打开权限　　　　　　　　　　　　　　B. 设置保存权限

C. 设置阅读权限　　　　　　　　　　　D. 设置修改权

30. 在 Excel 2010 中，下列修改三维图表仰角和转角的操作中正确的有（　　）。

A. 用鼠标直接拖动图表的某个角点旋转图表

B. 右键单击绘图区，可以从弹出的快捷菜单中选择"设置三维视图格式"命令打开"设置三维视图格式"对话框，从对话框中进行修改

C. 双击系列标识，可以弹出"三维视图格式"对话框，然后可以进行修改

D. 以上操作全部正确

31. 单元格的数据类型可以是（　　）。

A. 时间型　　　　　　B. 日期型　　　　　　C. 备注型　　　　　　D. 货币型

32. 有关 Excel 2010 排序，正确的是（　　）。

A. 可按日期排序　　　　　　　　　　　B. 可按行排序

C. 最多可设置 64 个排序条件　　　　　　D. 可按笔画数排序

33. 关于 Excel 2010 中条件格式说法正确的三个选项是（　　）。

A. 最多三个条件

B. 可以设置成绩大于 90 分的分值为红色字体

C. 可以设置成带条件的样式

D. 可以设置字体、边框图案

34. 在 Excel 2010 中，"删除"和"全部清除"命令的区别在于（　　）。

A. 删除命令删除单元格的内容、格式和批注

B. 删除命令仅能删除单元格的内容

C. 清除命令可删除单元格的内容、格式或批注

D. 清除命令仅能删除单元格的内容

35. 在 Excel 2010 中，序列包括以下哪几种？（　　）

A. 等差序列　　　　　　B. 等比序列　　　　　　C. 日期序列　　　　　　D. 自动填充序列

36. 在 Excel 2010 中，以下操作可以为所选的单元格添加上背景颜色是（　　）。

A. 通过"单元格格式"对话框的"图案"选项卡上的"颜色"区域

B. 使用"开始"选项卡上的"填充颜色"按钮

C. 通过"页面设置"对话框

D. 通过"插入"选项卡的"填充颜色"按钮

37. Excel 2010 中可作为 Web 页发布的有（　　）。

A. Excel 工作表　　　　　　　　　　　B. 图表

C. 数据透视表　　　　　　　　　　　D. 上述三种数据都能发布

38. Excel 2010 中图表类型有（　　）。

A. 柱形图　　　　　　B. 条形图　　　　　　C. 折线图　　　　　　D. 饼图

39. 下列有关 Excel 2010 排序（升序）说法正确的有（　　）。

A. 数字从最小的负数到最大的正数　　　　B. 逻辑值中 FALSE 排在 TRUE 前

C. 所有错误值优先级等效　　　　　　　　D. 空格排在最后

40. 在 Excel 2010 中，有关图表说法正确的有（　　）。

A. "图表"命令在插入选项中　　　　　　B. 删除图表对数据表没有影响

C. 有二维图表和三维图表　　　　　　　　D. 删除数据表对图表没有影响

三、判断题

1. Excel 2010 中不可以对数据进行排序。（　　）

A. 正确　　　　　　B. 错误

2. Excel 2010 的"开始"→"保存并发送"，只能更改文件类型保存，不能将工作簿保存到 Web 或共

享发布。（　　）

    A. 正确　　　　　　　　B. 错误

3. 在 Excel 2010 中设置"页眉和页脚"，只能通过"插入"选项卡来插入页眉和页脚，没有其他的操作方法。（　　）

    A. 正确　　　　　　　　B. 错误

4. Excel 2010 工作表的数量可根据工作需要作适当增加或减少，并可以进行重命名、设置标签颜色等相应的操作。（　　）

    A. 正确　　　　　　　　B. 错误

5. Excel 2010 的公式只能计算数值型的单元格。（　　）

    A. 正确　　　　　　　　B. 错误

6. 在 Excel 2010 中，对单元格内的数据进行格式设置，必须要选定该单元格。（　　）

    A. 正确　　　　　　　　B. 错误

7. Excel 2010 中使用分类汇总，必须先对数据区域进行排序。（　　）

    A. 正确　　　　　　　　B. 错误

8. Excel 2010 中，自动筛选的条件只能是一个，高级筛选的条件可以是多个。（　　）

    A. 正确　　　　　　　　B. 错误

9. 在 Excel 2010 工作簿中可以将所有的工作表全部隐藏。（　　）

    A. 正确　　　　　　　　B. 错误

10. 在 Excel 2010 工作表中，若要隐藏列，则必须选定该列相邻右侧一列，单击"开始"选项，选择"格式""列""隐藏"即可。（　　）

    A. 正确　　　　　　　　B. 错误

11. 当前窗口是 Excel 2010 窗口，按下 < ALT + F4 > 键就能关闭该窗口。（　　）

    A. 正确　　　　　　　　B. 错误

12. Excel 2010 中，高级筛选不需要建立条件区，只需要指定数据区域就可以。（　　）

    A. 正确　　　　　　　　B. 错误

13. Excel 2010 中的"兼容性函数"实际上已经有新函数替换。（　　）

    A. 正确　　　　　　　　B. 错误

14. 排序时如果有多个关键字段，则所有关键字段必须选用相同的排序趋势（递增/递减）。（　　）

    A. 正确　　　　　　　　B. 错误

15. 创建数据透视表时，默认情况下是创建在新工作表中。（　　）

    A. 正确　　　　　　　　B. 错误

16. 在 Excel 2010 工作表的单元格中，可以输入文字，也可以插入图片。（　　）

    A. 正确　　　　　　　　B. 错误

17. Excel 2010 中数组区域的单元格可以单独编辑。（　　）

    A. 正确　　　　　　　　B. 错误

18. Excel 2010 工作簿由一个个工作表组成。（　　）

    A. 正确　　　　　　　　B. 错误

19. 在 Excel 2010 中，除可创建空白工作簿外，还可以下载多种 office.com 中的模板。（　　）

    A. 正确　　　　　　　　B. 错误

20. 如果所选条件出现在多列中，并且条件间有"与"的关系，必须使用高级筛选。（　　）

    A. 正确　　　　　　　　B. 错误

21. 要将最近使用的工作簿固定到列表，可打开"最近所用文件"，单击想固定的工作簿右边对应的按钮即可。（　　）

    A. 正确　　　　　　　　B. 错误

22. 对汉字的排序只能使用"笔画顺序"。（   ）

A. 正确   B. 错误

23. 在 Excel 2010 中，使用筛选功能只显示符合设定条件的数据而隐藏其他数据。（   ）

A. 正确   B. 错误

24. 若单元格 B3 中数值为"76"，则公式"= IF（B3 > 60，"通过"，"不通过"）"的结果是"不通过"。（   ）

A. 正确   B. 错误

25. 在 Excel 2010 的一个单元格中输入 2/7，则表示数值七分之二。（   ）

A. 正确   B. 错误

26. COUNT 函数用于计算区域中单元格个数。（   ）

A. 正确   B. 错误

27. 删除当前工作表的某列，只要选定该列，按键盘中 Delete 键即可。（   ）

A. 正确   B. 错误

28. 在 Excel 2010 中，只要应用了一种表格格式，就不能对表格格式做更改和清除。（   ）

A. 正确   B. 错误

29. 对 Excel 2010 中数据清单中的记录进行排序操作时，只能进行升序操作。（   ）

A. 正确   B. 错误

30. Excel 2010 中只能根据列数据进行排序。（   ）

A. 正确   B. 错误

31. Excel 2010 中，单击"数据"选项卡→"获取外部数据"→"自文本"，按文本导入向导。（   ）

A. 正确   B. 错误

32. 一个 Excel 2010 工作表的行数和列数是不受限制的。（   ）

A. 正确   B. 错误

33. 在 Excel 2010 中，数组常量不得含有不同长度的行或列。（   ）

A. 正确   B. 错误

34. 图表制作完成后，其图表类型可以随意更改。（   ）

A. 正确   B. 错误

35. 在 Excel 2010 中，若工作表数据已建立图表，修改工作表数据的同时，也必须修改这些图表。（   ）

A. 正确   B. 错误

36. Excel 2010 在系统默认设置时数值在单元格中右对齐，字符左对齐。（   ）

A. 正确   B. 错误

37. 在 Excel 2010 中，数组常量可以分为一维数组和二维数组。（   ）

A. 正确   B. 错误

38. Excel 2010 中的数据库函数都以字母 D 开头。（   ）

A. 正确   B. 错误

39. SUM 函数可以对数据进行求和计算。（   ）

A. 正确   B. 错误

40. Excel 2010 中清除命令不能删除所选单元格的批注。（   ）

A. 正确   B. 错误

41. 在 Excel 2010 应用程序窗口中打开、关闭和保存操作都是以工作簿为单位进行。（   ）

A. 正确   B. 错误

42. 修改了图表数据源单元格的数据，图表会自动跟着刷新。（   ）

A. 正确   B. 错误

43. Excel 2010 中 RAND 函数在工作表计算一次结果后就固定下来。（   ）

A. 正确　　　　　　B. 错误

44. 如果在工作表中插入一行, 则工作表中的总行数将会增加一个。(　　)

A. 正确　　　　　　B. 错误

45. Excel 2010 中不能进行超链接设置。(　　)

A. 正确　　　　　　B. 错误

46. 在 Excel 2010 中只要运用了套用表格格式, 就不能消除表格格式, 把表格转为原始的普通表格。(　　)

A. 正确　　　　　　B. 错误

47. 可以给表格设置为艺术型边框。(　　)

A. 正确　　　　　　B. 错误

48. 在 Excel 2010 中, 符号 "&" 是文本运算符。(　　)

A. 正确　　　　　　B. 错误

49. 实施了保护工作表的 Excel 2010 工作簿, 在不知道保护密码的情况下无法打开。(　　)

A. 正确　　　　　　B. 错误

50. 数据透视表中的字段是不能进行修改的。(　　)

A. 正确　　　　　　B. 错误

51. 在 Excel 2010 工作表中, 可以插入并编辑 Word 文档。(　　)

A. 正确　　　　　　B. 错误

52. "合并单元格" 和 "跨行合并" 两个命令执行后效果是一样的。(　　)

A. 正确　　　　　　B. 错误

53. Excel 2010 中, 分类汇总只能按一个字段分类。(　　)

A. 正确　　　　　　B. 错误

54. 在 Excel 2010 中, 只能设置表格的边框, 不能设置单元格边框。(　　)

A. 正确　　　　　　B. 错误

55. 如果打开了多个工作簿, 可以按住 Shift 键单击保存按钮, 对多个工作簿进行一次性保存。(　　)

A. 正确　　　　　　B. 错误

56. Excel 2010 的同一个数组常量中不可以使用不同类型的值。(　　)

A. 正确　　　　　　B. 错误

57. 在 Excel 2010 中既可以按行排序, 也可以按列排序。(　　)

A. 正确　　　　　　B. 错误

58. 在相对引用和绝对引用的切换中, 使用的功能键是 F2。(　　)

A. 正确　　　　　　B. 错误

59. 在 Excel 2010 中套用表格格式后可在 "表格样式选项" 中选取 "汇总行" 显示出汇总行, 但不能在汇总行中进行数据类别的选择和显示。(　　)

A. 正确　　　　　　B. 错误

60. 如果利用自动套用格式命令格式化数据透视表必须要先选定整张数据透视表。(　　)

A. 正确　　　　　　B. 错误

61. Excel 2010 单元格中以 "#" 开头的内容均表示错误信息。(　　)

A. 正确　　　　　　B. 错误

62. 如需编辑公式, 可单击 "插入" 选项卡中的 "fx" 图标启动公式编辑器。(　　)

A. 正确　　　　　　B. 错误

63. 在 Excel 2010 中, 可以更改工作表的名称和位置。(　　)

A. 正确　　　　　　B. 错误

64. 在 Excel 2010 中只能插入和删除行、列, 但不能插入和删除单元格。(　　)

A. 正确　　　　　　B. 错误

65. 如果已在 Excel 2010 工作表中设置好计算公式，则当在工作表中插入一列时，所有公式必须重新输入。（　　）

　　A. 正确　　　　　　　　B. 错误

66. Excel 2010 中，在排序"选项"中可以指定关键字段按字母排序或按笔画排序。（　　）

　　A. 正确　　　　　　　　B. 错误

67. Excel 2010 中提供了保护工作表、保护工作簿和保护特定工作区域的功能。（　　）

　　A. 正确　　　　　　　　B. 错误

68. 移动 Excel 中数据也可以像在 Word 中一样，将鼠标指针放在选定的内容上拖动即可。（　　）

　　A. 正确　　　　　　　　B. 错误

69. 在 Excel 2010 中按 < Ctrl + Enter > 组合键能在所选的多个单元格中输入相同的数据。（　　）

　　A. 正确　　　　　　　　B. 错误

70. 在 Excel 中，同一张工作簿不能引用其他工作表。（　　）

　　A. 正确　　　　　　　　B. 错误

71. 在 Excel 中，单元格中只能显示公式计算结果，而不能显示输入的公式。（　　）

　　A. 正确　　　　　　　　B. 错误

72. 在 Excel 2010 中，自动分页符是无法删除的，但可以改变位置。（　　）

　　A. 正确　　　　　　　　B. 错误

73. 数据透视表是一种对数据快速汇总和建立交叉列表的交互式表格，可以转换行和列以查看源数据的不同汇总结果，可以显示不同筛选数据。（　　）

　　A. 正确　　　　　　　　B. 错误

74. Excel 2010 中，不同字段之间进行"或"运算的条件必须使用高级筛选。（　　）

　　A. 正确　　　　　　　　B. 错误

75. Excel 2010 可以通过 Excel 选项自定义功能区和自定义快速访问工具栏。（　　）

　　A. 正确　　　　　　　　B. 错误

76. 不能在不同的工作簿中移动和复制工作表。（　　）

　　A. 正确　　　　　　　　B. 错误

77. Excel 2010 中分类汇总后的数据清单不能再恢复原工作表的记录。（　　）

　　A. 正确　　　　　　　　B. 错误

78. 在 Excel 2010 中，当人们插入图片、剪贴画、屏幕截图后，功能区选项卡就会出现"图片工具"→"格式"选项卡，打开图片工具功能区面板做相应的设置。（　　）

　　A. 正确　　　　　　　　B. 错误

79. 运用"条件格式"中的"项目选取规则"，可自动显示学生成绩中某列前 10 名内单元格的格式。（　　）

　　A. 正确　　　　　　　　B. 错误

80. 复制单元格内数据的格式可以用"复制 + 选择性粘贴"方法。（　　）

　　A. 正确　　　　　　　　B. 错误

81. 在 Excel 2010 中，除在"视图"功能可以进行显示比例调整外，还可以在工作簿右下角的状态栏拖动缩放滑块进行快速设置。（　　）

　　A. 正确　　　　　　　　B. 错误

82. Excel 2010 中，可以通过命令把数据导入工作表中。（　　）

　　A. 正确　　　　　　　　B. 错误

83. 在 Excel 2010 中，可以在页眉、页脚中插入图片，并且可以设置图片的格式。（　　）

　　A. 正确　　　　　　　　B. 错误

84. 拆分表格与拆分单元格的方法不同。（　　）

A. 正确　　　　　　　B. 错误

85. Excel 2010 中只能用"套用表格格式"设置表格样式，不能设置单个单元格样式。（　　）

A. 正确　　　　　　　B. 错误

86. Excel 2010 中，当原始数据发生变化后，只需单击"更新数据"按钮，数据透视表就会自动更新数据。（　　）

A. 正确　　　　　　　B. 错误

87. 批注在默认状态下不会被打印出来。（　　）

A. 正确　　　　　　　B. 错误

88. Excel 2010 允许用户根据自己的习惯自己定义排序的次序。（　　）

A. 正确　　　　　　　B. 错误

89. Excel 2010 使用的是从公元 0 年开始的日期系统。（　　）

A. 正确　　　　　　　B. 错误

90. Excel 2010 "中字体"选项卡中包括 3 种下划线选项。（　　）

A. 正确　　　　　　　B. 错误

91. Excel 2010 中，只有每列数据都有标题的工作表才能够使用记录单功能。（　　）

A. 正确　　　　　　　B. 错误

92. 利用 Excel 2010 的选择性粘贴功能，可以将公式转换为数值。（　　）

A. 正确　　　　　　　B. 错误

93. 在 Excel 2010 中创建数据透视表时，可以从外部（如 DBF、MDB 等数据库文件）获取源数据。（　　）

A. 正确　　　　　　　B. 错误

94. 在 Excel 2010 中，页眉页脚可以插入图片，并且可以设置图片的格式。（　　）

A. 正确　　　　　　　B. 错误

95. Excel 2010 排序（升序）逻辑值 FALSE 在 TRUE 前。（　　）

A. 正确　　　　　　　B. 错误

96. 某一文档按不同的类型保存时，文件名可以相同。（　　）

A. 正确　　　　　　　B. 错误

97. 在 Excel 2010 中，后台"保存自动恢复信息的时间间隔"默认为 10min。（　　）

A. 正确　　　　　　　B. 错误

98. 分类汇总进行删除后，可将数据撤消到原始状态。（　　）

A. 正确　　　　　　　B. 错误

99. 在 Excel 2010 工作表中建立数据透视图时，数据系列只能是数值。（　　）

A. 正确　　　　　　　B. 错误

100. 在 Excel 2010 工作簿中可以将所有的工作表全部删除。（　　）

A. 正确　　　　　　　B. 错误

四、填空题

1. 在 A1 单元格内输入"30001"，然后按下"Ctrl"键，拖动该单元格填充柄至 A8，则 A8 单元格中内容是_____。

2. 可同时选定不相邻的多个单元格的组合键是_____。

3. 在 Excel 2010 中，公式都是以 = 开始的，后面由操作数和_____构成。

4. Excel 2010 中有多个常用的简单函数，其中函数 AVERAGE（范围）的功能是_____。

5. 活动单元是_____的单元格，活动单元格带粗黑边框。

6. 表示绝对引用地址符号是_____。

7. Excel 2010 默认保存工作簿的格式扩展名为_____。

8. 在 Excel 2010 中，如果要对某个工作表重新命名，可以用"_____"选项卡的"格式"来实现。

9. 在 Excel 2010 中新增"迷你图"功能，可选定数据在某单元格中插入迷你图，同时打开"_____"选项卡进行相应的设置。

10. 在 Excel 2010 中，如果要将工作表冻结便于查看，可以用"_____"选项卡的"冻结窗格"来实现。

11. 一个工作簿包含多个工作表，默认状态下有_____个工作表，分别为 Sheet1、Sheet2、Sheet3。

12. 一般情况下，若在某单元格内输入 10/20/99，则该数据类型为_____。

13. 在 Excel 2010 中，一个工作簿中最多可包含_____个工作表。

14. 相对地址与绝对地址混合使用，称为_____。

15. _____又称为存储单元，是工作表中整体操作的基本单位。

16. 单元格中输入公式时，输入的第一个符号是_____。

17. 在工作表中输入的数据分为常量和_____。

18. 电子表格是一种_____维的表格。

19. Excel 2010 中，对输入的文字进行编辑是选择"_____"选项卡。

20. 我们将在 Excel 2010 环境中用来储存并处理工作表数据的文件称为_____。

 参考答案

一、单项选择题

1	2	3	4	5	6	7	8	9	10
D	C	A	D	C	C	D	A	D	C
11	12	13	14	15	16	17	18	19	20
B	A	A	C	A	C	C	A	B	D
21	22	23	24	25	26	27	28	29	30
C	C	C	C	A	C	A	B	B	C
31	32	33	34	35	36	37	38	39	40
C	B	C	B	B	B	B	A	A	A
41	42	43	44	45	46	47	48	49	50
B	A	C	D	B	A	D	A	A	A
51	52	53	54	55	56	57	58	59	60
C	C	A	C	D	A	C	C	A	C
61	62	63	64	65	66	67	68	69	70
D	D	C	C	D	C	B	B	A	B
71	72	73	74	75	76	77	78	79	80
B	D	D	A	D	A	B	B	C	D
81	82	83	84	85	86	87	88	89	90
A	B	B	D	A	A	B	B	B	A
91	92	93	94	95	96	97	98	99	100
B	C	B	C	B	A	D	D	A	B

二、多项选择题

1	2	3	4	5	6	7	8	9	10
AC	ABC	AC	ABCD	ABCD	ABCD	ABCD	AB	ABC	ABC
11	12	13	14	15	16	17	18	19	20
AC	ABD	ABD	ABCD	BCD	AD	ABC	ABCD	ACD	ABCD

（续）

21	22	23	24	25	26	27	28	29	30
AB	BD	AB	ACD	ACD	ABC	BCD	ABCD	AD	AB
31	32	33	34	35	36	37	38	39	40
ABD	ABCD	BCD	BC	ABCD	AB	ABCD	ABCD	ABCD	ABC

三、判断题

1	2	3	4	5	6	7	8	9	10
B	B	B	A	B	A	A	B	B	B
11	12	13	14	15	16	17	18	19	20
A	B	A	B	A	B	B	A	A	B
21	22	23	24	25	26	27	28	29	30
A	B	A	B	B	B	B	B	B	B
31	32	33	34	35	36	37	38	39	40
A	B	A	A	A	A	A	A	A	B
41	42	43	44	45	46	47	48	49	50
A	A	B	B	B	B	B	A	B	B
51	52	53	54	55	56	57	58	59	60
A	B	A	B	A	A	A	B	B	B
61	62	63	64	65	66	67	68	69	70
A	B	A	B	B	A	A	A	A	B
71	72	73	74	75	76	77	78	79	80
B	A	A	A	A	B	B	A	A	A
81	82	83	84	85	86	87	88	89	90
A	A	A	A	B	A	A	A	B	B
91	92	93	94	95	96	97	98	99	100
A	A	A	A	A	A	A	A	B	B	B

四、填空题

1. 30008　　2. Ctrl　　3. 运算符　　4. 求范围内所有数字的平均值　　5. 当前

6. $　　7. .xlsx　　8. 开始　　9. 迷你图工具　　10. 视图

11. 3　　12. 字符型　　13. 255　　14. 混合引用　　15. 单元格

16. =　　17. 公式　　18. 二　　19. 开始　　20. 工作簿

第五章

演示文稿软件 PowerPoint 2010

本章主要考点如下：

演示文稿的创建、打开、保存及演示文稿的视图。

幻灯片及幻灯片页面内容的编辑操作，创建 SmartArt 图形。

幻灯片页面外观的修饰，幻灯片上内容的动画效果，超级链接和动作设置，幻灯片切换，排练计时。

播放和打印演示文稿，演示文稿的打包，将演示文稿转换为直接放映格式，广播幻灯片，演示文稿的网上发布。

 知识点分析

1. PowerPoint 的主要功能

PowerPoint 的主要功能是将各种文字、图形、图表、声音等多媒体信息以图片的方式展示出来。

通过 PowerPoint 制作出来的图片称为幻灯片，而一张张的幻灯片组成一个演示文稿文件，默认扩展名为 .pptx，幻灯片是整个演示文稿的核心。

『经典例题解析』

1. 演示文稿中的每一张演示的单页称为（   ），它是演示文稿的核心。

A. 版式　　　　　B. 母版　　　　　C. 模板　　　　　D. 幻灯片

【答案】D。

2. 在 PowerPoint 2010 中，"开始"选项卡中的（   ）命令可以用来改变某一幻灯片的布局。

A. 背景　　　　　B. 版式　　　　　C. 幻灯片配色方案　D. 字体

【答案】B。

3. PowerPoint 2010 是用于制作（   ）的工具软件。

A. 文档文件　　　B. 演示文稿　　　C. 模板　　　　　D. 动画

【答案】B。

4. PowerPoint 2010 可存为多种文件格式，下列哪种文件格式不是属于此类？（   ）

A. pptx　　　　　B. potx　　　　　C. psd　　　　　D. html

【答案】C。

5. PowerPoint 2010 中，模板是一种特殊文件，其扩展名是_____。

【答案】.potx。

【解析】在 PowerPoint 2010 中，模板文件的扩展名为 . potx。

6. PowerPoint 2010 模板文件的扩展名为 . potx。（　　）

A. 正确　　　　　　B. 错误

【答案】A。

『你问我答』

问题一：在第一次启动 PowerPoint 时会自动新建一个演示文稿，这句话对吗？

答：正确，新建一个只有一张幻灯片的演示文稿。

问题二：在 PowerPoint 2010 中，插入幻灯片时（　　）。

A. 将会自动显示该幻灯片的编号　　B. 不会自动显示该幻灯片的编号

C. 将会显示自动版式对话框　　　　D. 不会显示自动版式对话框

答：答案为 AC。

问题三：退出 PowerPoint 之前，如果文件没有保存，退出时将会出现对话框提示存盘。这句话对吗？

答：正确。

2. 演示文稿的视图方式

PowerPoint 2010 有三种主要工作视图，分别是普通视图、幻灯片浏览视图、幻灯片放映视图。普通视图包括三个区域：幻灯片/大纲窗格、幻灯片窗格和备注窗格。

大纲窗格只显示演示文稿的文本部分，不显示图形对象和色彩。使用大纲模式是整理、组织、扩充文字最有效的途径。

PowerPoint 2010 也可分为六种工作视图，分别是普通视图、幻灯片浏览视图、幻灯片放映视图、阅读视图、备注页视图、母版视图。

『经典例题解析』

1. 如果要输入大量文字，使用 PowerPoint 2010 的视图最方便的是（　　）视图。

A. 大纲　　　　B. 幻灯片　　　　C. 讲义　　　　D. 备注页

【答案】A。

2. PowerPoint 2010 中的"视图"这个名词表示（　　）。

A. 一种图形　　　　　　　　B. 显示幻灯片的方式

C. 编辑演示文稿的方式　　　　D. 一张正在修改的幻灯片

【答案】B。

3. PowerPoint 2010 主窗口水平滚动条的左侧有四个显示方式切换按钮："普通视图""阅读版式""幻灯片放映"和（　　）。

A. 全屏视图　　B. 主控文档　　C. 幻灯片浏览视图　　D. 文本视图

【答案】C。

4. 超级链接只有在下列哪种视图中才能被激活（　　）。

A. 幻灯片视图　　B. 大纲视图　　C. 幻灯片放映视图　　D. 浏览视图

【答案】C。

5. 关于 PowerPoint 2010 的视图，错误的说法是（　　）。

A. 普通视图是主要的编辑视图，可用于撰写或设计演示文稿，它有三个工作区域

B. 幻灯片放映视图占据整个计算机屏幕，就像对演示文稿在进行真正的幻灯片放映。在

这种全屏幕视图中，用户所看到的演示文稿就是将来观众所看到的

C. 在将演示文稿存为网页时，在普通视图中键入备注窗格中的内容是不能演示的

D. 幻灯片浏览视图是以缩略图形式显示幻灯片的视图

【答案】C。

6. 在 PowerPoint 2010 中插入幻灯片的操作可以从（　　）下进行。

A. 幻灯片浏览视图　　　　　　　　B. 普通视图

C. 大纲视图　　　　　　　　　　　D. 放映视图

【答案】ABC。

7. PowerPoint 2010 系统的视图有（　　）、备注、放映几种。

A. 普通　　　　B. 幻灯片　　　　C. 大纲　　　　D. 幻灯片浏览

【答案】ABCD。

8. PowerPoint 2010 系统默认的视图方式是幻灯片视图。（　　）

A. 正确　　　　B. 错误

【答案】B。

9. PowerPoint 2010 的普通视图可以同时显示幻灯片、大纲和_____，而这些视图所在地窗格都可调整大小，以便可以看到所有的内容。

【答案】备注。

10. PowerPoint 2010 中提供了五种视图方式，分别是：幻灯片视图、大纲视图、_____、备注页视图、幻灯片放映视图。

【答案】幻灯片浏览视图。

11. PowerPoint 2010 中，在（　　）中，用户可以看到画面变成上下两半，上面是幻灯片，下面是文本框，可以记录演讲者讲演时所需的一些提示重点。

A. 备注页视图　　　B. 浏览视图　　　C. 幻灯片视图　　　D. 黑白视图

【答案】A。

『你问我答』

问题一：在大纲视图，幻灯片浏览视图和幻灯片视图中一次均可删除多张幻灯片，对吗？

答：对。

问题二：在普通视图下，可以同时显示幻灯片、大纲和备注，对吗？

答：对。

问题三：在一个屏幕上怎么能同时显示两个演示文稿并进行编辑？

答：可以同时显示，但不能同时编辑。

问题四：在幻灯片浏览视图模式下，如何改变某张幻灯片的背景？

答：选中某张幻灯片单击"应用"，如果单击"全部应用"所有的幻灯片都将应用该背景。

问题五：在备注页窗格中，编辑区的上半部分只显示幻灯片的缩略图，下半部分是备注页编辑区。为什么错呢？

答：上下部分内容可以进行调整。

3. 模板

模板中包含了预定义的格式和配色方案，用户可以将其应用到任意的演示文稿中，以创

建独特的外观。

『经典例题解析』

1. PowerPoint 2010 提供了多种（　　　），它包含了相应的配色方案，母版和字体样式等，可供用户快速生成风格统一的演示文稿。

A. 版式　　　　　B. 母版　　　　　C. 模板　　　　　D. 幻灯片

【答案】C。

2. PowerPoint 2010 中为用户提供了两种模板，即（　　　）。

A. 内容模板　　　B. 讲义模板　　　C. 备注模板　　　D. 设计模板

【答案】AD。

3. PowerPoint 2010 中的空演示文稿模板是不允许用户修改的。（　　　）

A. 正确　　　　　B. 错误

【答案】B。

4. PowerPoint 2010 中，一个演示文稿_____（能、不能）同时使用不同的模板。

【答案】能。

5. 在 PowerPoint 2010 中，创建具有个人特色的设计模板的扩展名是（　　　）。

A. . pptx　　　　B. . potx　　　　C. . psd　　　　D. . html

【答案】B。

6. PowerPoint 2010 模板文件以（　　　）扩展名进行保存。

A. . pptx　　　　B. . potx　　　　C. . dotx　　　　D. . xltx

【答案】B。

7. PowerPoint 2010 中为用户提供了两种模板，即（　　　）和内容模板。

A. 标题模板　　　B. 讲义模板　　　C. 备注模板　　　D. 设计模板

【答案】D。

『你问我答』

问题一：在打开的幻灯片模板中，改变背景色时，单击应用按钮，将会把所有应用模板的幻灯片都改变？

答：只改变选中的模板幻灯片，全部应用才可以改变所有的幻灯片。

问题二：要改变一个幻灯片模板时，所有幻灯片均采用新模板。对吗？一旦对某张幻灯片应用模板后，其余幻灯片将会采用相同的模板为什么对？

答：不对，只有应用该模板的幻灯片才会随着模板的改变而改变。

问题三：在 PowerPoint 2010 中，要改变一个幻灯片模板时，则（　　　）。

A. 所有幻灯片均采用新模板　　　B. 只有当前幻灯片采用新模板

C. 可选择新模板幻灯片的数量　　D. 除空幻灯片外

答：答案为 C。模板可用于一张幻灯片，也可用于所有幻灯片。

问题四：PowerPoint 2010 将演示文稿保存为设计模板，只包含各种格式，不包含实际文本内容。这句话对吗？

答：PowerPoint 2010 将演示文稿保存为设计模板既包含各种格式也包含实际文本内容，但把该设计模板应用于幻灯片时只能保留格式不包含实际文本内容。

问题五：老师您上课时说模板有设计模板和内容模板，但我选择幻灯片设计后，左边任务窗格中显示的是设计模板，并没有内容模板，那什么是内容模板，内容模板和版式又是什么关系？

答：内容模板包含了同设计模板类似的格式和配色方案，同时还增加了带有文本的幻灯片。版式是插入对象的位置。

问题六：所有设计模板都包括标题母版、幻灯片母版、讲义母版和备注母版。这句话对吗？

答：不对。

4. 母版

母版用于设置文稿中每张幻灯片的预设格式，包括每张幻灯片的标题以及正文文字的位置和大小、项目符号的样式、背景图案等。

母版分为三类：幻灯片母版（使用得最多）、标题幻灯片母版（使用一次，包含在幻灯片母版中）、讲义母版和备注母版。标题幻灯片是演示文稿的第一张幻灯片。

1）幻灯片母版是最常用的母版。

幻灯片母版上有五个"占位符"，分别用来更改文本格式、设置页眉、页脚、日期及幻灯片编号、向母版插入对象以确定幻灯片母版的版式。

2）标题幻灯片母版。

标题幻灯片母版控制的是演示文稿的第一张幻灯片，它必须是"新幻灯片"对话框中的第一种"标题幻灯片"版式建立的。

3）讲义母版。

用于控制幻灯片以讲义形式打印的格式。

4）备注母版。

提供演讲者备注使用的空间以及设置备注幻灯片的格式。

『经典例题解析』

1. 关于幻灯片母版，以下说法错误的是（　　）。

A. 可以通过鼠标操作在各类母版之间直接切换

B. 单击幻灯片视图状态切换按钮，可以出现五种不同的模板

C. 在母版中定义了标题文本的格式后，在幻灯片中还可以修改

D. 在母版中插入图片对象，每张幻灯片中都可以看到

【答案】B。

2. PowerPoint 2010 中的母版用于设置文稿预设格式，它实际上是一类幻灯片样式，改变母版会影响基于该母版的（　　）幻灯片。

A. 每张　　　　　　　　　　　B. 当前

C. 当前幻灯片之后所有　　　　D. 当前幻灯片之前所有

【答案】A。

3. PowerPoint 2010 的母版有（　　）几种。

A. 幻灯片母版　　B. 标题母版　　　C. 讲义母版　　　　D. 备注母版

【答案】ABCD。

4. 如果要对多张幻灯片进行同样的外观修改，只需在幻灯片母版上做一次修改。（　　）

A. 正确　　　　　B. 错误

【答案】B。

5. _____用于设置 PowerPoint 2010 文稿中每张幻灯片的预设格式，这些格式包括每张幻灯片标题及正文文字的位置和大小、项目符号的样式、背景图案等。

【答案】母版。

6. 在 PowerPoint 2010 中，标题、正文、图形等对象在幻灯片上所预先定义的位置被称为_____。

【答案】占位符。

7. 在 PowerPoint 2010 中，要切换到幻灯片母版中（   ）。

A. 单击视图选项卡中的"母版视图"，再选择"幻灯片母版"

B. 按住 Alt 键的同时单击"幻灯片视图"按钮

C. 按住 Ctrl 键的同时单击"幻灯片视图"按钮

D. A 和 C 都对

【答案】A。

8. 在 PowerPoint 2010 中，打开幻灯片母版，可做的操作有（   ）。

A. 更改幻灯片母版　　　　　　　B. 设置几种切换动作

C. 向母版中插入对象　　　　　　D. 修改标题母版格式

【答案】AC。

『你问我答』

问题一：如果在母版的"单击此处编辑母版标题样式"中覆盖输入"PowerPoint"，字体是宋体 48 号，关闭母版返回幻灯片编辑状态，则（   ）。

A. 所有幻灯片的标题栏都是"PowerPoint"，字体是宋体 48 号

B. 所有幻灯片的标题栏都是"PowerPoint"，字体保持不变

C. 所有幻灯片的标题栏内容不变，字体是宋体 48 号

D. 所有幻灯片的标题栏内容不变，字体也保持不变

答：答案为 C。

问题二：如果在母版的"页脚"中覆盖输入"PowerPoint"，字体是宋体 14 号，关闭母版返回幻灯片编辑状态，则（   ）。

A. 所有幻灯片的"页脚"都是"PowerPoint"，字体是宋体 14 号

B. 所有幻灯片的"页脚"都是"PowerPoint"，字体保持不变

C. 所有幻灯片的"页脚"内容不变，字体是宋体 14 号

D. 所有幻灯片的"页脚"内容不变，字体也保持不变

答：答案为 A。

问题三：模板与母版都是必须应用才生效？母版改变则全部改变？

答：模板与母版都是必须应用才生效，母版改变则应用该母版的幻灯片发生改变。

问题四：在 PowerPoint 2010 中，占位符和文本框一样，也是一种可插入的对象。这句话对吗？

答：答案为错误，占位符只能删除，不能插入，而文本框既可删除也可插入。

5. 背景

主题样式、背景和母版是控制演示文稿外观的重要手段。

『经典例题解析』

1. 在 PowerPoint 2010 中，控制幻灯片外观的方法有_____、背景、主题样式。

【答案】母版。

2. 在 PowerPoint 2010 中，可以用来控制幻灯片外观的方法有（　　）。

A. 主题样式、母版　　　B. 背景　　　C. 设置层　　　D. 应用艺术字

【答案】AB。

3. 在 PowerPoint 2010 中，插入另一演示文稿的背景可以修改。（　　）

A. 正确　　　　　B. 错误

【答案】A。

『你问我答』

问题：幻灯片母版、版式、模板、背景之间是什么关系啊？它们之间的定义都差不多，怎么区分？

答：母版：用于设置文稿中每张幻灯片的预设格式，包括每张幻灯片的标题以及正文文字的位置和大小、项目符号的样式、背景图案等。

版式：包含要在幻灯片上显示的全部内容的格式设置、位置和占位符，也包含幻灯片的主题、字体、效果。

模板：包含了预定义的格式和配色方案，为演示文稿提供一个统一的外观。

背景：是控制演示文稿外观的一个重要手段，利用其可以对幻灯片设置填充效果。

6. 演示文稿的动画效果、超级链接和动作设置

为增强文稿的放映效果，PowerPoint 2010 中可以为幻灯片上的文本、图像和其他对象预设动画效果。

超级链接可以链接的类型："现有文件或网页""本文档中的位置""新建文档""电子邮件地址"。

在幻灯片中可以创建动作按钮来完成幻灯片的播放组织。

『经典例题解析』

1. 要使幻灯片在放映时能够自动播放，需要为其设置（　　）。

A. 超级链接　　　B. 动作按钮　　　C. 排练计时　　　D. 录制旁白

【答案】C。

2. 在 PowerPoint 2010 的演示文稿中，插入超级链接中所链接的目标，不能是（　　）。

A. 另一演示文稿　　　　　　　B. 不同演示文稿的某一张幻灯片

C. 其他应用程序的文件　　　　D. 幻灯片中的某个对象

【答案】D。

3. 在 PowerPoint 2010 中，"超级链接"命令可以实现（　　）。

A. 幻灯片之间的跳转　　　　　B. 演示文稿幻灯片的移动

C. 中断幻灯片的放映　　　　　D. 在演示文稿中插入幻灯片

【答案】A。

4. 在一张幻灯片中，若对一幅图片及文本框设置成一致的动画显示效果，则（　　）是正确的。

A. 图片有动画效果，文本框没有动画效果

B. 图片没有动画效果，文本框有动画效果

C. 图片有动画效果，文本框也有动画效果

D. 图片没动画效果，文本框也没有动画效果

【答案】C。

5. 要设置幻灯片的动画效果，应在"幻灯片放映"选项卡中进行。（　　）

A. 正确　　　　　　　B. 错误

【答案】B。

6. 在 PowerPoint 2010 中，预设动画的操作要用到（　　）选项卡。

A. 编辑　　　　　B. 视图　　　　　C. 工具　　　　　D. 动画

【答案】D。

7. 在 PowerPoint 2010 中，"自定义动画"对话框的"效果"栏中的"引入文本"有（　　）几种方式。

A. 整批发送、按字、按字母　　　　B. 整批发送、按字、按大小

C. 按字、按字母　　　　　　　　　D. 整批发送、按字

【答案】A。

8. 在 PowerPoint 2010 中，关于建立超级链接，下列说法正确的是（　　）。

A. 纹理对象可以建立超级链接　　　B. 图片对象可以建立超级链接

C. 背景图案可以建立超级链接　　　D. 文字对象可以建立超级链接

【答案】BD。

『你问我答』

问题一：在当前幻灯片中添加动作按钮，是为了（　　）。

A. 不增加演示文稿中内部幻灯片跳转的功能

B. 不设置交互式的幻灯片，使得观众可以控制幻灯片的放映

C. 让幻灯片中出现真正的动画按钮

D. 让演示文稿中所有幻灯片有一个统一的外观

答：答案为 B。

问题二：在演示文稿中，在插入超级链接中所连接的目标，不能用（　　）。

A. 另一个演示文稿　　　　　　　　B. 同一个演示文稿中的某一张幻灯片

C. 其他应用程序的文档　　　　　　D. "插入/幻灯片（从文件）"命令

答：答案为 D。

7. 幻灯片的切换效果

PowerPoint 2010 中前后两张幻灯片切换的方式称为幻灯片的切换效果，例如"水平百叶窗""盒状展开"等，还可以设置切换"持续时间""声音""换片方式"。

『经典例题解析』

1. 在 PowerPoint 2010 中，下列说法中错误的是（　　）。

A. 可以在浏览视图中更改某张幻灯片上动画对象的出现顺序

B. 可以在普通视图中更改某张幻灯片上动画对象的出现顺序

C. 可以在浏览视图中设置幻灯片切换效果

D. 可以在普通视图中设置幻灯片切换效果

【答案】A。

2. 在 PowerPoint 2010 中，设置幻灯片的"水平百叶窗""盒状展开"等切换效果时，不能设置切换的速度。（　　）

A. 正确　　　　　　　B. 错误

【答案】B。

8. 插入对象

插入对象包括：文本框、艺术字、图片、图表、公式、声音和视频。

『经典例题解析』

1. 在使用 PowerPoint 2010 编辑文本框、图形框等对象时，需要对它们进行旋转，则（　　）。

A. 只能进行 50°旋转　　　　　　　B. 只能进行 180°旋转

C. 只能进行 360°旋转　　　　　　　D. 可以进行任意角度的旋转

【答案】D。

2. 下列关于 PowerPoint 2010 的插入对象，说法不正确的是（　　）。

A. 可以插入图片　B. 不能插入公式　C. 不能插入视频　D. 可以插入表格

【答案】BC。

3. 在 PowerPoint 2010 中，占位符和文本框一样，也是一种可插入的对象。（　　）

A. 正确　　　　　　　B. 错误

【答案】B。

4. 在 PowerPoint 2010 中，不可以为图片重新上色。（　　）

A. 正确　　　　　　　B. 错误

【答案】B。

5. 在 PowerPoint 2010 中设置文本字体时，要想使选择的文本字体加粗，按钮是下列选项中的（　　）。

A. B　　　　　　B. U　　　　　　C. *I*　　　　　　D. S

【答案】A。

6. 在 PowerPoint 2010 中，下列有关移动和复制文本的叙述中，不正确的是（　　）。

A. 文本在复制前，必须先选定　　　　B. 文本复制的快捷键是 < Ctrl + C >

C. 文本的剪切和复制没有区别　　　　D. 文本能在多张幻灯片间移动

【答案】C。

7. 在 PowerPoint 2010 中，设置幻灯片背景的按钮在（　　）选项卡上。

A. 插入　　　　　　B. 设计　　　　　　C. 切换　　　　　　D. 幻灯片放映

【答案】B。

8. 在 PowerPoint 2010 中，艺术字具有（　　）。

A. 文件属性　　　　B. 图形属性　　　　C. 字符属性　　　　D. 文本属性

【答案】B。

9. 在 PowerPoint 2010 中，下列说法错误的是（　　）。

A. 可以利用自动版式建立带剪贴画的幻灯片，用来插入剪贴画

B. 可以向已存在的幻灯片中插入剪贴画

C. 可以修改剪贴画

D. 不可以为剪贴画重新上色

【答案】D。

10. PowerPoint 2010 的演示文稿中不能添加 MIDI 文件。（　　）

A. 正确　　　　　　　　B. 错误

【答案】B。

11. 在 PowerPoint 2010 中，下列说法中错误的是（　　）。

A. 将图片插入到幻灯片中后，用户可以对这些图片进行必要的操作

B. 利用"图片工具"选项卡中的工具可裁剪图片、添加边框和调整图片亮度及对比度

C. 选择"图片工具"选项卡，可以设置图片样式

D. 对图片进行修改后不能再恢复原状

【答案】D。

12. 在 PowerPoint 2010 中插入图片，下列说法错误的是（　　）。

A. 不允许插入在其他图形程序中创建的图片

B. 为了将某种格式的图片插入幻灯片中，必须安装相应的图形过滤器

C. 选择"插入"选项卡，再选择"来自文件"

D. 在插入图片前，不能预览图片

【答案】AD。

9. 播放和打印演示文稿

在幻灯片放映前，可以设置放映方式，单击"幻灯片放映"选项卡的"设置"组中的"设置幻灯片放映"命令，弹出"设置放映方式"对话框（见图 5-1）。

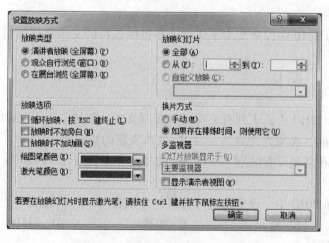

图 5-1　"设置放映方式"对话框

（1）演示文稿的放映

从第一张幻灯片开始放映：按 F5 键、"幻灯片放映"选项卡中"开始放映幻灯片"组中的"从头开始"按钮。

从当前幻灯片开始放映：按 <Shift + F5> 键、幻灯片放映按钮和"幻灯片放映"选项卡中"开始放映幻灯片"组中的"从当前幻灯片开始"按钮。。

结束放映：按 Esc 键、<Alt + F4> 键或单击鼠标右键在弹出的快捷菜单中选"结束放映"。

（2）将演示文稿保存为以放映方式打开的类型

可以将演示文稿保存为幻灯片放映的文件（扩展名为 .ppsx），在"计算机"或"资源管理器"中双击该文件可直接播放。

（3）打印演示文稿

打印输出内容包括整页幻灯片、讲义、备注页和大纲。

『经典例题解析』

1. 在 PowerPoint 2010 中保存文件类型中，如果将演示文稿保存为（　　）的文件，在资源管理器中用户可以双击该文件名就可以直接播放演示文稿。

A. pptx　　　　　　　　B. jpg　　　　　　　C. htm　　　　　　　D. ppsx

【答案】D。

2. 在 PowerPoint 2010 中结束幻灯片放映，不可以使用（　　）操作。

A. 按 Esc 键　　　　　　　　　　B. 按 End 键

C. 按 < Alt + F4 > 键　　　　　　D. 单击鼠标右键，在菜单中选择"结束放映"

【答案】B。

3. 下列关于 PowerPoint 2010 的表述正确的是（　　）。

A. 幻灯片一旦制作完毕，就不能调整次序

B. 不可以将 Word 文稿制作为演示文稿

C. 无法在浏览器重浏览 PowerPoint 文件

D. 将打包的文件在没有 PowerPoint 软件的计算机上安装后可以播放演示文稿

【答案】D。

4. 在打印幻灯片时，（　　）说法是不正确的。

A. 被设置了演示时隐藏的幻灯片也能打印出来

B. 打印可将文档打印到磁盘

C. 打印时只能打印一份

D. 打印时可按讲义形式打印

【答案】C。

5. 在 PowerPoint 2010 中，播放演示文稿的快捷键是（　　）键。

A. < Alt + Enter >　　B. F7　　　　　　C. Enter　　　　　　D. F5

【答案】D。

6. 下列有关播放 PowerPoint 2010 演示文稿的控制方法中，（　　）是错误的。

A. 可以用退格键 Backspace 切换到"上一张"

B. 可以先输入一个数字，再按 Enter 键切换到某一张

C. 可以用空格键或 Enter 键切换到"下一张"

D. 可以按任意键切换到"下一张"

【答案】D。

7. 在使用 PowerPoint 2010 的幻灯片放映视图放映演示文稿过程中，要结束放映，可操作的方法有（　　）。

A. 按 Esc 键

B. 单击鼠标右键，从弹出的快捷菜单中选"结束放映"

C. 按 < Ctrl + E > 键

D. 按 Enter 键

【答案】AB。

8. 在 PowerPoint 2010 中，以下（　　）是无法打印出来的。

A. 幻灯片中的图片　　　　　　　　　　B. 幻灯片中动画

C. 母版上设置的标志　　　　　　　　　D. 幻灯片的展示时间

【答案】B。

『你问我答』

问题：在 PowerPoint 2010 中，采用讲义形式打印演示文稿，打印的是（　　）。

A. 幻灯片的文字内容　　　　　　　　　B. 幻灯片及其备注

C. 幻灯片大纲　　　　　　　　　　　　D. 若干张缩小的幻灯片

答：答案为 D。

10. 演示文稿的打包和发布

　　将编辑好的演示文稿在其他计算机上放映，可以使用 PowerPoint 的"打包"功能。利用该功能可以将演示文稿中使用的所有文件和字体全部打包到磁盘或者网络地址上。在"文件"选项卡中有"打包"命令，可以实现该功能。也可以将演示文稿在网上发布，此时需将演示文稿文件转换为 Web 文件，选择"文件"选项卡中的"另存为 Web 页"命令，将演示文稿另存为 Web 页面文件即可。

『经典例题解析』

　　1. 如果将演示文稿置于另一台没有安装 PowerPoint 系统中的计算机上放映，那么应该对演示文稿进行（　　）。

A. 复制　　　　　　B. 打包　　　　　　C. 移动　　　　　　D. 打印

【答案】B。

　　2. 你应该把演示文稿提前进行_____操作，以便在没有安装 PPT 的机器上演示。

【答案】打包。

【解析】把演示文稿提前进行打包操作，以方便在没有安装 PowerPoint 的机器上演示。

　　3. 在 PowerPoint 2010 中，对于已创建的多媒体演示文档可以用（　　）命令转移到其他未安装 PowerPoint 2010 的机器上放映。

A. 文件→打包　　　　　　　　　　　　B. 文件→发送

C. 复制　　　　　　　　　　　　　　　D. 幻灯片放映→设置幻灯片放映

【答案】A。

习　题

一、单项选择题

1. 单击 PowerPoint 2010"文件"选项卡下的"最近所用文件"命令，所显示的文件名是（　　）。

A. 正在使用的文件名　　　　　　　　　B. 正在打印的文件名

C. 扩展名为 .pptx 的文件名　　　　　　D. 最近被 PowerPoint 软件处理过的文件名

2. PowerPoint 2010 的幻灯片可以（　　）。

A. 在计算机屏幕上放映　　　　　　　　B. 打印成幻灯片使用

C. 在投影仪上放映　　　　　　　　　D. 以上三种均可以完成

3. 在幻灯片浏览视图中，可进行的操作是（　　）。

A. 移动幻灯片　　　　　　　　　　　B. 为幻灯片中的文字设置颜色

C. 为幻灯片设置项目符号　　　　　　D. 向幻灯片中插入图表

4. 在以下哪一种母版中插入图标可以使其在每张幻灯片上的位置自动保持相同？（　　）

A. 讲义母版　　　　B. 幻灯片母版　　　　C. 标题母版　　　　D. 备注母版

5. 具有将多个幻灯片显示于窗口中的 PowerPoint 2010 视图是（　　）。

A. 幻灯片浏览视图　　　　　　　　　B. 幻灯片放映视图

C. 普通视图　　　　　　　　　　　　D. 幻灯片视图

6. 如果对一张幻灯片使用系统提供的版式，对其中各个对象的占位符（　　）。

A. 能用具体内容去替换，不可删除

B. 能移动位置，也不能改变格式

C. 可以删除不用，也可以在幻灯片中插入新的对象

D. 可以删除不用，但不能在幻灯片中插入新的对象

7. PowerPoint 2010 演示文稿的扩展名是（　　）。

A. . ppt　　　　　　B. . pptx　　　　　　C. . xslx　　　　　　D. . docx

8. 幻灯片中占位符的作用是（　　）。

A. 表示文本的长度　　　　　　　　　B. 限制插入对象的数量

C. 表示图形的大小　　　　　　　　　D. 为文本、图形预留位置

9. 在 PowerPoint 2010 中，从当前幻灯片开始放映幻灯片的快捷键是（　　）。

A. ＜Shift + F5＞　　B. ＜Shift + F4＞　　C. ＜Shift + F3＞　　D. ＜Shift + F2＞

10. 在 PowerPoint 2010 中，为所有幻灯片设置统一的特有的外观风格，应运用（　　）。

A. 母版　　　　　　B. 自动版式　　　　　C. 配色方案　　　　D. 联机协作

11. 在 PowerPoint 2010 中，下列关于幻灯片版式说法正确的是（　　）。

A. 在"标题和内容"版式中，没有"剪贴画"占位符

B. 剪贴画只能插入空白版式中

C. 任何版式中都可以插入剪贴画

D. 剪贴画只能插入有"剪贴画"占位符的版式中

12. 在 PowerPoint 2010 中，以下说法正确的是（　　）。

A. 没有标题文字，只有图片或其他对象的幻灯片，在大纲中是不反映出来的

B. 大纲视图窗格是可以用来编辑修改幻灯片中对象的位置

C. 备注页视图中的幻灯片是一张图片，可以被拖动

D. 对应于四种视图，PowerPoint 有四种母版

13. 若将 PowerPoint 文档保存只能播放不能编辑的演示文稿，操作方法是（　　）。

A. 保存对话框中的保存类型选择为"PDF"格式

B. 保存对话框中的保存类型选择为"网页"

C. 保存对话框中的保存类型选择为"模板"

D. 保存（或另存为）对话框中的保存类型选择为"PowerPoint 放映"

14. 在 PowerPoint 2010 中，大纲工具栏无法实现的功能是（　　）。

A. 升级　　　　　　B. 降级　　　　　　C. 摘要　　　　　　D. 版式

15. 在 PPT 的打印预览视图中，下面说法正确的是（　　）。

A. 可以对文字进行编辑　　　　　　　B. 不可设置幻灯片的切换效果

C. 能将幻灯片加边框　　　　　　　　D. 不能修改显示比例

16. 在 PowerPoint 2010 中，不可以插入（　　）文件。

A. avi   B. wav   C. exe   D. bmp（或 png）

17. 在 PowerPoint 2010 中，对于已创建的多媒体演示文档可以用（　　）命令转移到其他未安装 PowerPoint 的机器上放映。

A. 文件→打包   B. 文件→发送

C. 复制   D. 幻灯片放映→设置幻灯片放映

18. 关于 PowerPoint 2010 中的视图模式，下列选项中正确的是（　　）。

A. 大纲视图是默认的视图模式

B. 普通视图主要显示主要的文本信息

C. 幻灯片视图最适合组织和创建演示文稿

D. 幻灯片放映视图用于查看幻灯片的播放效果

19. PowerPoint 2010 中，把文本从一个地方复制到另一个地方的顺序是（　　）。①按"复制"按钮；②选定文本；③将光标置于目标位置；④按"粘贴"按钮。

A. ①②③④   B. ③②①④   C. ②①③④   D. ②③①④

20. PowerPoint 2010 的浏览视图下，选定某幻灯片并拖动，可以完成的操作是（　　）。

A. 移动幻灯片   B. 复制幻灯片   C. 删除幻灯片   D. 选定幻灯片

21. 要为所有幻灯片添加编号，下列方法中正确的是（　　）。

A. 执行"插入"选项卡的"幻灯片编号"按钮即可

B. 在母版视图中，执行"插入"菜单的"幻灯片编号"命令

C. 执行"视图"选项卡的"页眉和页脚"命令

D. 以上说法全错

22. 插入幻灯片（从文件）主要用于（　　）。

A. 从其他演示文稿中获取幻灯片   B. 从其他文本文件中获取幻灯片

C. 从当前演示文稿中获取幻灯片   D. 从其他文档中获取幻灯片

23. PowerPoint 2010 中，下列有关保存演示文稿的说法中正确的是（　　）。

A. 只能保存为 .pptx 格式的演示文稿   B. 能够保存为 .docx 格式的文档文件

C. 不能保存为 .gif 格式的图形文件   D. 能够保存为 .ppt 格式的演示文稿

24. 在 PowerPoint 2010 的普通视图左侧的大纲窗格中，可以修改的是（　　）。

A. 占位符中的文字   B. 图表

C. 自选图形   D. 文本框中的文字

25. PowerPoint 2010 中，在大纲视图窗格中输入演示文稿的标题时，执行下列（　　）操作，可以在幻灯片的大标题后面输入小标题。

A. 右键"升级"   B. 右键"降级"

C. 右键"上移"   D. 右键"下移"

26. 在 PowerPoint 2010 中，要设置幻灯片的切换效果以及切换方式时，应在（　　）选项卡中操作。

A. 开始   B. 设计   C. 切换   D. 动画

27. 哪种方法可以在播放幻灯片的时候将鼠标变为画笔？（　　）

A. 可以通过快捷键 <Ctrl + P> 来切换

B. 可以通过快捷键 <Ctrl + A> 来切换

C. 可以单击右键，在"屏幕"子菜单选择

D. 只能通过右键单击，通过"画笔选项"子菜单选择

28. 在 PowerPoint 2010 中，停止幻灯片播放的快捷键是（　　）键。

A. End   B. <Ctrl + E>   C. Esc   D. <Ctrl + C>

29. 在幻灯片放映时要临时涂写，应该（　　）。

A. 按住右键直接拖拽

B. 右击，选"指针选项"→"箭头"

C. 右击，选"指针选项"→"绘图笔颜色"

D. 右击，选"指针选项"→"屏幕"

30. 在 PowerPoint 2010 "文件"选项卡中的"新建"命令的功能是建立（　　）。

A. 一个演示文稿　　　　　　　　　　B. 插入一张新幻灯片

C. 一个新超链接　　　　　　　　　　D. 一个新备注

31. 在 PowerPoint 2010 中插入图表是用于（　　）。

A. 演示和比较数据　　　　　　　　　B. 可视化地显示文本

C. 可以说明一个进程　　　　　　　　D. 可以显示一个组织结构图

32. PowerPoint 的幻灯片不可以（　　）。

A. 在计算机屏幕上放映　　　　　　　B. 在投影仪上放映

C. 打印成幻灯片使用　　　　　　　　D. 不可以导入 Word

33. PowerPoint 2010 的视图包括（　　）。

A. 普通视图、大纲视图、幻灯片浏览视图、讲义视图

B. 普通视图、大纲视图、幻灯片视图、幻灯片浏览视图、幻灯片放映

C. 普通视图、大纲视图、幻灯片视图、幻灯片浏览视图、备注页视图

D. 普通视图、大纲视图、幻灯片视图、幻灯片浏览视图、备注页视图、幻灯片放映

34. 在 PowerPoint 2010 文档中能添加下列哪些对象？（　　）

A. Excel 图表　　　B. 电影和声音　　　C. Flash 动画　　　D. 以上都对

35. 在 PowerPoint 2010 各种视图中，可以同时浏览多张幻灯片，便于重新排序、添加、删除等操作的视图是（　　）。

A. 幻灯片浏览视图　　　　　　　　　B. 备注页视图

C. 普通视图　　　　　　　　　　　　D. 幻灯片放映视图

36. 以下是幻灯片的母版的是（　　）。

A. 标题母版　　　B. 幻灯片母版　　　C. 讲义母版　　　D. 以上都是

37. 在幻灯片视图窗格中，要删除选中的幻灯片，不能实现的操作是（　　）。

A. 按下键盘上的 Delete 键

B. 按下键盘上的 Backspace 键

C. 右键菜单中的"隐藏幻灯片"命令

D. 右键菜单中的"删除幻灯片"命令

38. 对模板中的文本和段落进行修改，会对哪些文档产生影响？（　　）

A. 所有文档　　　　　　　　　　　　B. 基于该模板的所有文档

C. 基于修改前该模板的旧文档　　　　D. 基于该模板修改后的新建文档

39. 对于幻灯片中文本框内的文字，设置项目符号可以采用（　　）。

A. 格式选项卡中的"编辑"按钮

B. 开始选项卡中的"项目符号"命令按钮

C. 格式选项卡中的"项目符号"命令按钮

D. 插入选项卡中的"符号"按钮

40. 下列幻灯片元素中，无法打印输出的是（　　）。

A. 幻灯片图片　　　　　　　　　　　B. 幻灯片动画

C. 母版设置的企业标记　　　　　　　D. 幻灯片

41. 对 PowerPoint 的以下阐述中，错误的是（　　）。

A. 具有打印预览功能　　　　　　　　B. 具有文档恢复功能

C. 具有应用程序错误报告功能　　　　D. 文档加密密码不分大小写

42. 在 PowerPoint 2010 中，从头播放幻灯片文稿时，需要跳过第 5~9 张幻灯片接续播放，应设置（   ）。

A. 隐藏幻灯片 B. 设置幻灯片版式

C. 幻灯片切换方式 D. 删除第 5~9 张幻灯片

43. 在 PowerPoint 2010 中，若要更换另一种幻灯片的版式，下列操作正确的是（   ）。

A. 单击"插入"选项卡"幻灯片"组中"版式"命令按钮

B. 单击"开始"选项卡"幻灯片"组中"版式"命令按钮

C. 单击"设计"选项卡"幻灯片"组中"版式"命令按钮

D. 以上说法都不正确

44. 在 PowerPoint 2010 中，某一文字对象设置了超级链接后，不正确的说法是（   ）。

A. 在演示该页幻灯片时，当鼠标指针移到文字对象上会变成手形

B. 在幻灯片视图窗格中，当鼠标指针移到文字对象上会变成手形

C. 该文字对象的颜色会默认的主题效果显示

D. 可以改变文字的超级链接颜色

45. 在 PowerPoint 2010 中，在普通视图下删除幻灯片的操作是（   ）。

A. 在"幻灯片"选项卡中选定要删除的幻灯片（单击它即可选定），然后按 Delete 键

B. 在"幻灯片"选项卡中选定幻灯片，再单击"开始"选项卡中的"删除"按钮

C. 在"编辑"选项卡下单击"编辑"组中的"删除"按钮

D. 以上说法都不正确

46. 在 PowerPoint 2010 中，超级链接只有在（   ）中才能被激活。

A. 幻灯片视图 B. 大纲视图

C. 幻灯片浏览视图 D. 幻灯片放映视图

47. 在 PowerPoint 2010 中，从当前幻灯片开始放映的快捷键说法正确的是（   ）。

A. F2 B. F5 C. <Shift + F5> D. <Ctrl + P>

48. 关于 PowerPoint 2010 的自定义动画功能，以下说法错误的是（   ）。

A. 各种对象均可设置动画 B. 动画设置后，先后顺序不可改变

C. 同时还可配置声音 D. 可将对象设置成播放后隐藏

49. 大纲视图能实现的操作是（   ）。

A. 文本的升级 B. 文本的降级

C. 摘要幻灯片 D. 以上都是

50. 在 PowerPoint 2010 中，要将制作好的 PPT 打包，应在"（   ）"选项卡中操作。

A. 开始 B. 插入 C. 文件 D. 设计

51. 在 PowerPoint 2010 中，默认的视图模式是（   ）。

A. 普通视图 B. 阅读视图 C. 幻灯片浏览视图 D. 备注视图

52. PowerPoint 2010 母版有（   ）种类型。

A. 3 B. 4 C. 5 D. 6

53. 在"文本框"占位符（或文本框）中输入文字，以下不属于 PowerPoint 2010 字体格式的是（   ）。

A. 双删除线 B. 颜色 C. 下划线 D. 阳文

54. 关于"翻页动画"的下列说法中，正确的是（   ）。

A. 幻灯片中各个元素设置动画效果

B. 为幻灯片各种文本设置动画效果

C. 设置幻灯片切换时的动画效果

D. 设置幻灯片中各种对象的动画效果

55. 在 PowerPoint 的幻灯片的浏览视图中，下列操作不能进行的是（   ）。

A. 复制或移动幻灯片 B. 删除幻灯片

C. 插入幻灯片　　　　　　　　　　　　　　　D. 调整幻灯片上图片的位置

56. 如果想组织演示文稿中幻灯片的顺序和状态，应选择 PowerPoint 的（　　　）。

A. 幻灯片视图　　　　　　　　　　　　　　　B. 演示文稿视图

C. 幻灯片浏览视图　　　　　　　　　　　　　D. 幻灯片放映视图

57. PowerPoint 2010 中，"自定义动画"的添加效果是（　　　）。

A. 进入，退出　　　　　　　　　　　　　　　B. 进入，强调，退出

C. 进入，强调，退出，动作路径　　　　　　　D. 进入，退出，动作路径

58. PowerPoint 主要是用来做的工作包括（　　　）。

A. 制作多媒体动画软件　　　　　　　　　　　B. 编辑网页站点软件

C. 制作表格的软件　　　　　　　　　　　　　D. 制作演示文稿的软件

59. 关于演示文稿的属性，以下正确的叙述是（　　　）。

A. 会自动提示用户输入文件属性

B. 不会自动提示用户输入文件属性

C. 可由用户设置来提示输入文件属性

D. 文件的属性不可以自定义

60. PowerPoint 2010 中，快速复制一张同样的幻灯片，快捷键是（　　　）键。

A. ＜Ctrl + C＞　　　B. ＜Ctrl + X＞　　　C. ＜Ctrl + V＞　　　D. ＜Ctrl + D＞

61. 在幻灯片大纲编辑区，＜Shift + Tab＞键可以（　　　）。

A. 进入正文　　　　　B. 使段落升级　　　　C. 使段落降级　　　　D. 交换正文位置

62. PowerPoint 2010 中，要隐藏某个幻灯片，则可在"幻灯片"选项卡中选定要隐藏的幻灯片，然后（　　　）。

A. 单击"视图"选项卡→"隐藏幻灯片"命令按钮

B. 单击"幻灯片放映"选项卡→"设置"组中"隐藏幻灯片"命令按钮

C. 右击该幻灯片，选择"隐藏幻灯片"命令

D. 左击该幻灯片，选择"隐藏幻灯片"命令

63. PowerPoint 2010 中编辑某张幻灯片，欲插入图像的方法是（　　　）。

A. "插入"→"图像"组中的"图片"或"剪贴画"按钮

B. "插入"→"文本框"按钮

C. "插入"→"表格"按钮

D. "插入"→"图表"按钮

64. 在 PowerPoint 2010 中，要进行幻灯片页面设置、主题选择，可以在（　　　）选项卡中操作。

A. 开始　　　　　　　B. 插入　　　　　　　C. 视图　　　　　　　D. 设计

65. 关于 PowerPoint 2010 的母版，以下说法中错误的是（　　　）。

A. 可以自定义幻灯片母版的版式

B. 可以对母版进行主题编辑

C. 可以对母版进行背景设置

D. 在母版中插入图片对象后，在幻灯片中可以根据需要进行编辑

66. 在新增一张幻灯片操作中，可能的默认幻灯片版式是（　　　）。

A. 标题幻灯片　　　　　　　　　　　　　　　B. 标题和竖排文字

C. 标题和内容　　　　　　　　　　　　　　　D. 空白版式

67. 在 PowerPoint 2010 中，取消幻灯片中的对象的动画效果可通过执行（　　　）来实现。

A. "幻灯片放映"功能区中的"自定义幻灯片放映"命令

B. "幻灯片放映"功能区中的"设置幻灯片放映"命令

C. "幻灯片放映"功能区中的"隐藏幻灯片"命令

D. "动画"功能区中的"效果选项"命令

68. 在 PowerPoint 中，一位同学要在当前幻灯片中输入"你好"字样，采用操作的第一步是（　　）。

A. 选择"开始"选项卡下的"文本框"命令按钮

B. 选择"插入"选项卡下的"图片"命令按钮

C. 选择"插入"选项卡下的"文本框"命令按钮

D. 以上说法都不对

69. 在 PowerPoint 2010 中，选定了文字、图片等对象后，可以插入超链接，超链接中所链接的目标可以是（　　）。

A. 计算机硬盘中的可执行文件

B. 其他幻灯片文件（即其他演示文稿）

C. 同一演示文稿的某一张幻灯片

D. 以上都可以

70. 在 PowerPoint 2010 中，要对幻灯片母版进行设计和修改，应在（　　）选项卡中操作。

A. 设计　　　　　　B. 审阅　　　　　　C. 插入　　　　　　D. 视图

71. 在 PowerPoint 2010 中，为所有幻灯片设置统一的、特有的外观风格，应运用（　　）。

A. 母版　　　　B. 自动版式　　　　C. 配色方案　　　　D. 联机协作

72. 在 PowerPoint 2010 中，当双击某文件夹内一个 PPT 文档时，就直接启动该 PPT 文档的播放模式，这说明（　　）。

A. 这是 PowerPoint 2010 的新增功能

B. 在操作系统中进行了某种设置操作

C. 该文档是 PPSX 类型，是属于放映类型文档

D. 以上说法都对

73. 在 PowerPoint 2010 环境中，插入一张新幻灯片的快捷键是（　　）键。

A. <Ctrl+N>　　　B. <Ctrl+M>　　　C. <Alt+N>　　　D. <Alt+M>

74. 切换到下一张幻灯片的快捷键是（　　）键。

A. 空格　　　　B. Backspace　　　　C. Esc　　　　D. F5

75. 在 PowerPoint 2010 的普通视图下，若要插入一张新幻灯片，其操作为（　　）。

A. 单击"文件"选项卡下的"新建"命令

B. 单击"开始"选项卡→"幻灯片"组中的"新建幻灯片"按钮

C. 单击"插入"选项卡→"幻灯片"组中的"新建幻灯片"按钮

D. 单击"设计"选项卡→"幻灯片"组中的"新建幻灯片"按钮

76. 在 PowerPoint 2010 中，插入组织结构图的方法是（　　）。

A. 插入自选图形

B. 插入来自文件的图形

C. 在"插入"选项卡中的 SmartArt 图形选项中选择"层次结构"图形

D. 以上说法都不对

77. 在 PowerPoint 2010 的页面设置中，能够设置（　　）。

A. 幻灯片页面的对齐方式　　　　　　B. 幻灯片的页脚

C. 幻灯片的页眉　　　　　　　　　　D. 幻灯片编号的起始值

78. PPT 中（　　）不是合法的"打印内容"选项。

A. 幻灯片　　　　B. 备注页　　　　C. 讲义　　　　D. 幻灯片浏览

79. 在 PowerPoint 2010 中，要设置幻灯片中对象的动画效果以及动画的出现方式时，应在（　　）选项卡中操作。

A. 切换　　　　B. 动画　　　　C. 设计　　　　D. 审阅

80. 以下最快捷的复制当前幻灯片的方法是（　　）。

A. 选中幻灯片，"插入"→"幻灯片副本"

B. 选中幻灯片，剪切

C. 选中幻灯片，复制

D. 选中幻灯片，粘贴

81. 要实现幻灯片全自动循环播放，则下列（　　）操作是不必要的。

A. 设置每张幻灯片切换时间

B. 必须设置每个对象动画自动启动时间

C. 必须设置排练计时

D. 设置放映方式

82. 在 PowerPoint 2010 中插入的页眉和页脚，下列说法中正确的是（　　）。

A. 能进行格式化　　　　　　　B. 每一页幻灯片上都必须显示

C. 其中的内容不能是日期　　　D. 插入的日期和时间可以更新

83. 与打印效果相同的视图为（　　）。

A. 页面视图　　B. 普通视图　　　C. 浏览视图　　　D. 大纲视图

84. 在 PowerPoint 2010 中，将某张幻灯片版式更改为"垂直排列标题与文本"，应选择的选项卡是（　　）。

A. 文件　　　　B. 动画　　　　C. 插入　　　　D. 开始

85. 在 PowerPoint 2010 中，下列说法正确的是（　　）。

A. 不可以在幻灯片中插入剪贴画和自定义图像

B. 可以在幻灯片中插入声音和视频

C. 不可以在幻灯片中插入艺术字

D. 不可以在幻灯片中插入超链接

86. 在幻灯片母版设置中，可以起到以下哪方面的作用？（　　）

A. 统一整套幻灯片的风格　　　B. 统一标题内容

C. 统一图片内容　　　　　　　D. 统一页码

87. 在幻灯片中插入声音元素，幻灯片播放时（　　）。

A. 用鼠标单击声音图标，才能开始播放

B. 只能在有声音图标的幻灯片中播放，不能跨幻灯片连续播放

C. 只能连续播放声音，中途不能停止

D. 可以按需要灵活设置声音元素的播放

88. 演示文稿的基本组成单元是（　　）。

A. 图形　　　　B. 幻灯片　　　C. 超链点　　　D. 文本

89. 当只选取了一个图形图像对象时，组合菜单中可能有效的命令是（　　）。

A. 组合　　　　B. 取消组合

C. 重新组合　　D. 取消组合和重新组合同时有效

90. 在 PowerPoint 2010 中，从第一张幻灯片开始放映幻灯片的快捷键是（　　）键。

A. F2　　　　　B. F3　　　　　C. F4　　　　　D. F5

91. 关于对象的组合/取消组合，以下正确的叙述是（　　）。

A. 插入的任何图片都可以通过取消组合而分解为若干独立成分

B. 只能在幻灯片视图中对图片取消组合

C. 组合操作的对象只能是图形或图片

D. 对图元格式的图片可以取消组合

92. 在 PowerPoint 2010 中，（　　）无法打印。

A. 幻灯片的放映时间　　　　　　B. 幻灯片中的图片

C. 幻灯片中的文字　　　　　　　　D. 母版上设置的日期

93. PowerPoint 2010 中，选取 3 个幻灯片，下面说法错误的是（　　）。

A. 可以插入 3 张幻灯片　　　　　　B. 仅可以插入 1 张幻灯片

C. 可一次性删除 3 张幻灯片　　　　D. 3 张幻灯片可设置一样的换片效果

94. PowerPoint 2010 中，下列关于版式说法错误的是（　　）。

A. 版式就是各幻灯片中预设的文本及图形等元素的位置关系

B. 提供幻灯片元素的占位符

C. 版式一经设定，并置入相应内容后，就不可以再更改

D. 每张幻灯片可以使用不同的版式

95. 在 PowerPoint 2010 幻灯片浏览视图中，选定多张不连续幻灯片，在单击选定幻灯片之前应该按住（　　）键。

A. Alt　　　　　　B. Shift　　　　　　C. Tab　　　　　　D. Ctrl

96. 在 PowerPoint 2010 中，如果只想集中精力编辑文本，则应使用的视图模式为（　　）。

A. 普通视图　　B. 幻灯片放映视图　C. 大纲视图　　　　D. 幻灯片浏览视图

97. 如果要从第 2 张幻灯片跳转到第 8 张幻灯片，应使用"插入"选项卡中的（　　）。

A. 自定义动画　B. 预设动画　　　　C. 幻灯片切换　　　D. 超链接或动作

98. 在 PowerPoint 2010 中下列说法正确的是（　　）。

A. 文本框内的文字的字体、字号等特征可以不相同

B. 文本框可以填充颜色、改变边框的颜色

C. 文本框可以旋转任何一个角度

D. 以上三种说法全部正确

99. 在幻灯片浏览视图，下列操作无法进行的是（　　）。

A. 插入幻灯片　　　　　　　　　　B. 删除幻灯片

C. 改变幻灯片的顺序　　　　　　　D. 编辑幻灯片中的占位符的位置

100. 设置"在展台浏览（全屏幕）"放映幻灯片后，将导致（　　）。

A. 不能用鼠标控制，可以用 Esc 键退出

B. 自动循环播放，可以看到菜单

C. 不能用鼠标键盘控制，无法退出

D. 鼠标右击无效，但双击可以退出

二、多项选择题

1. 在 PowerPoint 2010 中如何设定动画？（　　）

A. 用鼠标绘制动画路径　　　　　　B. 通过动画选项卡设定

C. 不支持　　　　　　　　　　　　D. 右击鼠标选择自定义动画

2. 在 PowerPoint 2010 中，下列说法正确的是（　　）。

A. 可以利用自动版式建立带剪贴画的幻灯片，用来插入剪贴画

B. 可以向已存在的幻灯片中插入剪贴画

C. 可以修改剪贴画

D. 不可以为图片重新上色。

3. 在 PowerPoint 2010 中，视图包括（　　）。

A. 普通视图　　　　　　　　　　　B. 幻灯片浏览视图

C. 大纲视图　　　　　　　　　　　D. 幻灯片放映视图

4. 在"幻灯片浏览视图"模式下，可以进行的操作是（　　）。

A. 幻灯片的复制　　B. 自定义动画　　C. 幻灯片删除　　D. 幻灯片的移动

5. 在 PowerPoint 2010 中，通过"插入"选项卡可以插入（　　）。

A. 图片　　　　　　B. 新幻灯片　　　　C. 日期和时间　　　D. 图表

6. 在 PowerPoint 2010 中，插入图表的操作中，不能够输入数据的区域是（　　）。

A. 边距　　　　　　B. 数据表　　　　　C. 大纲　　　　　　D. 图形编译器

7. PowerPoint 2010 的优点有（　　）。

A. 为演示文稿带来更多活力和视觉冲击

B. 添加个性化视频体验

C. 使用美妙绝伦的图形创建高质量的演示文稿

D. 用新的幻灯片切换和动画吸引访问群体

8. 在 PowerPoint 2010 设置幻灯片自定义动画时，可以设置（　　）效果。

A. 回旋　　　　　　B. 底部飞入　　　　C. 轻微放大　　　　D. 盒装打开

9. 幻灯片里的对象设置动画的类型有（　　）。

A. 进入类型　　　　B. 强调类型　　　　C. 退出类型　　　　D. 动作路径类型

10. 在 PowerPoint 2010 的打印对话框中，合法的"打印内容"选项是（　　）。

A. 备注页　　　　　B. 幻灯片　　　　　C. 讲义　　　　　　D. 幻灯片浏览

11. 在 PowerPoint 2010 中，以下既能对单张幻灯片又能对所有幻灯片进行设置的是（　　）。

A. 背景　　　　　　　　　　　　　B. 配色方案

C. 幻灯片切换方式　　　　　　　　D. 动作按钮

12. 放映下一张幻灯片的快捷键有（　　）。

A. 空格键　　　　　B. Enter 键　　　　C. PageDown 键　　　D. 字母"N"键

13. 在 PowerPoint 2010 中，有关选择幻灯片的文本叙述，正确的是（　　）。

A. 单击文本区，会显示文本控制点

B. 选择文本时，按住鼠标不放并拖动鼠标

C. 文本选择成功后，所选幻灯片中的文本变成反白

D. 文本不能重复选定

14. 下列对象中，可以在 PowerPoint 2010 中插入的有（　　）。

A. Excel 图表　　　　B. 电影和声音　　　C. Flash 动画　　　D. 组织结构图

15. 文档中有多个自选图形，若要同时选择它们，应该如何操作？（　　）

A. 单击"选择对象"快捷按钮，然后将所有要选择对象都包围到虚框中

B. 单击每一个对象，同时按住 Ctrl 键

C. 单击每一个对象，同时按住 Shift 键

D. 单击每一个对象，同时按住 Alt 键

16. （　　）是 PowerPoint 2010 中提供的母版。

A. 讲义母版　　　　B. 配色母版　　　　C. 设计模板　　　　D. 备注母版

17. 在 PowerPoint 2010 启动幻灯片放映的操作中，正确的是（　　）。

A. 单击演示文稿窗口右下角的"幻灯片放映"视图按钮

B. 选择"幻灯片放映"选项卡中的"从头开始"命令

C. 选择"幻灯片放映"选项卡中的"从当前幻灯片开始"命令

D. 按 F5 键

18. 在 PowerPoint 2010 中，下列说法正确的是（　　）。

A. 允许插入在其他图形程序中创建的图片

B. 为了将某种格式的图片插入 PowerPoint 中，必须安装相应的图形过滤器

C. 选择插入选项卡中的"图片"命令，再选择"来自文件"

D. 在插入图片前，不能预览图片

19. 有关创建新的 PowerPoint 幻灯片的说法，正确的是（　　）。

A. 可以利用空白演示文稿来创建

B. 在演示文稿类型中，只能选择成功指南

C. 演示文稿的输出类型应根据需要选定

D. 可以利用内容提示向导来创建

20. 在 PowerPoint 2010 中，可以直接插入的"动作按钮"有（　　）。

A. 声音   B. 开始、结束

C. 上一张、第一张   D. 影片

21. 在 PowerPoint 中，选择"幻灯片放映"→"幻灯片切换"命令，在弹出的"幻灯片切换"对话框中可以设置（　　）。

A. 对齐方式   B. 效果   C. 换页方式   D. 声音

22. 在 PowerPoint 2010 中，有哪些智能标记？（　　）

A. 自动更正选项   B. 粘贴选项   C. 自动调整选项   D. 自动版式选项

23. 在 PowerPoint 2010 中，下列有关表格的说法正确的是（　　）。

A. 要向幻灯片中插入表格，需切换到普通视图

B. 要向幻灯片中插入表格，需切换到幻灯片视图

C. 不能在单元格中插入斜线

D. 可以分拆单元格

24. 幻灯片放映效果指（　　）。

A. 幻灯片的切换   B. 幻灯片的声音

C. 幻灯片内的符号和对象的动画   D. 幻灯片背景

25. 下列对象可以使用动画效果的是（　　）。

A. 文本框对象   B. 图表对象

C. 图片对象   D. 艺术字对象

26. 在"切换"选项卡中，可以进行的操作有（　　）。

A. 设置幻灯片的切换效果   B. 设置幻灯片的换片方式

C. 设置幻灯片切换效果的持续时间   D. 设置幻灯片的版式

27. 在放映幻灯片的时候，可以通过哪些方法翻页？（　　）

A. 通过 PageUp 向上翻页，通过 PageDown 向下翻页

B. 向上方向键实现向上翻页，向下方向键实现向下翻页

C. 空格向下翻页

D. Enter 键向下翻页

28. 当新插入的剪贴画遮挡住原来的对象时，为了使被遮挡对象可以显示，下列说法正确的是（　　）。

A. 调整剪贴画的大小   B. 调整剪贴画的位置

C. 只能删除这个剪贴画   D. 调整剪贴画的叠放次序，将被遮挡的对象提前

29. PowerPoint 2010 实现了哪三个区域的同步编辑？（　　）

A. 菜单区   B. 大纲视图区   C. 幻灯片视图区   D. 备注区

30. 在 PowerPoint 2010 中，普通视图包含哪三个窗格？（　　）

A. 摘要窗格   B. 大纲窗格   C. 幻灯片窗格   D. 备注窗格

31. 在"视图"选项卡中，可以进行的操作有（　　）。

A. 选择演示文稿视图的模式   B. 更改母版视图的设计和版式

C. 显示标尺、网格线和参考线   D. 设置显示比例

32. 下列属于"插入"选项卡工具命令的是（　　）。

A. 表格、公式、符号   B. 图片、剪贴画、形状

C. 图表、文本框、艺术字   D. 视频、音频

33. 在 PowerPoint 2010 中打印幻灯片时，哪些用法正确？（   ）

A. 可以打印备注

B. 可以在每页纸上打印多张幻灯片

C. 打印出来的幻灯片带有边框，无法去除

D. 可以定义讲义母版，添加页眉页脚等信息。打印时可在"内容"中选择"讲义"，自动采用讲义母版的设置打印演示文稿

34. PowerPoint 提供的创建演示文稿的方法包括（   ）。

A. 利用内容提示向导　　　　　　　B. 利用模板

C. 利用母版　　　　　　　　　　　D. 利用空演示文稿

35. 模板文件中可以保存（   ）等内容。

A. 幻灯片　　　　B. 母版　　　　C. 配色方案　　　　D. 备注

36. 在 PowerPoint 2010 中，关于幻灯片切换的说法正确的是（   ）。

A. 可以设为单击鼠标时手动切换

B. 可以设为每隔指定时间自动切换

C. 如果两个同时设置，则以先发生的事件为准

D. 两个不可同时设置

37. 幻灯片背景有哪几种填充效果？（   ）

A. 过渡背景　　　　B. 纹理背景　　　　C. 图案背景　　　　D. 图片背景

38. 控制幻灯片外观的方法有（   ）。

A. 母版　　　　B. 配色方案　　　　C. 主题　　　　D. 绘制、修饰图形

39. 演示文稿中应用幻灯片版式有（   ）。

A. 文字版式　　　　B. 视图版式　　　　C. 内容版式　　　　D. 文字和内容版式

40. 在分发演示文稿时，可以做到（   ）。

A. 设置打开权限密码　　　　　　　B. 设置修改权限密码

C. 有的人只能观看，有的人可以修改　　D. PowerPoint 2010 也可以设置密码

41. 在 PowerPoint 2010 中，下列有关在应用程序间复制数据的说法中，正确的是（   ）。

A. 只能使用复制和粘贴的方法来实现信息共享

B. 可以将幻灯片复制到 Word 2010 中

C. 可以将幻灯片移动到 Excel 2010 工作簿中

D. 可以将幻灯片拖动到 Word 2010 中

42. PowerPoint 2010 设置放映方式的选项中，包括（   ）。

A. 演讲者放映　　　B. 观众自行放映　　　C. 投影机放映　　　D. 在展台浏览

43. 执行"幻灯片放映"选项卡中的"排练计时"命令对幻灯片定时切换后，又执行了"幻灯片放映"选项卡中的"设置放映方式"命令，并在该对话框的"换片方式"选项组中，选择"人工"选项，则下面叙述中正确的是（   ）。

A. 放映幻灯片时，单击鼠标换片

B. 放映幻灯片时，单击"弹出菜单"按钮，选择"下一张"命令进行换片

C. 放映幻灯片时，单击鼠标右键弹出快捷菜单按钮，选择"下一张"命令进行换片

D. 幻灯片仍然按"排练计时"设定的时间进行换片

44. 幻灯片可以打印的内容包括（   ）。

A. 页边距　　　　　　　　　　　　B. 纸张方向、大小

C. 打印区域　　　　　　　　　　　D. 打印标题

45. PowerPoint 2010 提供了"设计模板"和"演示文稿"模板，下面叙述中不正确的是（   ）。

A. 选择"演示文稿"模板后，其所设计的演示文稿就不能使用"自动版式"

B. 演示文稿模板可对不同的主题提供建设性文本内容和演播方式

C. 演示文稿模板比"演示文稿设计"模板的功能少

D. 演示文稿设计模板和"演示文稿"模板功能相同

46. 下列属于"设计"选项卡工具命令的是（　　　）。

A. 页面设置、幻灯片方向

B. 主题样式、主题颜色、主题字体、主题效果

C. 背景样式

D. 动画

47. （　　　）可以退出幻灯片的演示状态。

A. 按 Delete 键　　　　　　　　　　　B. 按 Esc 键

C. 按 BreakSpace 键　　　　　　　　　D. 选择快捷菜单的结束放映

48. 在 PowerPoint 2010 中，通过"页面设置"对话框可以进行（　　　）等设置。

A. 宽度　　　　　B. 长度　　　　　C. 高度　　　　　D. 幻灯片大小

49. 下列关于放映方式的说法正确的是（　　　）。

A. 放映时，可以不播放动画

B. 放映时，可以不加上旁白

C. 可以使用硬件图形加速功能来提高性能

D. 如果设置"在展台浏览"，则在播放时点击鼠标右键不会出现快捷菜单

50. 在"幻灯片放映"选项卡中，可以进行的操作有（　　　）。

A. 选择幻灯片的放映方式　　　　　　B. 设置幻灯片的放映方式

C. 设置幻灯片放映时的分辨率　　　　D. 设置幻灯片的背景样式

三、判断题

1. 在幻灯片中可以插入图表、组织结构图、剪贴画、图片、艺术字、影片和声音、超链接等对象。（　　　）

A. 正确　　　　　B. 错误

2. 在 PowerPoint 2010 中，不可以为对象设置动画效果。（　　　）

A. 正确　　　　　B. 错误

3. 在 PowerPoint 2010 中，文本框可以旋转。（　　　）

A. 正确　　　　　B. 错误

4. PowerPoint 2010 可以直接打开 PowerPoint 2003 制作的演示文稿。（　　　）

A. 正确　　　　　B. 错误

5. 播放演示文稿时，按 Esc 键可以停止播放。（　　　）

A. 正确　　　　　B. 错误

6. 放映幻灯片时可以在幻灯片上写写画画。（　　　）

A. 正确　　　　　B. 错误

7. 在 PowerPoint 2010 中插入的表格可以像在 Word 中一样自由地进行编辑。（　　　）

A. 正确　　　　　B. 错误

8. 为幻灯片配置的各种动画效果不可以在普通视图中进行预览。（　　　）

A. 正确　　　　　B. 错误

9. 在 PowerPoint 2010 的视图选项卡中，演示文稿视图有普通视图、幻灯片浏览、备注页和阅读视图四种模式。（　　　）

A. 正确　　　　　B. 错误

10. 在 PowerPoint 2010 中，可对多个对象同时产生动画效果。（　　　）

A. 正确　　　　　B. 错误

11. 幻灯片放映的快捷键是 F4 键。（　　　）

A. 正确　　　　　B. 错误

12. 在 PowerPoint 2010 的大纲视图中选中所有的幻灯片可快速修改字体颜色。（　　）

A. 正确　　　　　B. 错误

13. 在放映过程中，绘图笔所做的标记不可以擦除。（　　）

A. 正确　　　　　B. 错误

14. PowerPoint 2010 的功能区中的命令不能进行增加和删除。（　　）

A. 正确　　　　　B. 错误

15. 可以改变单个幻灯片背景的图案和字体。（　　）

A. 正确　　　　　B. 错误

16. 图片被裁剪后，被裁剪的部分仍作为图片文件的一部分被保存在文档中。（　　）

A. 正确　　　　　B. 错误

17. 在 PowerPoint 2010 中，不可以对对象设置动画效果。（　　）

A. 正确　　　　　B. 错误

18. PowerPoint 2010 提供了三种播放演示文稿的方式。（　　）

A. 正确　　　　　B. 错误

19. 在 PowerPoint 2010 中制作的演示文稿通常保存在一个文件里，这文件称为"演示文稿"。（　　）

A. 正确　　　　　B. 错误

20. PowerPoint 2010 通过单击可以选中一个对象，但却不能同时选中多个对象。（　　）

A. 正确　　　　　B. 错误

21. PowerPoint 2010 的菜单栏提供一些常用菜单命令的快速选取方式。（　　）

A. 正确　　　　　B. 错误

22. 在幻灯片放映中单击鼠标或按 Enter 键就显示下一张幻灯片。（　　）

A. 正确　　　　　B. 错误

23. 利用 PowerPoint 2010 可以制作出交互式幻灯片。（　　）

A. 正确　　　　　B. 错误

24. 在 PowerPoint 2010 中可以对插入的视频进行编辑。（　　）

A. 正确　　　　　B. 错误

25. 超级链接使用户可以从演示文稿中的某个位置直接跳转到演示文稿的另一个位置、其他演示文稿或公司 Internet 地址。（　　）

A. 正确　　　　　B. 错误

26. 用户在放映幻灯片时，使用绘图笔在幻灯片上画的颜色不能被删除。（　　）

A. 正确　　　　　B. 错误

27. "删除背景"工具是 PowerPoint 2010 中新增的图片编辑功能。（　　）

A. 正确　　　　　B. 错误

28. 演示文稿的背景色最好采用统一的颜色。（　　）

A. 正确　　　　　B. 错误

29. 如果文本从其他应用程序引入后，由于颜色对比的原因难以阅读，最好改变背景的颜色。（　　）

A. 正确　　　　　B. 错误

30. 在幻灯片中，剪贴图有静态和动态两种。（　　）

A. 正确　　　　　B. 错误

31. PowerPoint 2010 通过单击可以选中一个对象，但却不能同时选中多个对象。（　　）

A. 正确　　　　　B. 错误

32. 通过打印设置中的"打印标记"选项，可以设置文档中的修订标记是否被打印出来。（　　）

A. 正确　　　　　B. 错误

33. 在 PowerPoint 2010 中，旋转工具能旋转文本和图形对象。（　　）

A. 正确　　　　　　B. 错误

34. PowerPoint 2010 的标题栏提供窗口所有菜单控制。（　　）

A. 正确　　　　　　B. 错误

35. PowerPoint 2010 的工具栏提供一些常用菜单命令的快速选取方式。（　　）

A. 正确　　　　　　B. 错误

36. PowerPoint 2010 提供了插入"艺术字"的功能，并且对插入的艺术字作为图形对象来处理。（　　）

A. 正确　　　　　　B. 错误

37. PowerPoint 2010 插入的对象可以是自己绘制的图片。（　　）

A. 正确　　　　　　B. 错误

38. 备注页视图为幻灯片录入备注信息。（　　）

A. 正确　　　　　　B. 错误

39. 演示文稿的创建有两种方法。（　　）

A. 正确　　　　　　B. 错误

40. 幻灯机放映视图中，可以看到对幻灯机演示设置的各种放映效果。（　　）

A. 正确　　　　　　B. 错误

41. 要播放演示文稿可以使用幻灯片浏览视图。（　　）

A. 正确　　　　　　B. 错误

42. 在幻灯片中，超链接的颜色设置是不能改变的。（　　）

A. 正确　　　　　　B. 错误

43. 在幻灯片中可以插入图表、组织结构图、剪贴画、图片、艺术字、影片和声音、超级链接等对象。（　　）

A. 正确　　　　　　B. 错误

44. 在幻灯片母版设置中，可以起到统一标题内容作用。（　　）

A. 正确　　　　　　B. 错误

45. 只能使用鼠标控制演示文稿播放，不能使用键盘控制播放。（　　）

A. 正确　　　　　　B. 错误

46. PowerPoint 2010 的功能区包括快速访问工具栏、选项卡和工具组。（　　）

A. 正确　　　　　　B. 错误

47. 在幻灯片母版中进行设置，可以起到统一整个幻灯片的风格的作用。（　　）

A. 正确　　　　　　B. 错误

48. PowerPoint 2010 的状态栏用来显示当前演示文档的部分属性或状态。（　　）

A. 正确　　　　　　B. 错误

49. 在 PowerPoint 2010 中，可以将演示文稿保存为 Windows Media 视频格式。（　　）

A. 正确　　　　　　B. 错误

50. 幻灯片无法被彻底删除。（　　）

A. 正确　　　　　　B. 错误

51. 在 PowerPoint 2010 的设计选项卡中可以进行幻灯片页面设置、主题模板的选择和设计。（　　）

A. 正确　　　　　　B. 错误

52. 在组织结构图中，不能添加上级。（　　）

A. 正确　　　　　　B. 错误

53. PowerPoint 2010 提供了四种母版。（　　）

A. 正确　　　　　　B. 错误

54. 当在一张幻灯片中将某文本行降级时，使该行缩进一个幻灯片层。（　　）

A. 正确　　　　B. 错误

55. PowerPoint 2010 对齐方式包括左、右、居中对齐。（　　）

A. 正确　　　　B. 错误

56. 在 PowerPoint 2010 的中，"动画刷"工具可以快速设置相同动画。（　　）

A. 正确　　　　B. 错误

57. PowerPoint 2010 中不但提供了对文稿的编辑保护，还可以设置对节分隔的区域内容进行编辑限制和保护。（　　）

A. 正确　　　　B. 错误

58. 母版可以预先定义前景颜色、文本颜色、字体大小等。（　　）

A. 正确　　　　B. 错误

59. 设置幻灯片的"水平百叶窗""盒状展开"等切换效果时，不能设置切换的速度。（　　）

A. 正确　　　　B. 错误

60. 在 PowerPoint 2010 中，项目符号除了各种符号外，还可以是图像。（　　）

A. 正确　　　　B. 错误

四、填空题

1. 选择"＿＿＿＿＿＿＿"命令，可以查看演示文稿的设计效果。

2. 在 PowerPoint 2010 中背景填充包括渐变、纹理、图案和＿＿＿＿＿＿＿。

3. 在 PowerPoint 2010 中对幻灯片进行另存、新建、打印等操作时，应在"＿＿＿＿＿＿＿"选项卡中进行操作。

4. 选择排练计时使用到的选项卡是"＿＿＿＿＿＿＿"。

5. 在 PowerPoint 2010 中对幻灯片放映条件进行设置时，应在"＿＿＿＿＿＿＿"选项卡中进行操作。

6. 若想选择演示文稿中指定的幻灯片进行播放，可以选择"＿＿＿＿＿＿＿"选项卡中的"自定义放映"命令。

7. 在 PowerPoint 2010 中，为每张幻灯片设置切换声音效果的方法是使用"幻灯片放映"选项卡中的"＿＿＿＿＿＿＿"。

8. 要在 PowerPoint 2010 中显示标尺、网络线、参考线，以及对幻灯片母版进行修改，应在"＿＿＿＿＿＿＿"选项卡中进行操作。

9. 在 PowerPoint 2010 中要用到拼写检查、语言翻译、中文简繁体转换等功能时，应在"＿＿＿＿＿＿＿"选项卡中进行操作。

10. 在 PowerPoint 2010 中，＿＿＿＿＿＿＿能够观看演示文稿的整体实际播放效果的视图模式。

11. 要停止正在放映的幻灯片，按＿＿＿＿＿＿＿键即可。

12. 打印内容选项中包含幻灯片、讲义、备注页、＿＿＿＿＿＿＿。

13. 要在 PowerPoint 2010 中设置幻灯片的切换效果以及切换方式，应在"＿＿＿＿＿＿＿"选项卡中进行操作。

14. 演示文稿打包所用到的选项卡是"＿＿＿＿＿＿＿"。

15. 若想改变演示文稿的播放顺序，或者通过幻灯片的某一对象链接到指定的文件，可以使用动作设置和"＿＿＿＿＿＿＿"命令实现。

16. 要在 PowerPoint 2010 中插入表格、图片、艺术字、视频、音频时，应在"＿＿＿＿＿＿＿"选项卡中进行操作

17. 选择录制旁白使用到的菜单是"＿＿＿＿＿＿＿"。

18. 要在 PowerPoint 2010 中设置幻灯片动画，应在"＿＿＿＿＿＿＿"选项卡中进行操作。

19. 退出 PowerPoint 2010 的快捷键是＿＿＿＿＿＿＿。

20. ＿＿＿＿＿＿＿就是将幻灯片上的某些对象，设置为特定的索引和标记。

21. PowerPoint 2010 的"＿＿＿＿＿＿＿"选项卡上命令可以为设计的幻灯片提供背景图案。

22. 打印讲义中每页幻灯片最大数为_____。

23. 在 PowerPoint 2010 中对幻灯片进行页面设置时，应在"_____"选项卡中操作。

24. 在 PowerPoint2010 生成的文件的扩展名为_____。

25. 控制幻灯片外观，除了母版、主题样式等方法外，还有_____方法。

参 考 答 案

一、单项选择题

1	2	3	4	5	6	7	8	9	10
D	D	A	B	A	C	B	D	A	A
11	12	13	14	15	16	17	18	19	20
C	C	D	D	C	C	A	D	C	A
21	22	23	24	25	26	27	28	29	30
A	A	D	A	B	C	A	C	C	A
31	32	33	34	35	36	37	38	39	40
A	D	D	D	A	D	C	D	B	B
41	42	43	44	45	46	47	48	49	50
D	A	B	B	A	D	C	B	D	C
51	52	53	54	55	56	57	58	59	60
A	A	D	C	D	C	C	D	C	D
61	62	63	64	65	66	67	68	69	70
B	B	A	D	D	C	D	C	D	D
71	72	73	74	75	76	77	78	79	80
A	C	B	A	B	C	D	D	B	A
81	82	83	84	85	86	87	88	89	90
C	D	C	D	B	A	D	B	B	D
91	92	93	94	95	96	97	98	99	100
D	A	A	C	D	A	D	D	D	A

二、多项选择题

1	2	3	4	5	6	7	8	9	10
BD	ABC	ABCD	ACD	ACD	ACD	ABCD	ABCD	ABCD	ABC
11	12	13	14	15	16	17	18	19	20
ABC	ABCD	ABC	ABCD	ABC	AD	ABCD	ABC	ACD	ABCD
21	22	23	24	25	26	27	28	29	30
BCD	ABCD	ABD	ABCD	ABCD	ABC	ABCD	ABD	BCD	BCD
31	32	33	34	35	36	37	38	39	40
ABCD	ABCD	ABD	ABD	ABCD	ABC	ABCD	ABC	ACD	ABC
41	42	43	44	45	46	47	48	49	50
BCD	ABD	AC	ABCD	ACD	ABC	BD	ACD	ABCD	ABC

三、判断题

1	2	3	4	5	6	7	8	9	10
A	B	A	A	A	A	A	B	A	A
11	12	13	14	15	16	17	18	19	20
B	A	B	B	A	A	B	A	A	B
21	22	23	24	25	26	27	28	29	30
B	A	A	A	A	B	A	A	B	A
31	32	33	34	35	36	37	38	39	40
B	A	A	B	A	A	A	A	B	A
41	42	43	44	45	46	47	48	49	50
B	B	A	B	B	A	A	A	A	B
51	52	53	54	55	56	57	58	59	60
A	B	A	A	A	A	B	A	B	A

四、填空题

1. 幻灯片放映　　2. 图片　　　　3. 文件　　　　4. 幻灯片放映　　5. 幻灯片放映

6. 幻灯片放映　　7. 幻灯片切换　8. 视图　　　　9. 审阅　　　　10. 幻灯片放映

11. Esc　　　　　12. 大纲　　　　13. 切换　　　14. 文件　　　　15. 超级链接

16. 插入　　　　17. 幻灯片放映　18. 动画　　　19. Alt + F4　　20. 超级链接

21. 设计　　　　22. 9　　　　　　23. 设计　　　24. . pptx　　　　25. 背景

第六章

数据库技术与 Access 2010

本章主要考点如下：

有关数据库的基本概念，数据管理技术的发展，数据库系统的组成，数据模型关系数据库的基本概念及关系运算。

数据库管理系统的概念及常见数据库管理系统，Access 2010 数据库对象，数据库的基本操作，表的概念和基本操作。SQL 基本语句的使用。

 知识点分析

1. 数据库

数据库是长期存储在计算机内的、有组织的、可共享的数据的集合；或者说数据库是按某种数据模型组织的、存放在外存储器上的、且可被多个用户同时使用的数据的集合，即是按照一定规则在计算机中存储的相关数据的集合。

『**经典例题解析**』

数据库是（　　）。

A. 为了实现一定目的按某种规则和方法组织起来的数据的集合

B. 辅助存储器上的一个文件

C. 一些数据的集合

D. 磁盘上的一个数据文件

【答案】A。

2. 数据库管理系统

数据库管理系统（Database Management System，DBMS）是一种操纵和管理数据库的系统软件，用于建立、使用和维护数据库。它对数据库进行统一的管理和控制，以保证数据库的安全性和完整性。

数据库管理系统提供的功能有：1）数据定义；2）数据存取；3）数据库的运行管理；4）数据库的建立和维护；5）数据库的传输。

『**经典例题解析**』

1. 简称 DBMS 的是＿＿＿＿＿＿＿＿＿＿。

【答案】数据库管理系统。

2. 数据库管理系统对数据进行（　　）并完成各种特定的信息加工任务。

A. 定义、操作、控制　　　　　　　　B. 综合、保存、控制

C. 搜集、操作、处理　　　　　　　　D. 定义、控制、保存

【答案】A。

【解析】1）数据定义（DDL）；2）数据操作（DML）；3）数据控制（DCL）。

『你问我答』

问题：用于 DBMS 的模型是关系模型还是数据模型？

答：关系模型。

3. 数据库系统

数据库系统是指具有管理和控制数据库功能的计算机系统；或者说数据库系统是引进数据库技术后的计算机系统，其中 DBMS 是 DBS 的核心。

数据库系统由四部分组成，即硬件系统、系统软件、数据库应用系统和各类人员。

系统软件：主要包括操作系统、数据库管理系统、与数据库接口的高级语言及其编译系统，以及以 DBMS 为核心的应用程序开发工具。

各类人员：参与分析、设计、管理、维护和使用数据库的人员均是数据库系统的组成部分。这些人员包括数据库管理员、系统分析员、应用程序员和最终用户。

数据库系统的主要特点：

1）数据结构化。

2）数据共享性好。

3）数据独立性好。

4）数据存储粒度小。

5）为用户提供了友好的接口。

4. 数据模型

数据模型是指表示实体类型以及实体间联系的数据库的模型。

常用的三种数据模型是：层次模型、网状模型和关系模型。

联系主要有：一对一、一对多、多对多。

『经典例题解析』

1. 在 Access 2010 中，表间的关系有一对一、一对多和＿＿＿＿＿＿＿＿。

【答案】多对多。

2. 在 Access 2010 中，关于数据表之间的关系，下面说法中不正确的是（　　）。

A. 可以创建一对多的关系　　　　　　B. 可以创建多对多的关系

C. 可以创建一对一的关系　　　　　　D. 数据表在创建关系前需要创建主键

【答案】D。

3. 以下属于数据模型的组成部分的是（　　）。

A. 数据结构　　　　　　　　　　　　B. 数据模型

C. 数据的约束条件　　　　　　　　　D. 关系

【答案】AC。

【解析】数据模型的组成部分包括数据结构、数据操作、数据约束条件。

4. Access 2010 采用的是（　　）数据库管理系统。

A. 层次模型　　　　B. 网状模型　　　　C. 关系模型　　　　D. 混合模型

【答案】C。

5. 数据库中的所谓联系是指实体之间的关系，即实体之间的对应关系。联系有（   ）和多对多的联系。

A. 多对一的联系 　　　　　　　　 B. 一对一的联系

C. 无联系 　　　　　　　　　　　 D. 二对多的联系

【答案】B。

6. 根据数据模型的划分，常见的数据库分为（   ）。

A. 关系型数据库、链路型数据库、树形数据库

B. 树形数据库、表格型数据库、网络型数据库

C. 层次型数据库、链路型数据库、表格型数据库

D. 层次型数据库、网状型数据库、关系型数据库

【答案】D。

『你问我答』

问题一：数据库系统的核心是数据库管理系统还是数据模型？

答：通常认为数据库管理系统是整个数据库系统的核心。

问题二：数据管理技术中，在人工管理阶段，数据可以共享吗？

答：人工管理阶段，数据不可以共享。

5. 关系模型

基本术语：

1）关系：就是一张二维表格。

2）属性：也叫字段，表中的每一列有一个属性名，对应概念模型的一个属性；属性值相当于记录中的数据项或字段值。属性的取值范围称为域。

3）元组：也叫记录，表中的行；元组的集合构成关系；每个元组就是一个记录。

4）码（关键字或候选键）：能唯一标识元组的属性或属性组合，一个关系中可能有多个候选键。

5）主键（主关键字或主码）：被选用的候选键。主键在关系中用来作为插入、删除和检索元组的操作变量。

关系运算中，基本的运算是并、交、差、笛卡儿积，专门的关系运算有选择、投影、连接。

字段名：

1）长度最多只能为 64 个字符。

2）可以包含字母、数字、空格及特殊的字符（除句号（.）、感叹号（!）、重音符号（`）和方括号（［ ］）之外）的任意组合。

3）不能以空格开头。

4）不能包含控制字符（0~31 的 ASCII 值）。

『经典例题解析』

1. Access 数据库属于（   ）数据库。

A. 层次模型 　　　 B. 网状模型 　　　 C. 关系模型 　　　 D. 面向对象模型

【答案】C。

2. Access 2010 采用的是（   ）数据库管理系统。

A. 层次模型　　　　B. 网状模型　　　　C. 混合模型　　　　D. 关系模型

【答案】D。

3. Access 2010 数据库中的"列标题的名称"叫作字段。（　　）

A. 正确　　　　　　B. 错误

【答案】A。

4. Access 2010 数据库中的表是一维表。（　　）

A. 正确　　　　　　B. 错误

【答案】B。

5. 在关系数据库中，唯一标识一条记录的一个或多个字段称为＿＿＿＿＿＿＿＿。

【答案】关键字。

6. 在数据库关系运算中，在关系中选择满足某些条件的元组的操作称为＿＿＿＿＿＿＿＿。

【答案】选择。

【解析】从关系中找出满足指定条件的元组，称为选择，又称为筛选运算。

7. 从两个关系的笛卡儿积中，选取属性间满足一定条件的元组的操作，称为＿＿＿＿＿＿＿＿。

【答案】连接。

【解析】连接：从两个关系的笛卡儿积中选取属性间满足一定条件的元组，包括自然连接和等值连接。

8. 在数据库中，二维表中，每个水平方向的行称为一个＿＿＿＿＿＿＿，在 Access 2010 中，被称为记录。

【答案】元组。

9. 在 Access 2010 中，日期时间型数据的长度为（　　）。

A. 0 ~ 8　　　　　B. 0 ~ 10　　　　　C. 8　　　　　D. 10

【答案】C。

10. 以下各项中不属于 Access 2010 字段数据类型的是（　　）。

A. 文本型　　　　　B. 货币型　　　　　C. 备注型　　　　　D. 时间型

【答案】D。

11. 下面关于主键的说法中，错误的是（　　）。

A. 数据库中的每个表都必须有一个主键

B. 主键的值是唯一的

C. 主键可以是一个字段，也可以是一组字段

D. 主键中不允许有重复值和空值

【答案】A。

12. 在 Access 2010 中，文本型字段的最大长度为（　　）。

A. 255　　　　　B. 256　　　　　C. 1024　　　　　D. 1023

【答案】A。

13. 在关系中选择某些属性的值的操作称为连接运算。（　　）

A. 正确　　　　　　B. 错误

【答案】B。

14. 关系数据库中的关系运算包括选择、＿＿＿＿＿＿＿＿、连接。

【答案】投影。

15. 在数据库关系运算中，在关系中选择满足某些属性的操作称为_____。

【答案】投影。

16. 在数据库中，一个属性的取值范围叫作一个_____。

【答案】域。

17. 在数据库中，码（又称为关键字、主键），候选码是关系的一个属性组，能唯一地标识一个_____。

【答案】元组。

『你问我答』

问题一：Access 2010 中，可用来存储图片的对象是（　　）类型字段。

A. ole   B. 备注   C. 超级链接   D. 查阅向导

答：答案为 A。

问题二：在 Access 2010 中，若一个字段中要保存多于 255 个字符的文本和数字的组合信息，则可以选择备注类型？

答：是的。

问题三：在一个表中，主键只可以是一个字段？

答：错，一个表中只能有一个主键，主键可以由多个字段组成。

问题四：下面不是关系模型术语的是（　　）。

A. 元组   B. 变量   C. 属性   D. 分量

答：答案为 B。

6. Access 数据库的组件

Access 是一个功能强大而且易于使用的关系型数据库管理系统（RDBMS）和应用程序生成系统。

Access 数据库包含表、查询、窗体、报表、宏、模块，这些对象通过一个独立的＊.accdb 文件来管理。Access 使用 SQL 作为它的数据库语言，以保证它具有强大的数据处理能力和通用性。

表又称数据表，它是 RDB 最基本的对象，是实际数据存储的地方。RDB 中的"关系"就是一张二维数据表，其外部表现就是一张表格。表中每一列表示同一种类型的数据，称为属性或字段，字段名显示在表的顶端；表的每一行称为记录，它对应一条完整的信息（表示一个实体）。

查询是一个强大和灵活的工具，用于在表中搜索、查看以及修改已存在的数据，或修改表的结构、访问 Access 外部的数据。

查询分为选择查询、交叉表查询、操作查询、参数查询和 SQL 查询五大类。

查询通常有五种视图方式：设计视图、数据表视图、SQL 视图、数据透视表视图、数据透视图视图。

窗体是用户与数据库之间交互的界面。通过窗体，用户可以查看、编辑数据库中的数据、控制应用程序的运行过程。

报表用于把数据库中的数据按照易于阅读的格式输出，同时它还具有分析、汇总的功能。和窗体相比，报表只用于输出数据，具有只读属性，而窗体可以编辑数据库中的数据。

『经典例题解析』

1. 在 Access 中，（　　）数据库与用户进行交互操作的最好界面。

A. 查询　　　　　　B. 窗体　　　　　　C. 报表　　　　　　D. 宏

【答案】B。

2. 在以下叙述中，正确的是（　　）。

A. Access 只能使用系统菜单创建数据库应用系统

B. Access 不具备程序设计能力

C. Access 只具备了模块化程序设计能力

D. Access 具有面向对象的程序设计能力，并能创建复杂的数据库应用系统

【答案】D。

3. 下列不属于 Access 对象的是（　　）。

A. 文件夹　　　　　B. 表　　　　　　　C. 窗体　　　　　　D. 查询

【答案】A。

4. 表的组成内容包括（　　）。

A. 查询和字段　　　B. 字段和记录　　　C. 记录和窗体　　　D. 报表和字段

【答案】B。

5. 下列对 Access 描述不正确的是（　　）。

A. Access 是 Microsoft Office 的成员之一

B. Access 可以建立数据库、创建表、设计用户界面等

C. Access 是一个可视化工具，非常直观方便

D. Access 是一种程序设计语言，可以编制各种应用程序

【答案】D。

6. 在数据库关系模型中，实体通常是以表的形式来表现的，表的每一行描述实体的一个（　　），表的每列描述实体的一个特征或属性。

A. 元素　　　　　　B. 对象　　　　　　C. 侧面　　　　　　D. 实例

【答案】D。

7. Access 2010 的（　　）是收集一个或几个表中用户认为有用的数据的工具。

A. 查询　　　　　　B. 窗体　　　　　　C. 报表　　　　　　D. 表

【答案】A。

8. 打开 Access 2010 数据库时，应打开扩展名为（　　）的文件。

A. .mdb　　　　　　B. .accdb　　　　　C. .accde　　　　　D. .dbf

【答案】B。

9. 下列（　　）不是 Access 2010 数据库的对象类型。

A. 表　　　　　　　B. 向导　　　　　　C. 窗体　　　　　　D. 查询

【答案】B。

10. 在 Access 2010 中需要发布数据库中的数据的时候，可以采用的对象是（　　）。

A. 数据访问页　　　B. 表　　　　　　　C. 窗体　　　　　　D. 查询

【答案】A。

11. 在 Access 2010 数据库中，专用于打印的是（　　）。

A. 表　　　　　　　B. 报表　　　　　　C. 查询　　　　　　D. 页

【答案】B。

12. Access 支持的查询类型有（　　　）。

A. 选择查询、交叉表查询、参数查询、SQL 查询和操作查询

B. 基本查询、选择查询、参数查询、SQL 查询和操作查询

C. 多表查询、单表查询、交叉表查询、参数查询和操作查询

D. 选择查询、统计查询、参数查询、SQL 查询和操作查询

【答案】A。

13. 以下叙述中，正确的是（　　　）。

A. Access 不能够与 Word、Excel 等办公软件进行数据交换与共享

B. Access 没有提供程序设计语言

C. Access 提供了许多便捷的可视化操作工具

D. Access 提供了大量的函数

E. Access 提供了许多宏操作

【答案】CDE。

14. 以下属于 Access 数据库对象的是（　　　）。

A. 模块　　　　　　B. 宏　　　　　　C. 文件夹　　　　　　D. 查询　　　　　　E. 报表

【答案】ABDE。

15. Access 2010 数据库有六种对象组成，其中包括（　　　）。

A. 表、报表　　　　B. 查询、窗体　　　　C. 插件　　　　D. 对象属性

【答案】AB。

16. 在 Access 2010 中，关于数据库窗口的基本操作，可以完成的是（　　　）。

A. 可以显示或更改数据库对象的属性

B. 在数据库中表是不可以隐藏的

C. 数据库中的组均可以删除

D. 可以改变对象的显示方式

【答案】AD。

17. Access 可以同时打开多个数据库。（　　　）

A. 正确　　　　　　B. 错误

【答案】B。

18. Access 不允许一个数据库中包含多个表。（　　　）

A. 正确　　　　　　B. 错误

【答案】B。

19. Access 2010 数据库中一个数据库只能包含一个表。（　　　）

A. 正确　　　　　　B. 错误

【答案】B。

20. Access 数据库由六种数据库对象组成，这些数据库对象包括：＿＿＿＿＿＿＿＿、查询、窗体、报表、宏和模块。

【答案】表。

21. 在 Access 2010 中，以下不属于窗体的功能的是（　　　）。

A. 显示与编辑数据内容　　　　　　　　B. 显示注释、说明或警告信息

C. 控制应用程序的运行步骤　　　　　　D. 保存数据

【答案】D。

22. 在 Access 2010 中，以下选项中不属于报表组成部分的是（　　）。

A. 报表页眉　　　　B. 页面页眉　　　　C. 报表主体　　　　D. 报表主题

【答案】D。

23. Access 2010 数据库中主要用来进行数据输出的数据库对象是＿＿＿＿＿＿＿＿＿＿。

【答案】报表。

24. 在 Access 2010 中，＿＿＿＿＿＿＿＿＿＿查询显示来源于表中某个字段的总计值，如合计、求平均值等，并将它们分组，一组列在数据表的左侧，另一组列在数据表的上部。

【答案】交叉表。

25. Access 2010 中的所有数据库对象都保存在 ACCDB 文件中。（　　）

A. 正确　　　　　　B. 错误

【答案】A。

26. Access 2010 中利用操作查询可以生成新的数据表。（　　）

A. 正确　　　　　　B. 错误

【答案】A。

27. SQL 的含义是（　　）。

A. 结构化查询语言　　　　　　　　B. 数据定义语言

C. 数据库查询语言　　　　　　　　D. 数据库操纵与控制语言

【答案】A。

28. 关系数据库系统中所管理的关系是（　　）。

A. 一个 accdb 文件　　　　　　　　B. 若干个 accdb 文件

C. 一个二维表　　　　　　　　　　D. 若干个二维表

【答案】D。

29. 在 Access 2010 中需要发布数据库中的数据时，可以采用的对象是（　　）。

A. 数据访问页　　　B. 表　　　　　　C. 窗体　　　　　　D. 查询

【答案】A。

30. 在 SQL 查询 Group by 语句用于（　　）。

A. 选择行条件　　　B. 对查询进行排序　C. 列表　　　　　　D. 分组条件

【答案】D。

31. Access 2010 数据库中，（　　）数据库对象是其他数据库对象的基础。

A. 报表　　　　　　B. 查询　　　　　　C. 表　　　　　　　D. 模块

【答案】C。

32. 通配符可以选择查询中使用，（　　）用于匹配任意长度的任意字符组成的字串。

A. ?　　　　　　　B. *　　　　　　　C. %　　　　　　　D. &

【答案】C。

【解析】通配符也可以用在选择查询中。星号"*"用于匹配任意长度的任意字符组成的字串，问号"?"用于匹配单个任意字符。需要注意的一点是在 SQL 语句中用百分号"%"用于在 Like 子句中匹配任意长度的任意字符组成的字符串。

33. Access 2010 提供的六种对象从功能和彼此间的关系考虑，可以分为三个层次，第一层次是（　　　）。

A. 表对象　　　　　B. 报表对象　　　　　C. 查询对象　　　　　D. 宏对象

【答案】AC。

【解析】第一层次是表对象和查询对象，它们是数据库的基本对象，用于在数据库中存储数据和查询数据。

第二层次是窗体对象、报表对象，它们是直接面向用户的对象，用于数据的输入输出和应用系统的驱动控制。

第三层次是宏对象和模块对象，它们是代码类型的对象，用于通过组织宏操作或编写程序来完成复杂的数据库管理工作并使得数据库管理自动化。

34. Access 2010 数据库的默认扩展名是 .mde。（　　　）

A. 正确　　　　　　B. 错误

【答案】B。

35. 在 Access 2010 中没有各种各样的控件。（　　　）

A. 正确　　　　　　B. 错误

【答案】B。

36. Access 2010 中，查询不仅具有查找的功能，而且还具有＿＿＿＿＿＿＿功能。

【答案】计算。

37. Access 2010 中，窗体中的窗体称为＿＿＿＿＿＿＿。

【答案】子窗体。

38. 在数据库关系模型中，实体通常是以表的形式来表现的。表的每一行描述实体的一个＿＿＿＿＿＿＿，表的每一列描述实体的一个特征或属性。

【答案】元组。

39. 在任何时刻，Access 2010 可以同时打开（　　　）个数据库。

A. 1　　　　　　　　B. 2　　　　　　　　C. 3　　　　　　　　D. 多

【答案】A。

40. Access 2010 中，（　　　）是数据库的最基本对象，是创建其他对象的基础。

A. 记录　　　　　　B. 查询　　　　　　C. 字段　　　　　　D. 数据表

【答案】D。

41. 在 Access 中，查询可以分为四类：（　　　）、交叉表查询和操作查询。

A. 选择查询　　　　B. 报表查询　　　　C. 参数查询　　　　D. 窗体查询

【答案】AC。

『你问我答』

问题一：在 Access 2010 中，查询是数据库设计目的的体现，即数据库建立完成后，只有被使用者查询，才能体现数据的价值。对不对？

答：对。数据库是将大量数据存入表中工具，由于数据量非常大，而且越来越大，如果数据库设计不好数据就没法用。使用数据是通过"查询"设计来满足数据各种使用需求。Access对象中"表"是存数据的容器、"查询"是设计数据库的目的、"窗体"是为了编制程序处理数据、"报表"是应用扩展、"宏"和"模块"是为了解决一些复杂问题。只要"查询"做得好，数据的价值就能得到充分体现。

问题二：关系数据库中的数据表是相互联系，但又相对独立的。这句话对吗？

答：对。

问题三：Access 数据库中，报表的数据源可以来自表，也可以来自查询，其作用是根据用户要求的外观形式显示或打印信息。（　　）

A. 正确　　　　　　B. 错误

答：答案为 A。

问题四：Access 创建表之间的关系时应关闭所有打开的表吗？为什么？

答：创建表之间的关系时应在设计视图下。

问题五：Access 若删除表中含有自动编号型字段的一记录后，Access 不会对表中自动编号型字段重新编号，对吗？

答：正确。

 习　题

一、单项选择题

1. 下列说法错误的是（　　）。

A. 人工管理阶段程序之间存在大量重复数据，数据冗余大

B. 人工管理阶段的程序和数据独立性高

C. 数据库阶段提高了数据的共享性，减少了数据冗余

D. 文件系统阶段程序和数据有一定的独立性，数据文件可以长期保存

2. 实体间的联系，在 E-R 图上有不同的表现，其中不属于其基本形式的是（　　）。

A. 两个实体集之间的联系

B. 一个实体集中的实体与另一个实体集之间的联系

C. 两个以上实体集间的联系

D. 同一实体集内部各实体之间的联系

3. Access 提供的七种对象从功能和彼此间的关系考虑，可以分为三个层次，第一层次是（　　）。

A. 宏对象和查询对象　　　　　　　　B. 查询对象和报表对象

C. 表对象和查询对象　　　　　　　　D. 表对象和报表对象

4. 关于数据仓库系统，下列说法不正确的是（　　）。

A. 数据仓库的数据可以来源于多个异种数据源

B. 数据仓库的主要特征之一是面向主题的即围绕某一主题建模和分析

C. 数据库系统和数据仓库系统管理的数据内容相同

D. 数据库系统主要提供了执行联机事务和查询处理，数据仓库系统主要提供了数据分析和决策支持

5. 简称 DBMS 的是（　　）。

A. 数据　　　　　　　　　　　　　　B. 数据库

C. 数据库管理系统　　　　　　　　　D. 数据库系统

6. 数据库系统一般不包括（　　）。

A. 操作系统　　　　　　　　　　　　B. 数据库管理员和用户

C. 数据库　　　　　　　　　　　　　D. 数据库管理系统

7. 下列关于数据库的概念，说法错误的是（　　）。

A. 二维表中每个水平方向的行称为属性

B. 一个属性的取值范围叫作一个域

C. 一个关系就是一张二维表

D. 候选码是关系的一个或一组属性，它的值能唯一地标识一个元组

8. 下列哪一个不属于关系数据库中的关系运算？（　　　）

A. 选择　　　　　　　B. 投影　　　　　　　C. 合并　　　　　　　D. 连接

9. 在关系数据库中，关于关键字下列说法不正确的是（　　　）。

A. 外关键字要求能够唯一标识表的一行

B. 如果两个关系中具有相同或相容的属性或属性组，那么这个属性或属性组称为这两个关系的公共关键字

C. 主关键字是被挑选出来做表的行的唯一标识的候选关键字

D. 对于一个关系来讲，主关键字只能有一个

10. Access 数据表中的一行也称为一条（　　　）。

A. 数据　　　　　　　B. 记录　　　　　　　C. 数据视图　　　　　D. 字段

二、多项选择题

1. Access 2010 数据库的对象包括（　　　）。

A. 报表　　　　　　　B. 窗体　　　　　　　C. 表　　　　　　　　D. 查询

2. 数据管理技术在人工管理阶段具备下列哪些特点？（　　　）

A. 数据共享　　　　　　　　　　　B. 数据存取单位是数据项

C. 数据不独立　　　　　　　　　　D. 数据不保存

3. 下列关于数据管理的说法，正确的是（　　　）。

A. 数据处理是数据管理的一个中心问题

B. 数据处理是指对各种形式的数据进行收集、储存、加工和传播的一系列活动的总和

C. 数据管理的目的是借助计算机从大量的原始数据中抽取、推导出对人们有价值的信息

D. 数据管理是指对数据进行分类、组织、编码、存储、检索和维护

4. 下列关于数据库的基本概念，说法正确的是（　　　）。

A. 数据库在建立、运用和维护时由 DBS 统一管理

B. 数据库中的数据具有较少的冗余度，较高的数据独立性

C. 数据库管理系统包括数据定义功能

D. Office 属于数据库系统

5. 在 Access 数据库系统中，下列（　　　）是合法的数据类型。

A. 文本　　　　　　　B. 位　　　　　　　　C. 数字　　　　　　　D. 时间/日期

6. 下列哪些类型是逻辑数据模型的类型？（　　　）

A. 层次模型　　　　　B. 网状模型　　　　　C. 关系模型　　　　　D. 连接模型

7. 在关系数据库理论中，有关关系的分类包括（　　　）。

A. 一对一关系　　　　B. 一对多关系　　　　C. 多对多关系　　　　D. 多对一关系

8. 专门的关系运算包括（　　　）。

A. 选择运算　　　　　B. 投影运算　　　　　C. 连接运算　　　　　D. 交叉运算

9. 下面有关 Access 中表的叙述正确的是（　　　）。

A. 表是在 Access 数据库中的要素之一

B. 表设计的主要工作是设计表的结构

C. Access 数据库的各表之间相互独立

D. 可将其他数据库的表导入当前数据库中

10. 下面哪些是数据库系统中四类用户之一？（　　　）

A. 数据库管理员　　　B. 数据库设计员　　　C. 应用程序员　　　　D. 终端用户

三、判断题

1. 表是数据库的基本对象，是创建其他对象的基础。（　　　）

A. 正确　　　　　　　B. 错误

2. 对数据表进行排序时可以使用一列数据作为一个关键字段进行排序，也可以使用多列数据作为关键字段进行排序。（　　）

A. 正确　　　　　　　B. 错误

3. 数据库管理系统都是基于某种数据模型的，因此数据模型是数据库系统的核心和基础。（　　）

A. 正确　　　　　　　B. 错误

4. 数据库技术发展中的文件系统阶段支持并发访问。（　　）

A. 正确　　　　　　　B. 错误

5. 数据库管理系统是数据库系统的核心。（　　）

A. 正确　　　　　　　B. 错误

6. Access 2010 可同时打开多个数据库，因为它同 Word 一样，都是多文档应用程序。（　　）

A. 正确　　　　　　　B. 错误

7. 用树状结构来表示实体之间联系的模型是关系模型。（　　）

A. 正确　　　　　　　B. 错误

8. 在 Access 中，宏对象是一个或多个宏操作的集合，其中每一个宏操作都能实现特定的功能。（　　）

A. 正确　　　　　　　B. 错误

9. Access 2010 中字段名称不能以数字开头。（　　）

A. 正确　　　　　　　B. 错误

10. 在 Access 中，文本型字段最多可存储 64 个字符。（　　）

A. 正确　　　　　　　B. 错误

四、填空题

1. Select 语句中的 Group by 短语用于进行_____。

2. 关系模型中的关系就是一张_____。

3. 在 Access 中，_____是用户同数据库进行交互操作的最好界面。

4. 数据操作语言的英文缩写是_____。

5. 在 Access 的报表对象中，_____是不可缺少的，用于显示信息。

6. 表是数据库中最基本的操作对象，也是整个数据库系统的_____。

7. Access 中的数据库对象可以分为三个层次，其中第一层次是数据库的基本对象，包括表和_____。

8. 窗体有三种视图，分别为设计视图、窗体视图和_____。

9. Access 2010 数据库的文件扩展名是_____。

10. 在 Access 中，如对大批量数据进行修改，为了提高效率，最好使用_____查询。

参 考 答 案

一、单项选择题

1	2	3	4	5	6	7	8	9	10
B	B	C	C	C	A	A	C	A	B

二、多项选择题

1	2	3	4	5	6	7	8	9	10
ABCD	CD	BCD	BC	ACD	ABC	ABC	ABC	ABD	ABCD

三、判断题

1	2	3	4	5	6	7	8	9	10
A	A	A	B	A	B	B	A	B	B

四、填空题

1. 分组   2. 二维表（格）   3. 窗体   4. DML   5. 主体节

6. 数据来源   7. 查询   8. 数据表视图   9. accdb   10. 更新

第七章

计算机网络基础与网页设计

本章主要考点如下：

计算机网络的概念、发展趋势、组成、分类、功能，计算机网络新技术。

Internet 的起源及发展，接入 Internet 的常用方式，Internet 的 IP 地址及域名系统，WWW 的基本概念和工作原理，使用 IE 浏览器，电子邮件服务。Internet 的其他服务：文件传输 FTP、远程登录 Telnet、即时通信、网络音乐、搜索引擎的使用、流媒体应用、网络视频及文档下载的方法。

网站与网页的概念，Web 服务器与浏览器，网页内容，动态网页和静态网页，常用网页制作工具，网页设计的相关计算机语言，HTML 的基本概念、常用 HTML 标记的意义和语法。

使用 DreamWeaver 创建与管理站点。使用 DreamWeaver 编辑网页：文字编辑及格式化、图像的插入与编辑、媒体对象的插入、创建超级链接。使用 DreamWeaver 进行网页布局，创建表单页面，网页的发布。

 知识点分析

1. 计算机网络的基本概念

计算机网络是计算机技术与通信技术相结合的产物。当前人类所处的时代是以计算机网络为核心的网络时代，其特征为数字化、网络化和信息化。

计算机网络的定义：一群具有独立功能的计算机通过通信设备及传输媒体被互连起来，在通信软件的支持下，实现计算机间的资源共享、信息交换或协同工作的系统。

计算机网络的功能：1）数据通信；2）资源共享；3）分布式处理；4）提高系统的可靠性。

计算机网络的发展历程：1）以数据通信为主的第一代计算机网络；2）以资源共享为主的第二代计算机网络（ARPA 网）；3）体系结构标准化的第三代计算机网络；4）以 Internet 为核心的第四代计算机网络。

『经典例题解析』

1. 网络中的计算机是（   ）。

A. 相互独立的   B. 相互联系的

C. 既相互独立又相互联系的   D. 没有任何关系

【答案】C。

2. 计算机网络的功能包括（   ）、分布式处理和提高系统的可靠性。

A. 提高计算机运行速度   B. 数据通信

C. 资源共享   D. 电子邮件

【答案】BC。

3. Internet 的前身是（　　）。

A. ARPANET　　　　B. Ethernet　　　　C. Telnet　　　　D. Intranet

【答案】A。

4. 计算机网络的主要功能是（　　）。

A. 提高系统处理能力　　　　　　　　B. 提高系统可靠性

C. 系统容易扩充　　　　　　　　　　D. 资源共享

【答案】D。

5. 计算机网络最突出的特点是（　　）。

A. 资源共享　　　　B. 运算精度高　　　　C. 运算速度快　　　　D. 内存容量大

【答案】A。

2. 计算机网络的物理与逻辑组成

从物理连接上讲：计算机网络由计算机系统、通信链路和网络节点组成。其中计算机系统进行各种数据处理，通信链路和网络节点提供通信功能。

从逻辑功能上看：计算机网络由通信子网和资源子网组成。通信子网提供计算机网络的通信功能，由网络节点和通信链路组成。资源子网由主机、终端控制器和终端组成。

『经典例题解析』

1. 计算机网络系统由资源子网和_____子网组成。

【答案】通信。

2. 从逻辑功能上看可以把计算机网络分为（　　）两个子网。

A. 宽带网　　　　B. 资源子网　　　　C. 通信子网　　　　D. 计算机网

【答案】BC。

3. 要实现网络通信必须具备三个条件，以下各项中，不属于此类条件的是（　　）。

A. 解压缩卡　　　　　　　　　　　　B. 网络接口卡

C. 网络协议　　　　　　　　　　　　D. 网络服务器/客户机程序

【答案】A。

4. 从逻辑功能上看，可以把计算机网络分为通信子网和（　　）两个子网。

A. 宽带网　　　　B. 资源子网　　　　C. 网络节点　　　　D. 计算机网

【答案】B。

5. 从物理连接上讲，计算机网络由（　　）和网络节点组成。

A. 路由器　　　　B. 通信链路　　　　C. 网卡　　　　D. 计算机系统

【答案】BD。

3. 计算机网络协议

计算机网络协议：计算机网络中的计算机要保证有条不紊地进行数据交换、资源共享，各个独立的计算机系统之间必须达成某种默契，严格遵守事先约定好的一整套通信规程，包括严格规定要交换的数据格式、控制信息的格式和控制功能以及通信过程中事件执行的顺序等，这些通信规程称为网络协议。

网络协议由以下三个要素组成：

1）语法：即用户数据与控制信息的结构及格式。

2）语义：即需要发出何种控制信息，以及完成的动作与做出的响应。

3）时序：是对事件事先顺序的详细说明。

注意：当前使用的协议是由一些国际组织指定的，生产厂商按照协议开发产品，把协议转化为相应的硬件或软件。

网络协议是分层的，原因是：

1）有助于网络的实现和维护。

2）有助于技术的发展。

3）有助于网络产品的生产。

4）促进标准化工作。

『经典例题解析』

1. 网络协议主要由以下三个要素组成：语法、_____和时序。

【答案】语义。

2. 网络协议的三要素不包括（   ）。

A. 词义   B. 语义   C. 语法   D. 时序

【答案】A。

3. 协议分层有助于网络的实现和维护。（   ）

A. 正确   B. 错误

【答案】A。

4. Internet 是由网络路由器和通信线路连接的，基于通信协议 OSI 参考模型构成的当今信息社会的基础结构。（   ）

A. 正确   B. 错误

【答案】B。

5. 构成计算机网络的要素主要有通信协议、通信设备和（   ）。

A. 通信线路   B. 通信人才   C. 通信主体   D. 通信卫星

【答案】C。

4. 计算机网络的体系结构

开放系统互连（OSI）参考模型是由国际标准化组织（ISO）提出的概念，1984 年成为国际标准。

OSI 参考模型分为 7 层（见表 7-1），由低到高依次为：物理层、数据链路层、网络层、传输层、会话层、表示层、应用层。

表 7-1 OSI 各层的功能

OSI 中的层	功　　能
应用层	文件传输、电子邮件、文件服务、虚拟终端等面向用户的服务
表示层	数据转换、数据压缩、数据加密
会话层	对数据传输进行管理
传输层	主要控制包的丢失、错序、重复等问题
网络层	为数据包选择路由，单位为分组或包
数据链路层	传输有地址的数据帧以及错误检测功能，单位为帧
物理层	提供物理连接，以二进制数据形式在物理媒体上传输数据，单位为比特

　　TCP/IP 参考模型：是一种事实上的国际标准，是一组协议，由网络接口层、网际层、传输层、应用层组成。TCP 即传输控制协议，IP 即国际协议。

『经典例题解析』

　　1. TCP/IP 参考模型把网络分为四个层次：应用层、传输层和（　　　）。

　　A. 物理层　　　　　　B. 数据链路层　　　　C. 网际层　　　　　　D. 网络接口层

　　【答案】CD。

　　2. 国际标准化组织提出开放系统互连（ISO/OSI）参考模型将网络的功能划分为_____个层次。

　　【答案】7。

　　3. OSI 参考模型的物理层传送数据的单位是_____。

　　【答案】比特。

　　4. OSI 参考模型的最高两层是（　　　）。

　　A. 传输层　　　　　　B. 表示层　　　　　　C. 应用层　　　　　　D. 物理层

　　【答案】BC。

　　5. TCP/IP 的含义是（　　　）。

　　A. 局域网传输协议　　　　　　　　　　B. 拨号入网传输协议

　　C. 传输控制协议和网际协议　　　　　　D. OSI 协议集

　　【答案】C。

　　6. OSI 参考模型中，_____确定把数据包送到其目的地的路径。

　　【答案】网络层。

　　7. OSI 参考模型将网络的功能划分为 7 个层次，分别为物理层、数据链路层、网络层、会话层、（　　　）和应用层。

　　A. 表示层　　　　　　B. 传输层　　　　　　C. 网际层　　　　　　D. 网络接口层

　　【答案】AB。

　　8. TCP/IP 参考模型的网络接口层对应 OSI 参考模型的（　　　）。

　　A. 物理层　　　　　　B. 链路层　　　　　　C. 网络层　　　　　　D. 物理层和链路层

　　【答案】C。

　　9. 数据链路层中的数据块常被称为（　　　）。

　　A. 信息　　　　　　　B. 分组　　　　　　　C. 帧　　　　　　　　D. 比特流

　　【答案】C。

『你问我答』

　　问题一：Internet 的最高管理机构是 ISO 吗？

　　答：Internet 的标准特点，是自发而非政府干预的，称为请求评价（RFC）。实际上没有任何组织、企业或政府能够拥有 Internet，但是它也被一些独立的管理机构管理的，每个机构都有自己特定的职责。

　　问题二：OSI 参考模型是一种国际标准？

　　答：OSI 参考模型是国际标准，TCP/IP 参考模型是一种事实上的国际标准。

5. TCP/IP 中常用的应用层协议

　　1）超文本传输协议（HTTP）：用于传递制作的网页文件。

2）文件传输协议（FTP）：用于实现互联网中交互式文件的传输功能。

3）电子邮件协议（SMTP）：用于实现互联网中电子邮件传送功能。

4）网络终端协议（TELNET）：用于实现互联网中远程登录功能。

5）域名服务（DNS）：用于实现网络设备名字到 IP 地址映射的网络服务。

6）路由信息协议（RIP）：用于网络设备之间交换路由信息。

7）简单网络管理协议（SNMP）：用于收集和交换网络管理信息。

8）网络文件系统（NFS）：用于网络中不同主机间的文件共享。

Internet 采用 TCP/IP 互连。其中有两个主要协议，即 TCP 和 IP。

计算机之间的通信实际上是程序之间的通信。

Internet 上参与通信的计算机可以分为两类：一类是提供服务的程序，叫作服务器（Server）；另一类是请求服务的程序，叫作客户机（Client）。

Internet 采用了客户机/服务器模式。我们使用的 IE、Outlook 电子邮件程序等就是客户端软件。

『经典例题解析』

1. 在 Internet 上，文件传输服务所采取的通信协议是（　　）。

A. FTP　　　　　B. HTTP　　　　　C. SMTP　　　　　D. Telnet

【答案】A。

2. 超文本传输协议的英文简称为（　　）。

【答案】HTTP。

【解析】超文本传输协议（HTTP）用来传递制作的万维网网页文件。

3. 计算机之间的通信通过（　　）实现。

A. 程序　　　　　B. 数据　　　　　C. 通信设备　　　　　D. 软件

【答案】A。

4. FTP 是 Internet 中的一种文件传输服务，它可以将文件下载到本地计算机中。（　　）

A. 正确　　　　　B. 错误

【答案】A。

5. 所有的网页都设有 BBS。（　　）

A. 正确　　　　　B. 错误

【答案】B。

6. 在 Internet 上，文件传输服务所采用的通信协议是_____。

【答案】FTP。

7. Internet 上的 BBS 站点是网友经常光顾的地方，在那里可以与来自不同地方的人谈天说地、交流感情。进入 BBS 的主要途径是（　　）。

A. FTP　　　　　B. Telnet　　　　　C. WWW　　　　　D. E-mail

【答案】B。

『你问我答』

问题一：客户机和服务器有什么不同，又有什么关系？

答：服务器：提供服务的程序；客户机：请求服务的程序。

问题二：TCP/IP 是一种网络应用，这种说法是错误的，为什么？

答：TCP/IP 是一组协议。

问题三：下列属于网络软件的是（　　　）。

A. Windows2003　　　B. FTP　　　　　C. HTTP　　　　　D. WPS

答：BC。

6. 计算机网络的分类

根据网络的覆盖范围，可分为：1）局域网（LAN）；2）城域网（MAN）；3）广域网（WAN）。国际互联网是一个特殊的广域网。

根据网络拓扑结构，可分为：1）总线型网络；2）星形网络；3）环形网络；4）树形网络；5）混合型网络。

根据传输介质，可分为：1）有线网；2）无线网。有线网采用双绞线、同轴电缆、光纤、电话线作为传输介质；无线网采用卫星通信、无线电波、微波或红外线作为传输介质。

根据网络的使用性质，可分为：1）公用网；2）专用网。

『经典例题解析』

1. 计算机网络按其覆盖范围，可划分为（　　　）。

A. 以太网和移动通信网　　　　　　B. 电路交换网和分组交换网

C. 局域网、城域网和广域网　　　　D. 星形结构、环形结构和总线结构

【答案】C。

2. 关于局域网的叙述，正确的是（　　　）。

A. 覆盖范围有限、距离短　　　　　B. 数据传输速度高、误码率低

C. 光纤是局域网最适合使用的传输介质　D. 局域网使用最多的传输介质是双绞线

【答案】ABD。

3. 计算机网络按其拓扑结构分类可以分为网状网、总线网、环形网、（　　　）和混合型网。

A. 星形网　　　　B. 树形网　　　　C. 电视网　　　　D. 电话网

【答案】AB。

4. 在计算机网络中，LAN 网是指广域网。（　　　）

A. 正确　　　　B. 错误

【答案】B。

5. 按网络的范围和计算机之间的距离划分的是局域网和＿＿＿＿＿＿＿＿。

【答案】广域网。

【解析】按网络的范围和计算机之间的距离划分，如分成两大类为局域网和广域网，三大类为局域网、城域网和广域网，四大类为局域网、城域网、广域网和国际互联网。

6. 下列不属于计算机网络基本拓扑结构的形式是（　　　）。

A. 星形　　　　B. 环形　　　　C. 总线型　　　　D. 分支型

【答案】D。

7. 计算机网络按地域划分，不包括（　　　）。

A. 局域网　　　　B. 校园网　　　　C. 广域网　　　　D. 城域网

【答案】B。

8. 常见的局域网络拓扑结构有（　　　）。

A. 总线结构、关系结构、逻辑结构　　　B. 总线结构、环形结构、星形结构

C. 逻辑结构、总线结构、网状结构　　　D. 逻辑结构、层次结构、总线结构

【答案】B。

9. 下面是计算机网络传输介质的是（　　）。

A. 双绞线　　　　　B. 同轴电缆　　　　C. 并行传输线　　　D. 串行传输线

【答案】AB。

10. 计算机网络按其覆盖的范围分类，可分为局域网和（　　）。

A. 城域网　　　　　B. 以太网　　　　　C. 广域网　　　　　D. 校园网

【答案】AC。

『你问我答』

问题一：计算机网络 Internet 为主的第四代，对吗？

答：对。

问题二：下列关于局域网拓扑结构的叙述中，正确的有（　　）。

A. 星形结构网络中，若中心计算机发生故障时，会导致整个网络停止工作

B. 环形结构网络中，若某台工作站故障，不会导致整个网络停止工作

C. 总线型结构网络中，若某台工作站故障，一般不影响整个网络的正常工作

D. 树形结构网络适用于对层次要求较为严格的环境

答：ACD。

问题三：计算机网络的拓扑结构中，所有数据信号都要通过同一条电缆来传递的是＿＿＿＿＿＿＿＿。

答：总线型。

问题四：局域网络软件主要包括网络数据库管理系统、网络应用软件和网络操作系统，对吗？

答：可以这么说。

问题五：按网络的范围和计算机之间的距离划分的是局域网和广域网，对吗？

答：这是划分为两类的说法。

7. 本地连接的设置与网络配置的检查

接入 Internet 的方法有：

1）PSTN 方式：PSTN 即公用电话交换网，通过调制解调器拨号实现用户接入的方式。

2）ADSL 方式：通过普通电话线提供宽带数据业务的技术。

3）LAN 方式：需要网卡和网络连接线，通过集线器或交换机经路由器接入 Internet。

4）无线方式：主要技术有蜂窝技术、数字无绳技术、点对点微波技术、卫星技术和蓝牙技术。

在 Windows 中检查网络配置的命令有：IPConfig、Ping、Tracert。IPConfig 用于检查当前 TCP/IP 网络中的配置情况；Ping 用于监测网络连接是否正常；Tracert 可以判定数据到达目的主机所经过的路径，显示路径上各个路由器的信息。

『经典例题解析』

1. ADSL 设备的非对称数字用户环路，非对称性指的是（　　）。

A. 上行速率快，下行速率慢　　　　B. 下行速率快，上行速率慢

C. 上行、下行速率一样快　　　　　D. 下行、上行速率一样慢

【答案】B。

2. MODEM 的作用是（　　）。

A. 实现计算机的远程联网　　　　　　B. 在计算机之间传送二进制信号

C. 实现数字信号与模拟信号之间的转换　D. 提高计算机之间的通信速度

【答案】C。

3. 调制解调器（MODEM）的作用是（　　）。

A. 将计算机的数字信号转换成为模拟信号，以便发送

B. 将模拟信号转换成计算机的数字信号，以便接收

C. 将计算机数字信号与模拟信号互相转换，以便传输

D. 为了上网与接电话两不误

【答案】C。

4. 带宽指信道所能传送的信号的频率宽度，就是可传送信号的最高频率与最低频率之差。（　　）

A. 正确　　　　　　B. 错误

【答案】A。

【解析】在模拟信号系统中，带宽用来标识传输信号所占有的频率宽度，这个宽度由传输信号的最高频率和最低频率决定，两者之差就是带宽值，因此又被称为信号带宽或者载频带宽，单位为 Hz。数字信号系统中，带宽用来标识通信线路所能传送数据的能力，即在单位时间内通过网络中某一点的最高数据率，常用的单位为 bit/s（又称为比特率）。在日常生活中描述带宽时常常把单位省略掉，例如：带宽为 4M，完整的称谓应为 4Mbit/s。

5. 个人计算机通过电话线拨号方式接入 Internet 时，应使用的设备是（　　）。

A. 交换机　　　B. 调制解调器　　　C. 电话机　　　D. 浏览器软件

【答案】B。

6. （　　）命令用于监测网络连接是否正常。

A. net　　　　　B. ping　　　　　C. ipconfig　　　　D. cmd

【答案】B。

『你问我答』

问题一：在 Windows 7 中，用于判定数据到达目的主机所经过的路径并显示路径上各个路由器信息的命令是＿＿＿＿＿＿＿＿。

答：Tracert。

问题二：调制解调器中，调制和解调的作用分别是什么？

答：调制就是把数字信号转换成电话线上传输的模拟信号；解调就是把模拟信号转换成数字信号。

调制解调器主要用于数据交换。

问题三：在网络中，将数字信号转为模拟信号的过程是什么？

答：调制。

问题四：向家庭用户提供上网服务的信息服务提供商，其简称是＿＿＿＿＿＿＿＿。

答：ISP。

8. 计算机网络系统

计算机网络系统由硬件、软件和规程三部分内容组成。硬件部分包括主体设备、连接设

备和传输介质；软件部分包括网络操作系统和应用软件。网络中的各种协议通常以软件形式表现出来。

主体设备称为主机（Host），可分为中心站（也称服务器）和工作站（也称客户机）。

连接设备有网卡（也称网络适配器）、集线器、中继器、网桥、路由器、交换机、网关等。

『经典例题解析』

1. 计算机网络中的主体设备称为＿＿＿＿＿＿＿＿＿，一般可分为中心站（也称服务器）和工作站（也称客户机）两类。

【答案】主机。

2. 超链接可以链接位于两台不同的 Web 服务器上的信息，这两台不同的 Web 服务器可以相距（　　）。

A. 不超过 1000m　　B. 不超过 10km　　C. 不超过 100km　　D. 任意远

【答案】D。

3. 为网络提供共享资源并对这些资源进行管理的计算机称为（　　）。

A. 网卡　　　　　　B. 服务器　　　　　C. 工作站　　　　　D. 网桥

【答案】B。

4. 网络的传输介质分为有线传输介质和（　　）。

A. 交换机　　　　　B. 光纤　　　　　　C. 无线传输介质　　D. 红外线

【答案】C。

『你问我答』

问题一：局域网的网络硬件设备主要包括服务器、客户机、网络适配器、集线器和（　　）等。

A. 网络拓扑结构　　　　　　　　　　B. 传输介质

C. 网络协议　　　　　　　　　　　　D. 路由器及网桥

答：答案是 B。

问题二：在实现计算机的局域网连接中，并非必需的软硬件设备是（　　）。

A. 网线　　　　　　B. 网卡　　　　　　C. 调制解调器　　　D. 网络协议

答：答案是 C，必须要有网线。

问题三：网络结构的核心是网络操作系统吗？

答：是的。

9. 网络连接设备

1）网卡是工作在物理层的网络组件，是局域网中连接计算机和传输介质的接口，不仅能实现与局域网传输介质之间的物理连接和电信号匹配，还涉及帧的发送与接收、帧的封装与拆封、介质访问控制、数据的编码与解码以及数据缓存的功能等。

网卡的主要作用如下：

① 提供固定的网络地址，称为 MAC 地址，是全球唯一的，也称为网卡的物理地址。

② 接收网线上传来的数据，并把数据转换为本机可识别和处理的格式，通过计算机总线传送给本机。

③ 把本机要向网上传输的数据按照一定的格式转换为网络设备可处理的数据形式，通过网络传送到网上。

网卡的分类如下：

① 按总线形式分：有 PCI、PCMCIA（笔记本式计算机专用）、USB。

② 按网卡的速度分：有 10Mbit/s、100Mbit/s、1000Mbit/s。

③ 按网卡的接口类型分：连接同轴电缆的 BNC 接口，连接双绞线的 RJ45 接口。

2）集线器的英文为"Hub"，是计算机网络中连接多台计算机或其他设备的连接设备。集线器的主要功能是对接收到的信号进行再生整形放大和中转，以扩大网络的传输距离，它工作于物理层。

3）中继器是网络物理层上面的连接设备，适用于完全相同的两类网络的互联。它的主要功能是通过对数据信号的重新发送或者转发，来扩大网络传输的距离。

4）网桥工作在数据链路层，将两个 LAN 连起来，根据 MAC 地址来转发帧，可以看作一个"低层的路由器"。

5）路由器属于网间连接设备，能够在复杂的网络环境中完成数据包的传送工作，工作在网络层。

6）交换机是一种基于 MAC 地址识别，能完成封装转发数据包功能的网络设备，工作在数据链路层（可以取代集线器和网桥）。

7）网关（Gateway）又称网间连接器、协议转换器。网关在传输层上以实现网络互联，是最复杂的网络互联设备，仅用于两个高层协议不同的网络互联。

『经典例题解析』

1. 路由器属于网间连接设备，它能够在复杂的网络环境中，完成数据包的传送工作，路由器工作在（　　）。

　　A. 网络层　　　　B. 数据链路层　　　C. 物理层　　　　D. 传输层

【答案】A。

2. 计算机通过（　　）实现资源共享和数据通信。

　　A. 网络　　　　B. 集线器　　　　C. 路由器　　　　D. 软件

【答案】A。

3. 下列选项中属于网络设备的是（　　）。

　　A. 交换机　　　B. 路由器　　　　C. 网桥　　　　D. 光缆

【答案】ABC。

4. 网络设备中，_____是用来实现不同类型的网络之间互联的。

【答案】网关。

5. 为了把工作站或服务器等智能设备连入一个网络中，需要一块称为（　　）的网络接口设备。

　　A. 网桥　　　　B. 网关　　　　C. 网卡　　　　D. 网间连接器

【答案】C。

6. 在中继系统中，中继器处于（　　）。

　　A. 物理层　　　B. 数据链路层　　　C. 网络层　　　　D. 应用层

【答案】A。

『你问我答』

问题一：交换机可以将以太网隔离成若干子网，这样有利于提高通信效率。（　　）

答：错误，应为路由器。

问题二：路由器是连接网络的核心设备？还是中继器？网关？

答：路由器。

问题三：网卡插入计算机以后，需要正确设置它的（　　）。

A. 中断号　　　　　B. 网卡号　　　　　C. 计算机号　　　　　D. 网络名称

答：A。

10. 网上邻居的使用

"网上邻居"显示指向共享计算机、打印机和网络上其他资源的快捷方式。只要打开共享网络资源（如打印机或共享文件夹），快捷方式就会自动创建在"网上邻居"上。"网上邻居"文件夹还包含指向计算机上的任务和位置的超级链接。这些链接可以帮助用户查看网络连接，将快捷方式添加到网络位置，以及查看网络域中或工作组中的计算机。

11. 文件共享

在 Windows 对等网上，所有打印机、CD-ROM 驱动器、硬盘驱动器、软盘驱动器都能共享。

『经典例题解析』

1. 计算机网络资源共享主要是指（　　）共享。

A. 工作站和服务器　　　　　　　　B. 软件资源、硬件资源和数据资源

C. 通信介质和节点设备　　　　　　D. 客户机和服务器

【答案】B。

2. 为了使自己的文件让其他同学浏览，又不想让他们修改文件，一般可将包含该文件的文件夹共享属性的访问类型设置为（　　）。

A. 隐藏　　　　　B. 完全　　　　　C. 只读　　　　　D. 不共享

【答案】C。

3. 在 Windows 中，下面有关打印机方面的叙述中（　　）是不正确的。

A. 局域网上连接的打印机称为本地打印机

B. 本地上连接的打印机称为本地打印机

C. 使用控制面板可以安装打印机

D. 一台微机只能安装一种打印机

【答案】D。

【解析】本地打印机是通过相关驱动程序和配置程序，在计算机上直接设置的打印机配置工具，可供本机使用，也可远程使用；网络打印是指通过打印服务器将打印机作为独立的设备接入局域网或者 Internet，从而使打印机摆脱一直以来作为计算机外设的附属地位，使之成为网络中的独立成员，其他成员可以直接访问使用该打印机。

『你问我答』

问题一：计算机通过电缆连接网络驱动器，两台计算机的串行口或并行口之间连接电缆，就可以建立一个简单的对等网。

对等网是什么？两台计算机相互通信至少需要什么设备？

答：对等网采用分散管理的方式，网络中的每台计算机既可作为客户机又可作为服务器来工作，每个用户都管理自己计算机上的资源。在传输介质方面既可以使用双绞线，也可以使用同轴电缆，还可采用串、并行电缆。所需网络设备只需相应的网线（或电缆）和网卡。

问题二：网络操作系统的工作模式有对等模式和客户机/服务器模式两种，对吗？

答：网络操作系统的工作模式有对等（Peer-to-Peer）模式、文件服务器模式以及客户机/服务器（Client/Server）模式。

问题三：Windows 中，网上邻居的作用是（　　）。

A. 查看并使用网络中的资源　　　　　　B. 查看管理本地计算机的所有资源

答：A。

12. Internet 的起源、发展、提供的服务

Internet 是一个全球范围的广域网，由复杂的物理网络通过 TCP/IP 将分布在世界各地的各种信息和服务连接在一起。

物理网络由各种网络互联设备、通信线路以及计算机组成。网络互联设备的核心是路由器。

『经典例题解析』

Internet 网络通信使用的协议是＿＿＿＿＿＿＿＿。

【答案】TCP/IP。

『你问我答』

问题一：Internet 是通过（　　）将物理网络互联在一起的虚拟网络。

A. 路由器　　　　　B. 网卡　　　　　　C. 中继器　　　　　D. 集线器

答：A。

问题二："一台计算机欲接入 Internet，必须配置 HTTP"这句话对吗？

答：错，应为 TCP/IP。

问题三：与 Internet 相连的任何一台计算机，不管是最大型的还是最小型，都被称为 Internet（　　）。

A. 服务器　　　　　B. 工作站　　　　　C. 客户机　　　　　D. 主机

答：C。

13. IP 地址

IP 地址由 32 位二进制位组成，通常分为网络地址和主机地址两部分。IP 地址也称为网际地址，由 4 组组成，每组 8 位，各组之间用"."分开。例如：

11001010.01100011.01100000.10001100，相当于：202.99.96.140。

IP 地址分为 5 类：A 类地址、B 类地址、C 类地址、D 类地址、E 类地址，见表 7-2。分类的原则是按照每个网络中所含的主机数，A 类地址网络中所含的计算机数目最多。

表 7-2　IP 地址的分类

IP 地址类型	最高位	网络号范围	备　　注
A 类	0	1~127	网络号不能为 127，被保留用作回路及诊断功能
B 类	10	128~191	
C 类	110	192~223	
D 类	1110		用于多点广播
E 类	11110		保留未用

子网掩码是用来判断任意两台计算机的 IP 地址是否属于同一子网的根据。

IPv6 是用于替代现行版本 IPv4 的下一代 IP。IPv6 具有长达 128 位的地址空间，可以彻底解决 IPv4 地址不足的问题。

『经典例题解析』

1. 下列选项中，用户可以使用的合法的 IP 地址是（　　）。

A. 252. 12. 47. 148　　B. 0. 112. 36. 21　　C. 157. 24. 3. 257　　D. 14. 2. 1. 3

【答案】D。

2. IP 地址 192. 168. 0. 1 属于（　　）。

A. A 类　　　　　　B. B 类　　　　　　C. C 类　　　　　　D. D 类

【答案】C。

3. IP 地址具有固定、规范的格式，它由（　　）位二进制数组成。

A. 16　　　　　　　B. 32　　　　　　　C. 18　　　　　　　D. 2

【答案】B。

4. Internet 使用的 IP 地址是由小数点隔开的四个十进制数组成，下列属于 IP 地址的是（　　）。

A. 302. 123. 234. 0　　B. 10. 123. 456. 11　　C. 12. 123. 1. 168　　D. 256. 255. 20. 31

【答案】C。

5. 以下属于 C 类 IP 地址的是（　　）。

A. 100. 78. 65. 3　　B. 192. 0. 1. 1　　C. 197. 234. 111. 123　　D. 23. 24. 45. 56

【答案】BC。

6. 子网掩码是用来判断任意两台计算机的 IP 地址是否属于同一子网的，根据正常情况下的子网掩码（　　）。

A. 前两个字节为"1"　　　　　　B. 主机标准位全为"0"

C. 网络标准位全为"1"　　　　　　D. 前两个字节为"0"

【答案】BC。

【解析】子网掩码的设定必须遵循一定的规则。与 IP 地址相同，子网掩码由 1 和 0 组成，且 1 和 0 分别连续。子网掩码的长度也是 32 位，左边是网络位，用二进制数字"1"表示，1 的数目等于网络位的长度；右边是主机位，用二进制数字"0"表示，0 的数目等于主机位的长度。这样做的目的是为了让掩码与 IP 地址做"与"运算时用 0 遮住原主机数，而不改变原网络段数字，而且很容易通过 0 的位数确定子网的主机数。只有通过子网掩码，才能表明一台主机所在的子网与其他子网的关系，使网络正常工作。

7. IP 地址包括网络地址和主机地址，必须符合 IP 通信协议，具有唯一性，共含有 32 个二进制位。（　　）

A. 正确　　　　　　B. 错误

【答案】A。

8. IP 地址 212. 22. 68. 201 属于＿＿＿＿＿＿＿＿＿＿类 IP 地址。

【答案】C。

9. IP 地址 188. 42. 241. 6 所属的类型是（　　）。

A. A 类地址　　　B. B 类地址　　　C. C 类地址　　　D. D 类地址

【答案】B。

10. IPv6 中地址是用（　　）位二进制位数表示的。

A. 32　　　　　　　B. 64　　　　　　　C. 128　　　　　　　D. 256

【答案】C。

11. 网上的每台计算机、路由器等都要有一个唯一可标识的地址，在 Internet 上为每个计算机指定的唯一的 32 位二进制位的地址称为（　　），也称为网际地址。

A. 设备地址　　　　B. 物理地址　　　　C. 网卡地址　　　　D. IP 地址

【答案】D。

『你问我答』

问题一：在 Internet 中，凡是以二进制数字 110 开始的地址属于 C 类网络地址？

答：对。

问题二：主机号全部为 0 的地址被称为网络地址，对吗？

答：错。

问题三：IP 地址和 MAC 谁是全球唯一的？

答：MAC 地址是独一无二的，理论上 IP 地址一般也是独一无二的。

问题四：能使用 Internet 的所有计算机都有一个独一无二的 IP 地址。

答：对，理论上是这样。

问题五：IP 地址是 Internet 上的数字标识，对吗？

答：对。

14. 域名系统

在 Internet 上，IP 地址是全球通用的地址，但是数字表示的 IP 地址不容易记忆，因此，TCP/IP 为人们记忆方便而设计了一种字符型的计算机命名机制，这就是域名系统（DNS）。

在网络域名系统中，Internet 上的每台主机不但具有自己的 IP 地址（数字表示），而且还有自己的域名（字符表示）。

域名系统采用分层结构，每个域名由几个域组成，域之间用"."分开。最右的域称为顶级域，其他的域称为子域。

域名一般格式：主机名 . 商标名（企业名）. 单位性质 . 国家代码或地区代码

顶级域名：

1）国际组织或机构域名：com 商业机构；edu 教育机构；gov 政府机构；int 国际结构；mil 军事机构；net 网络机构；org 非营利机构；info 信息机构。

2）国家或地区域名：cn 中国（包括 hk 香港、mo 澳门、tw 台湾）；au 澳大利亚；ca 加拿大；it 意大利；jp 日本；uk 英国；kp 韩国；us 美国；my 马来西亚。

域名与 IP 地址关系：

IP 地址是为了对计算机加以区分而设置的，域名是为了解决 IP 地址不便于记忆的问题而引入的。要访问网络上的某一台计算机，可以使用域名，但对网络中计算机的访问归根结底是要知道它的 IP 地址。因此，必须把用户进行网络资源访问时所使用的域名转化为它所对应的 IP 地址，这个过程称之为域名解析。域名解析是由专门的域名系统（DNS）来实现的。

同一个 IP 地址可以有若干个不同的域名，但每个域名只能有一个 IP 地址与其对应。

『经典例题解析』

1. 属于顶级域名的类型包括（　　）。

A. 全球公司域名　　B. 国际顶级域名　　C. 通用顶级域名　　D. 国家顶级域名

【答案】BD。

2. DNS 的作用是根据域名查找计算机。（　　）

A. 正确　　　　　　B. 错误

【答案】B。

【解析】把用户进行网络资源访问时所使用的域名转化为它所对应的 IP 地址，这个过程称之为域名解析。域名解析是由专门的域名系统（DNS）来实现的。

3. 一台接入 Internet 的计算机可以没有域名，但不能没有 IP 地址。（　　）

A. 正确　　　　　　B. 错误

【答案】A。

4. 在 Internet 域名中，大学等教育机构网站通常用＿＿＿＿＿＿＿英文缩写表示。

【答案】edu。

5. 只知道服务器的 IP 地址，而没有该服务器的域名，则无法访问该服务器。（　　）

A. 正确　　　　　　B. 错误

【答案】B。

6. 根据已发布的《中国互联网络域名注册暂行管理办法》，中国互联网络的域名体系顶层域名为＿＿＿＿＿＿＿。

【答案】cn

7. Internet 在 IP 地址的基础上提供了一种面向用户的字符型主机地址命名机制，这就是（　　）。

A. 网络操作系统　　B. 物理地址　　　　C. 域名系统　　　　D. 网络邻居

【答案】C。

8. 网址"www. pku. edu. cn"中的"cn"表示（　　）。

A. 英国　　　　　　B. 美国　　　　　　C. 日本　　　　　　D. 中国

【答案】D。

『你问我答』

问题：在互联网上的每一台计算机既有域名，又有 IP 地址。这句话对吗？

答：错，每一台主机。

15. URL

URL 即统一资源定位器，用于唯一标志 Internet 上的某个网络资源。实际上，URL 就是某个网页的地址，由协议名、主机名、路径和文件名四部分组成，格式为：协议名：//主机名/路径和文件名，如 http://www. sina. com. cn/index. htm。

『经典例题解析』

1. URL 的含义是（　　）。

A. 信息资源在网上什么位置和如何访问的统一的描述方法

B. 信息资源在网上什么位置及如何定位寻找的统一的描述方法

C. 信息资源在网上业务类型和如何访问的统一的描述方法

D. 信息资源在网络地址的统一的描述方法

【答案】B。

2. URL 是一个简单的格式化字符串，指定服务器的地址及文件位置但不包含访问资源的类型。（　　）

A. 正确　　　　　　　　B. 错误

【答案】B。

3. URL 地址的格式通常由四部分组成：＿＿＿＿＿＿＿＿＿＿、存放资源的主机域名或者 IP 地址、资源存放路径和文件名，如 http://www.edu.cn/index.html，ftp://edu.cn。

【答案】协议名。

4. 英文简称 URL 的中文意思是＿＿＿＿＿＿＿＿＿＿。

【答案】统一资源定位器。

16. Internet 在中国的发展

四大网络：中国教育和科研计算机网：CERTNet；中国公用计算机互联网：ChinaNet；中国金桥信息网：ChinaGBN；中国科技网：CSTNet。

三金工程：金桥、金卡、金关。

『经典例题解析』

信息高速公路是指（　　）。

A. 装备有通信设施的高速公路　　　　B. 电子邮政系统

C. 国家信息基础设施　　　　　　　　D. 快递专用通道

【答案】C。

17. WWW、IE、信息的保存、搜索引擎

WWW：万维网（World Wide Web）的简称，是一个基于超文本的（Hypertext）的信息检索服务工具，将位于全世界 Internet 上不同地点的相关数据信息有机地编织在一起。

IE：即 Internet Explorer，是微软公司的 WWW 浏览器。启动 IE 后，在地址栏中输入想浏览的地址，如 www.sina.com.cn，按回车键或单击"转到"按钮，就可以访问新浪网了。

IE 的"历史记录"：包括了用户在最近几天或者几星期内访问过的 Web 页面和站点的链接，可以按日期、按站点、按单击次数等方式显示这些 Web 页面和站点的链接。

IE 的"收藏夹"：可以把自己喜欢的 Web 页面或者站点地址保存下来，以便以后可以快速打开这些网页或网站。

保存 Web 页面时，可选的文件保存类型有：

1）Web 页，全部（＊.htm，＊.html），同时保存所有图片，声音、样式表等。

2）Web 页，仅 HTML（＊.htm，＊.html），将网页保存为 HTML 文件，但不保存图片、声音等其他信息。

3）Web 电子邮件档案（＊.mht），将 HTML 文件、图片、声音打包成一个文件存放。

4）文本文件（＊.txt）。

常用搜索引擎：谷歌、百度、雅虎、搜狗等。

搜索描述符号：

1）""：用来查询完全匹配关键字串的网站；

2）"＋"或空格：用来限制该关键字必须出现在检索结果中；

3）"－"：用来限制关键字不能出现在检索结果中。

『经典例题解析』

1. 在 Internet Explorer 中，收藏夹收藏的是（　　）。

A. 网站地址　　　B. 网站内容　　　C. 网页地址　　　D. 网页内容

【答案】A。

2. 万维网的特点是（　　）。

A. 分布式的信息资源　　　　　B. 统一的用户界面

C. 支持多种媒体　　　　　　　D. 应用广泛

【答案】ABCD。

【解析】万维网（WWW）是一个应用在 Internet 上的规模庞大分布式系统，作用是实现全球信息共享。它采用超文本（Hypertext）的或超媒体的信息结构，建立了一种简单但强大的全球信息系统。

3. 在使用浏览器浏览网页过程中，可以保存超链接指向文件。（　　）

A. 正确　　　B. 错误

【答案】A。

4. Microsoft Windows 7 操作系统自带的上网浏览器为＿＿＿＿＿＿＿＿。

【答案】Internet Explorer。

5. 在 Internet 上，访问 Web 信息时用的工具是浏览器。（　　）就是目前常用的 Web 浏览器之一。

A. FrontPage　　　B. Outlook Express　　C. Yahoo　　　D. Internet Explorer

【答案】D。

6. 使用浏览器在浏览过程中，无法保存网页中的图片。（　　）

A. 正确　　　B. 错误

【答案】B。

7. 一般的浏览器用（　　）来区别访问过和未访问过的连接。

A. 不同的字体　　　　　　　B. 不同的颜色

C. 不同的光标形状　　　　　D. 没有区别

【答案】B。

【解析】红色表示已经访问过了。

8. 为了准确地找到所需医疗网站地址，往往需要使用搜索引擎。如果想查找医学信息，应该使用的关键词是（　　）。

A. network　　　B. gopher　　　C. chemical　　　D. medical

【答案】D。

『你问我答』

问题一：WWW 系统的组成部分有没有 HTTP？我看到好几本辅导书上都有同一个题目：WWW 系统是由 WWW 客户机、WWW 服务器和超文本传输协议三部分组成。

这个题是对还是错，答案应该是什么啊？

答：这个是对的，也可以说 WWW 系统有四部分组成：浏览器（客户机）；客户端代理（SSL）；Web 服务器（服务器）；应用信息库服务器（服务器）。

问题二：IE 是否支持脱机浏览方式，脱机浏览又是什么？

答：将要浏览的网页添加到收藏夹后，我们就可以进行脱机浏览了，此后当连接到 Internet 后，从"工具"菜单中单击"同步"，开始下载脱机浏览的网页，完成后，从"文件"菜单下单击"脱机工作"，就可以脱机浏览了。

问题三：上网时想同时打开多个主页，按什么快捷键可以在不关闭当前主页的基础上再打开一个主页？

答：<CTRL + N>。

问题四：WWW 的作用是（　　）。

A. 信息浏览　　　　B. 文件传输　　　　C. 远程登录　　　　D. 收发电子邮件

答：答案为 A。

问题五：在检索的关键字中，可以使用下面（　　）一些符号对检索进行限制。

A. ""（双引号）　　B. +（加号）　　　C. -（减号）　　　D. >（大于号）

E. <（小于号）

答：答案为 ABC。1）""用来查询完全匹配关键字串的网站；2）"+"或空格：用来限制该关键字必须出现在检索结果中；3）"-"：用来限制关键字不能出现在检索结果中。

18. 电子邮件服务

电子邮件即 E-mail，是 Internet 上使用最多、应用范围最广的服务之一，可以传递和存储电子信函、文件、数字传真、图像和数字化语音等各种类型的信息。其最大的特点是解决了传统邮件时空的限制，人们可以在任何地方、任何时间收、发邮件，并且速度快，大大提高了工作效率。

电子邮件是通过"存储-转发"方式为用户传递邮件的。

电子邮件中使用的协议有 SMTP、POP、MIME。

SMTP：用于将电子邮件从客户端传输到服务器，以及从某个服务器传输到另一个服务器。SMTP 只能传输普通文本，不能传输图像、声音和视频等非文本信息。

POP：是一种允许用户从邮件服务器接收邮件的协议。有两种版本：POP2 和 POP3，其中POP3 是当前最常用的。

MIME：规定了通过 SMTP 传输非文本电子邮件附件的标准。

电子邮件地址的格式：username@ hostname。其中，username 是邮箱用户名，hostname 是邮件服务器名。

电子邮件系统是 Internet 上一种典型的客户机/服务器系统，主要包括电子邮件客户机、电子邮件服务器以及支持 Internet 上电子邮件服务的各种服务协议。其中电子邮件客户机是电子邮件使用者用来收、发、创建、浏览电子邮件的工具。电子邮件客户机上运行着的电子邮件客户软件可以帮助用户撰写合法的电子邮件，并将用户写好的邮件发送到相应的邮件服务器，可以协助用户在线阅读或下载电子邮件。

常用的电子邮件客户端软件有：Foxmail、Outlook Express。

『经典例题解析』

1. 下列正确的电子邮件地址是（　　）。

A. cn@163.com　　B. cn#163.com　　C. cn.163.com　　D. cn%163.com

【答案】A。

2. Outlook Express 是个（　　），专门帮助用户处理有关电子邮件和电子新闻事务。

A. 电子邮件搜索软件　　　　　　　　B. 电子邮件客户端软件

C. 电子邮件撰写软件　　　　　　　　D. 电子邮件服务器软件

【答案】B。

3. 电子邮件地址的格式是（   ）。

A. 用户名@主机域名　　　　　　　　B. 主机域名@用户名

C. 用户名 . 主机域名　　　　　　　　D. 主机域名 . 用户名

【答案】A。

4. 关于电子邮件的叙述正确的是（   ）。

A. 电子邮件能传输文本

B. 电子邮件能传输文本和图片

C. 电子邮件可以传输文本、图像、视像等

D. 电子邮件不能传输程序

【答案】ABD。

5. 电子邮箱地址包括（   ）。

A. 通信协议　　　　B. 邮箱帐户名　　　　C. 邮箱服务器地址　　D. 路径

【答案】BC。

6. 通过 Internet 发送或接收电子邮件（E-mail）的首要条件是应该有一个邮件地址，它的正确形式是（   ）。

A. 用户名@域名　　B. 用户名#域名　　　C. 用户名/域名　　　　D. 用户名 . 域名

【答案】A。

7. E-mail 地址就是传统意义上的物理地址。（   ）

A. 正确　　　　　　　B. 错误

【答案】B。

8. 邮件地址包括用户名和（   ）。

A. 邮箱名　　　　　B. 网络地址　　　　　C. 本机地址　　　　　D. 邮件服务器地址

【答案】D。

9. 发送电子邮件前不能确知电子邮件是否能够送达。（   ）

A. 正确　　　　　　　B. 错误

【答案】A。

『你问我答』

问题一：fox@ public tpt tj. com 和 fox@ public. tpt. tj. com 这两个电子邮箱地址都是正确的吗？

答：后一个正确。通常使用"."作间隔。

问题二：传输电子邮件使用 MIME 协议吗，什么是 MIME 协议？

答：MIME 规定了通过 SMTP 传输非文本电子邮件附件的标准。

问题三：在 Outlook Express 窗口中，新邮件的抄送文本框输入的多个电子邮件信箱的地址之间应用分号作分隔，用逗号不可以吗？

答：用分号、逗号作分隔都可以。

问题四：通过电子邮件可以向世界上的任何一个 Internet 用户发送信息（   ）。

这题的答案是正确。可是如果你要发邮件的那个人没有电子邮箱，那不就没办法给他发邮件了吗？

答：对。相对而不是绝对。

问题五：电子邮件是一种利用网络交换信息的非交互服务还是一种通过网络实时交互的信息传递方式？

答：非交互服务。

问题六：在 Internet 上，E-mail 地址是唯一的？

答：是的。

问题七：通过 Outlook Express 可以完成下载新闻以便脱机阅读的工作么？

答：不可以。Outlook Express 是用来收发电子邮件的。

19. 重要的 Internet 服务

1）FTP 服务：文件传输，是典型的客户机/服务器系统。典型工具：CuteFTP。

2）Telnet：远程登录，用户可以通过一台计算机登录到另一台计算机上，运行其中程序并访问其中服务。

3）Usenet：新闻组，是 User Network 的缩写变体，指许多专题讨论组组成的集合。Usenet 中的讨论区称为新闻组（Newsgroup）。

4）网上聊天（Internet Relay Chatting，IRC），网络寻呼（I Seek You，ICQ）。

工具：雅虎通、网易泡泡、MSN、QQ、新浪寻呼等。

IP 电话，即网络电话，是一种数字型电话，有声音延迟现象。

5）网络音乐和网络视频：MP3、WMA、RAM 是数字音乐的几种压缩格式；视频点播（Video On Demand，VOD）。

6）文件下载：可以直接从网页上下载、从 FTP 站点下载、用断点续传软件下载、BT 下载等。工具：FlashGet、NetAnts、BitTorrent。

『经典例题解析』

1. 在 Internet 服务中，用于远程登录的是（　　）。

A. FTP　　　　　　B. E-mail　　　　　　C. HTTP　　　　　　D. Telnet

【答案】D。

2. 下列常用的搜索引擎有（　　）。

A. 百度　　　　　　B. QQ　　　　　　C. 谷歌　　　　　　D. 天网

【答案】AC。

3. VOD 是一种可以按照客户需要点播节目的交互式视频系统，中文名称是（　　）。

【答案】视频点播。

【解析】视频点播（Video On Demand，VOD）称为交互式电视点播系统。视频点播是计算机技术、网络技术、多媒体技术发展的产物，是一项全新的信息服务。

4. IP 电话（Iphone）也称网络电话，是通过 TCP/IP 实现的一种电话应用。（　　）

A. 正确　　　　　　B. 错误

【答案】A。

5. 地址"ftp://218.0.0.123"中的"ftp"是指（　　）。

A. 协议　　　　　　B. 网址　　　　　　C. 文件传输　　　　　　D. 邮件信箱

【答案】A。

6. 在 Internet 中能够提供任意两台计算机之间传输文件的协议是（　　）。

A. WWW　　　　　　B. FTP　　　　　　C. Telnet　　　　　　D. SMTP

【答案】B。

『你问我答』

问题一：FTP 传输文本有图像和文本两种模式，对吗？

答：错误。FTP 的传输有两种方式：ASCII 传输模式和二进制数据传输模式。

问题二：网络新闻组（Usenet）是 WWW 中发布新闻的界面。

答：错误。网络新闻组（Usenet）是一种利用网络进行专题研讨的国际论坛，是最大规模的网络新闻组；拥有数以千计的讨论组，每个讨论组都围绕某个专题展开讨论，例如哲学、数学、计算机、文学、艺术、游戏与科学幻想等，所有你能想到的主题都会有相应的讨论组。

20. HTML 文件

1）超文本标记语言（Hyper text Markup Language，HTML）是一种用于编写静态网页的语言，该语言的基本组成部分是标记，使用标记定义网页、描述信息以及控制显示效果等，用该语言编写的网页文件以 .htm 或 .html 为扩展名。

实际上用 HTML 编写的网页是一种文本文件，可以使用记事本等文本编辑器进行编辑。

2）HTML 网页的基本结构

一个 HTML 文件都包含要显示的内容和 HTML 标记两部分，标记用于控制内容的外观。一般的 HTML 文件的结构如下：

```
< html >
    < head >
        …          头部：一般包含标题、语言字符集信息等定义。
    </ head >
    < body >
        …          正文主体：核心部分，用于定义网页内容及显示方式。
    </ body >
</ html >
```

3）标记

HTML 中的标记是事先约定的，多数标记的格式为：<标记名>文本内容</标记名>

多数标记都具有开始标记和结束标记，且成对出现，但也有一些没有结束标记。标记不区分大小写，有些标记中还可以具有一些属性。常用的 HTML 标记见表 7-3。

表 7-3 常用的 HTML 标记

标 记 名	格 式	说 明
段落标记	< p align = 对齐方式 > … </ p >	该标记定义的两个段落之间留有一个空行
换行标记	< br >	无结束标记
水平线标记	< hr >	在网页中插入一条水平线
标题标记	< hn 属性 = 属性值 > 文字内容 </ hn >	n 取值为 1~6 的整数，h1 最大，h6 最小
字体标记	< font 属性 = 属性值 > 文字内容 </ font >	可以使用 size、color、face 等属性来分别控制文字的大小、颜色和所使用的字体
图片标记	< img src = URL > </ img >	URL 用于指定图片的位置，还可以使用 alt、height、width、border、align 等属性分别为图片添加说明、指定大小规格、边界样式和对齐方式等

『经典例题解析』

1. 在 HTML 文件中，属于字形标记的是（　　　）。

A. < font >…< font >　　　　　　B. < u >…< u >

C. < b >…< b >　　　　　　　　D. < a >…< a >

【答案】BC。

2. HTML 使用一些标记定义网页的数据格式显示网页中的信息。（　　　）

A. 正确　　　　　　B. 错误

【答案】A。

3. HTML 中的 < form >…</ form > 标价的作用定义为一个_____。

【答案】表单。

4. 在 HTML 中，正文主体标记为（　　　）。

【答案】< body >…</ body >。

5. 在 HTML 的字体标记 < font > 中，包括下列哪些属性？（　　　）。

A. href 属性　　　B. src 属性　　　C. size 属性　　　D. face 属性

【答案】CD。

【解析】font 标记的最主要属性有如下三个：

size：指定文字的大小，它的取值范围是 1～7，当它取值为"1"时文字最小取值为 7 时文字最大，默认值是 3。

color：指定文字的颜色，它的取值有用英文关键字、十六进制颜色代码、rgb 函数三种类型。

face：指定文字的字体。face 属性可以一次设定一个或多个值。

6. HTML 的中文全称是_____。

【答案】超文本标记语言。

7. 超媒体就是用超文本技术管理多媒体信息，即超媒体 = 超文本 + 多媒体。（　　　）

A. 正确　　　　　　B. 错误

【答案】A。

8. 为了标识一个 HTML 文档应该使用的 HTML 标记是（　　　）。

A. < p >与</ p >　　　　　　　　B. < body >与</ body >

C. < html >与</ html >　　　　　　D. < table >与</ table >

【答案】C。

21. 网页与网站的概念

一个网站（点）是由一个或多个网页组合而成的。而主页其实是指一个网站的首页。网站与网页的不同在于，网站注重的是结构的设计与实现，而网页注重的是功能上的实现。

表格、框架是用来控制网页布局的主要方法。

HTML：超文本标记语言（HyperText Markup Language），用于编写 Web 网页。

HTTP：超文本传输协议（HyperText Transfer Protocol），是 WWW 的网络传输协议。

网页：Web Page，是 WWW 上一页页的类似图书的页面，其中包含普通文字、图形、图像、声音、动画等多媒体信息，以及指向其他网页的链接。静态网页文件的扩展名是 . htm。

『经典例题解析』

1. Dream Weaver CX 中的框架是网页布局设计的重要手段，框架将浏览器窗口划分为多个区域，每个区域（ ）。

    A. 可以显示一个独立的网页   B. 同时显示多个独立的网页

    C. 显示固定的网页   D. 可以显示一个网页元素

    【答案】A。

2. 关于网页说明不正确的是（ ）。

    A. 网页文件只能运行在 Windows 系统上

    B. 网站是网页的集合

    C. 网页是一种基于超文本（Hypertext）方式的文档

    D. 网页也能将文本、图形、声音等多媒体信息集成起来

    【答案】A。

3. 网页的基本元素包括（ ）。

    A. 图片   B. 表格   C. 动态元素   D. 超链接

    【答案】ABCD。

4. 在浏览器地址栏输入一个网站地址（不包含文件名）并回车后在浏览器中出现的第一个网页称为该网站的（ ）。

    【答案】主页。

    【解析】主页也是一个网站的起点站或者说主目录。一般来说，主页是一个网站中最重要的网页，也是访问最频繁的网页。它是一个网站的标志，体现了整个网站的制作风格和性质，主页上通常会有整个网站的导航目录，所以主页也是一个网站的起点站或者说主目录。网站的更新内容一般都会在主页上突出显示。是打开浏览器后出现的第一张页面。

5. 使用 DreamWeaver CX 新建的站点至少包含一个主页，其名称为（ ）。

    【答案】index.htm。

6. 在网页制作中，为了方便网页对象在网页内的布局，通常使用_____来辅助定位。

    【答案】表格。

7. 建好网站后要发布网站，所谓发布网站就是将网站内容上传到（ ）。

    A. Web 服务器上   B. 已建立的网站中

    C. 网络管理部门的计算机上   D. 文件服务器上

    【答案】A。

8. 开发 Web 站点不需进行规划，直接用站点开发工具编制就可以。（ ）

    A. 正确   B. 错误

    【答案】B。

9. 在 DreamWeaver CX 中，框架网页的每个区域都可规定一个默认的网页。（ ）

    A. 正确   B. 错误

    【答案】A。

10. 浏览网页过程中，当鼠标移动到已设置了超链接的区域时，鼠标指针形状一般变为（ ）。

    A. 小手形状   B. 双向箭头   C. 禁止图案   D. 下拉箭头

【答案】A。

11. 网页文件实际上是一种（ ）。

A. 声音文件　　　　　B. 图形文件　　　　　C. 图像文件　　　　　D. 文本文件

【答案】D。

22. 网页编辑

Dreamweaver CS 集网站设计与管理于一身，功能强大、使用简便，可快速生成跨平台和跨浏览器的网页和网站。

启动 Dreamweaver CS 后，可以看到以下几种视图：

1）设计视图：用于可视化页面布局、可视化编辑和快速应用程序开发的设计环境。

2）代码视图：用于编写和编辑 HTML、JavaScript、服务器语言代码（如 PHP 或 ColdFusion 标记语言（CFML））以及任何其他类型代码的手工编码环境。

3）拆分视图：可以在一个窗口中同时看到同一文档的代码视图和设计视图。

4）实时视图：与设计视图类似，实时视图更逼真地显示文档在浏览器中的表示形式，并使用户能够像在浏览器中那样与文档交互。实时视图不可编辑。不过，可以在代码视图中进行编辑，然后刷新实时视图来查看所做的更改。

5）实时代码视图：显示浏览器用于执行该页面的实际代码，当用户在实时视图中与该页面进行交互时，它可以动态变化。实时代码视图不可编辑。

网页中的基本元素包括：文字、图像、超链接、表格、表单、GIF 动画、FLASH 动画、框架、横幅广告、字幕、悬停按钮、日戳、计数器、音频、视频等。

随着互联网的发展，网页的交互性越来越突出，而从 Web 浏览器向 Web 服务器的信息传递就是通过网页上的表单进行。

交互式按钮（悬停按钮）是具有动画和颜色效果的按钮，一般用作超链接的源。通过对交互式按钮属性的设置，可以为其指定颜色和效果，也可以为其指定声音和图片，使其具有比文字更丰富的操作感受。

『经典例题解析』

1. Dreamweaver CS 的方便功能是（ ）。

A. 开发网络应用程序　　　　　B. 制作网页

C. 电子邮件接收　　　　　D. 管理站点

【答案】BD。

2. 在 Dreamweaver CS 导航视图会依据结构图的形式自动产生链接。（ ）

A. 正确　　　　　B. 错误

【答案】B。

3. 在网页中超链接具有各种各样的外观形状，可以是各种颜色的数字，但不是图片和图像。（ ）

A. 正确　　　　　B. 错误

【答案】B。

4. 在 Dreamweaver CS 中设置热点实际是在设置超链接。（ ）

A. 正确　　　　　B. 错误

【答案】A。

5. Dreamweaver CS 站点以一个特殊文件形式存放，其中包括一些相关网页和其他内容。
（ ）

　　A. 正确　　　　　　　B. 错误

【答案】A。

6. 可以用来做网页的软件是（ ）。

　　A. Adobe Dreamweaver　　　　　　B. Microsoft Moviemaker

　　C. Adobe Audition　　　　　　　　D. Microsoft FrontPage

【答案】AD。

7. Dreamweaver CS 在用户进行版面设计时，提供了功能强大的布局表格功能，其主要原因是（ ）。

　　A. 使用布局表格可以创建包含大量数据的图表

　　B. 使用布局表格可以在网页内排列图像和文本

　　C. 布局表格不可移动，使用布局表格有助于保持对创造性过程的控制

　　D. 以上都不是

【答案】C。

8. Dreamweaver CS 中只能在_____上建立热点。

【答案】图片。

9. Dreamweaver CS 中网页标题、页边距、背景等要在_____对话框中设置。

【答案】网页属性。

10. Dreamweaver CS 中要标记网页的某一具体位置，需要使用_____链接到该位置。

【答案】书签。

11. Dreamweaver CS 的主要功能是（ ）和管理站点。

　　A. 开发网络应用程序　　　　　　B. 制作网页

　　C. 电子邮件撰写　　　　　　　　D. 下载网页

【答案】B。

『你问我答』

　　问题一：在 Dreamweaver CS 中进行文字段落编排时，组合键 ＜Shift + Enter＞ 的作用是换行而不是另起一个段落。这句话对吗？

　　答：对。

　　问题二：在网页制作中，要输入访问者来自何方，可用（ ）表单项。

　　A. 单选框　　　　B. 复选框　　　　C. 下拉式列表框　　　D. 按钮

　　答：答案为 C。

习 题

一、单项选择题

1. （ ）又称协议转换器，主要用于连接不同结构体系的网络或局域网与主机之间的连接。

　　A. 网桥　　　　　B. 路由器　　　　C. 网关　　　　D. 交换机

2. OSI 参考模型采用的分层方法中，（ ）层为用户提供文件传输、电子邮件、打印等网络服务。

A. 物理　　　　　　B. 会话　　　　　　C. 表示　　　　　　D. 应用

3. OSI 参考模型的物理层传送数据的单位是（　　　）。

A. 包　　　　　　　B. 比特　　　　　　C. 帧　　　　　　　D. 分组

4. Windows 7 操作系统中提供了三种组件，实现不同的网络功能。如果计算机需要连接到 Internet，必须安装（　　　）。

A. "Internet 协议（TCP/IP）"组件　　　B. "Microsoft 网络客户端"组件

C. "QoS 数据包计划程序"　　　　　　　D. "网上邻居"

5. 按照网络的拓扑结构来划分，计算机网络分为总线型网络、星形网络、（　　　）、树形网络和混合型网络等。

A. 环形网络　　　　B. 无线网络　　　　C. 专用网络　　　　D. 有线网络

6. 能够在复杂的网络环境中完成数据包的传送工作，把数据包按照一条最优的路径发送至目的网络的设备是（　　　）。

A. 网关　　　　　　B. 网桥　　　　　　C. 路由器　　　　　D. 交换机

7. 使用（　　　）命令用于检查当前 TCP/IP 网络中的配置情况，可显示本机的主机名、物理地址等配置参数。

A. IPConfig　　　　B. Cmd　　　　　　C. Ping　　　　　　D. Tracert

8. 使用下列（　　　）命令，可以向指定主机发送 ICMP 回应报文并监听报文的返回情况，从而验证与主机的连接是否正常。

A. Ping　　　　　　B. Tracert　　　　　C. Rout　　　　　　D. IPConfig

9. JPEG 是一种图像压缩标准，其含义是（　　　）。

A. 联合静态图像专家组　　　　　　　　B. 联合活动图像专家组

C. 国际电报电话咨询委员会　　　　　　D. 国际标准化组织

10. 下列设备中，（　　　）能够为计算机提供固定的网络地址。

A. 网桥　　　　　　B. 网卡　　　　　　C. 路由器　　　　　D. 集线器

11. 下列说法正确的是（　　　）。

A. 网络上的任意一台计算机可以无条件地使用网络上的另一台计算机上的所有软件资源

B. 网络上的任意一台计算机可以无条件地使用网络上的另一台计算机上的所有硬件资源

C. 网络上的任意一台计算机可以访问网络上另一台计算机上的共享资源

D. 网络上的任意一台计算机可以无条件地使用网络上的另一台计算机上的所有软、硬件资源

12. 以下（　　　）不是光纤的优点。

A. 无串音干扰　　　　　　　　　　　　B. 传输损耗小

C. 带宽高　　　　　　　　　　　　　　D. 抗干扰性能差

13. 总线型网络、星形网络是按照网络的（　　　）来划分的。

A. 覆盖范围　　　　B. 传输介质　　　　C. 使用性质　　　　D. 拓扑结构

14. Internet 采用的协议是（　　　）。

A. OSI　　　　　　B. NetBEUI　　　　C. TCP/IP　　　　　D. SNA

15. IP 地址具有固定的格式，分成四段，其中每（　　　）位构成一段。

A. 4　　　　　　　B. 8　　　　　　　C. 12　　　　　　　D. 16

16. WWW 用来组织信息并建立信息页之间链接的工具是（　　　）。

A. 超媒体　　　　　　　　　　　　　　B. 超文本

C. 统一资源定位器　　　　　　　　　　D. 超文本标记语言

17. 被译为万维网的是（　　　）。

A. WWW　　　　　B. PPP　　　　　　C. INTERNET　　　　D. TCP/IP

18. 美国国防部高级研究计划局于 1968 年主持研制，次年建成了（　　　）网。

A. NT   B. Microsoft   C. ARPA   D. NetWare

19. 输入一个 WWW 地址后,在浏览器中出现的第一页叫 (   )。

A. 页面   B. 主页   C. 浏览器   D. 超链接

20. 统一资源定位器由四部分组成,它的一般格式是 (   )。

A. 方式 . 主机名 . 路径 . 文件名   B. 方式: // 主机名/路径/文件名

C. 传输协议: //超级链接/应用软件/信息   D. 传输协议 . 超级链接 . 应用软件 . 信息

21. 为了方便用户,Internet 在 IP 地址的基础上提供了一种面向用户的字符型主机命名机制,叫 (   )。

A. 网络地址   B. IP 地址   C. 域名系统   D. IP

22. 为了通过电子邮件传输多媒体信息,我们应该采用 (   ) 协议。

A. POP   B. FTP   C. ICMP   D. MIME

23. 文件传输协议是 Internet 常用服务之一,采用 (   ) 工作模式。

A. 浏览器/服务器   B. 客户机/浏览器

C. 客户机/客户机   D. 客户机/服务器

24. 下列不属于 Internet 常用服务的是 (   )。

A. 搜索引擎   B. 画图   C. 文件传输   D. 远程登录

25. 下列电子邮件格式正确的是 (   )。

A. HTTP: //WPK007. 126. COM   B. WPK007. HAIER. COM

C. WPK008@ HAIER. COM   D. WPK007#163. COM

26. 下列哪种协议负责管理被传送信息的完整性? (   )

A. IP   B. STMP   C. HTTP   D. TCP

27. 下列说法中,正确的是 (   )。

A. 调制解调器用来实现模拟信号之间的通信

B. 调制解调器只能数字信号转换为模拟信号,反之不可

C. 调制解调器用来实现数字信号之间的通信

D. 调制解调器用来实现数字信号和模拟信号的转换

28. 新闻组由许多特定的集中区域构成,组与组之间成 (   ) 状结构。

A. 不规则   B. 树   C. 网   D. 交叉

29. 新闻组在命名时采用 (   ) 间隔。

A. 斜线   B. 句点   C. 分号   D. 冒号

30. 一个用户通过登录自己的邮箱,在某一时刻可以给 (   ) 个用户同时发送电子邮件。

A. 只能一个   B. 多个   C. 最多三个   D. 最多两个

31. 用户登录新闻组后,不能进行的操作是 (   )。

A. 阅读他人的帖子   B. 定制新闻

C. 发帖   D. 创建网站

32. 在 Internet 上传输的信息至少遵循三个协议:网际协议、传输协议和 (   )。

A. 通信协议   B. POP   C. 应用程序协议   D. TCP/IP

33. 在 Internet 上为每一台计算机指定了唯一的 (   ) 位的地址,称为 IP 地址。

A. 8   B. 36   C. 32   D. 4

34. 为链接定义目标窗口时,_blank 表示的是 (   )。

A. 在上一级窗口中打开

B. 在新窗口中打开

C. 在同一帧或窗口中打开

D. 在浏览器的整个窗口中打开,忽略任何框架

35. 在我国现有的四大主干网络中,被称为公用计算机互联网的是 (   )。

A. ChinaNet　　　　　B. Internet　　　　　C. CSTNet　　　　　D. CERNet

36. 关于 HTML 文件的基本构成，下列说法错误的是（　　）。

A. HTML 标记具有一些属性，属性一般放在"起始标记"中

B. 在 HTML 中，如将本来一行的内容写成多行，将影响显示效果

C. Internet 中的每一个 HTML 文件都包括文本内容和 HTML 标记两部分

D. 标记名和属性之间用空格分隔，如有多种属性，属性之间也要用空格隔开

37. 关于 HTML，下列说法不正确的是（　　）。

A. HTML 编写的网页实际上是一种文本文件

B. HTML 编写的文件的扩展名为 .htm 或 .html

C. HTML 是一种标记语言

D. HTML 只能使用记事本来编写

38. 关于网页和网站，下列说法错误的是（　　）。

A. 网页是全球广域网上的基本文档

B. 网页可以独立存在，但常常作为网站的一部分

C. 网站一般有一个特殊的网页作为浏览的起始点，称为主页

D. 网站是一组相关网页的组合，不包括如图片文件等一些相关文件

39. 在 DreamWeaver CX 中，关于表单页面下列说法错误的是（　　）。

A. 表单中至少要有一个供用户输入信息的域

B. 在 DreamWeaver CX 中，可以插入文本框、复选框、按钮等表单域

C. 表单是 Web 服务器与客户交互的手段，表单的作用就是收集用户的输入信息

D. 用户结束表单操作后，单击"提交"按钮，可以将表单结果保存为文件，但不可以将表单结果发送至电子邮件

40. 在 DreamWeaver CX 中，关于表格中的有关属性，下列说法错误的是（　　）。

A. 表格属性中的"浮动"，指的是表格相对于页面中其他元素的位置

B. 表格属性中的"单元格间距"，默认情况下使用像素为单位

C. 在表格属性中，可以通过"颜色"框可以设置单一颜色的表格背景

D. 表格属性中的"对齐方式"设置的是单元格中文字的对齐方式

41. 在 DreamWeaver CX 中，关于视图，下列说法错误的是（　　）。

A. 文件夹视图下，可以创建、删除、复制和移动文件夹

B. 远程网站视图用于站点和站点内文件的发布

C. 导航视图可以设置站点的导航结构，但不能添加或删除网页

D. 使用文件夹视图可以直接处理文件和文件夹以及组织网站内容

42. 在 DreamWeaver CX 中，关于图片超链接，下列说法不正确的是（　　）。

A. 包含热点的图片称为图像映射

B. 图片中可以设置多个热点，但不可以添加文本热点到图片中

C. 热点是图片上的超链接区域，用户单击热点区域可以转到相应的链接目标

D. 可以将整个图片设置为超链接，也可以为图片分配一个或多个热点

43. 在 DreamWeaver CX 中，关于网页的布局，下列说法不正确的是（　　）。

A. 网页的布局是将文字、图片等网页元素，根据特定的内容和主题，在网页所限定的范围内进行视觉的关联与配置

B. 在表格单元格中的文本、图片等对象不可以用来作为超链接的标志

C. 网页的布局一般使用表格或框架来实现

D. 表格的单元格中可以插入文本、图片以及其他对象

44. 在 DreamWeaver CX 中，如果只是换行，而不是另起一个段落，则按（　　）键。

A. Enter   B. ＜Ctrl＋Enter＞   C. ＜Alt＋Enter＞   D. ＜Shift＋Enter＞

45. 在 DreamWeaver CX 中，在指定目标框架时，除了当前框架外，还提供了一些特殊的框架来创建不同效果的目标框架，下列哪一个不是所提供的框架？（   ）

    A. 父框架   B. 新建窗口   C. 整页   D. 表格

46. 在 HTML 文件头部中，用于定义网页文件的标题的标记为（   ）。

    A. ＜head＞…＜/head＞   B. ＜title＞…＜/title＞

    C. ＜html＞…＜/html＞   D. ＜body＞…＜/body＞

47. 在 HTML 中，标记 ＜body bgcolor＝#n…＜/body＞ 中的 n 为（   ）。

    A. 十位十六进制数   B. 六位八进制数

    C. 六位十六进制数   D. 六位十进制数

48. 在 HTML 中，定义表格行的标记为（   ）。

    A. ＜hn＞…＜/hn＞   B. ＜tr＞…＜/tr＞

    C. ＜td＞…＜/td＞   D. ＜th＞…＜/th＞

49. 在 HTML 中，下列哪一个标记没有结束标记？（   ）

    A. 段落标记   B. 字体标记   C. 头部标记   D. 换行标记

50. 在 HTML 中，正文主体标记为（   ）。

    A. ＜body＞…＜/body＞   B. ＜head＞…＜/head＞

    C. ＜a＞…＜/a＞   D. ＜html＞…＜/html＞

51. 在 HTML 中，用于图片的文字说明的标记为（   ）。

    A. border 属性   B. width 属性   C. height 属性   D. alt 属性

52. 按照网络分布和覆盖范围，可将计算机网络分为（   ）。

    A. LAN、CAN 和 Internet   B. WAN、LAN 和 Internet

    C. LAN、MAN、WAN 和 Internet   D. Internet、MAN 和 Novell 网

53. 某学院学生会主席每周都要通过电子邮件向所有学生会成员发送一份"每周工作总结"的邮件，则完成该工作最好的方法是（   ）。

    A. 复制多份——发送

    B. 建立"通讯簿"，选择收件人

    C. 先建一个"学生会成员组"，将所有学生成员加入组中，然后向该组发信

    D. 先选一个收件人的地址，再单击"抄送"命令

54. Internet 中电子邮件地址由用户名和邮件服务器域名组成，两部分之间用（   ）符号隔开。

    A. %   B. @   C. ◎   D. /

55. Internet 中人们常用域名表示主机，但在实际处理中，必须由（   ）将域名翻译成 IP 地址。

    A. NDS   B. BNS   C. DDS   D. DNS

56. 关于建立 css 样式，下列说法错误的是（   ）。

    A. 对于样式的名字，不能够使用中文

    B. 建立类样式时，需要在样式名前加"."

    C. 样式名可以使用英文或数字开头

    D. 建立复合样式时，需要在"a:"前加空格

57. 要实现网络通信必须具备三个条件，不包括以下各项中的（   ）。

    A. 解压缩卡   B. 网络接口卡

    C. 网络协议   D. 网络服务器/客户机程序

58. Internet 上有许多应用，其中可用于实现远程登录功能的是（   ）。

    A. E-mail   B. FTP   C. WWW   D. Telnet

59. 在计算机网络拓扑结构中，节点之间有层次关系的是（   ）结构。

A. 树形   B. 总线型   C. 星形   D. 环形

60. 关于 Dreamweaver 工作区的描述正确的是（   ）。

A. 属性工具栏只能关闭，不能隐藏

B. 对象面板不能移动，只能放在菜单下方

C. 用户可以根据自己的喜好来定制工作区

D. 工作区的大小不能调节

61. 在开放系统互连参考模型中，承担路由选择功能的层是（   ）。

A. 第一层   B. 第二层   C. 第三层   D. 第四层

62. ICP 指的是（   ）。

A. 网络控制服务   B. 网络内容提供商

C. 网络服务提供商   D. 网络控制协议

63. 在 Internet 中，匿名 FTP 是指（   ）。

A. 一种匿名邮件的名称

B. 在 Internet 上没有地址的 FTP

C. 允许用户免费登录并下载文件的 FTP

D. 用户之间传送文件的 FTP

64. 有关环形拓扑结构的说法，下列不正确的是（   ）。

A. 在环形拓扑结构中，节点的通信通过物理上封闭的链路进行

B. 在环形拓扑结构中，数据的传输方向是双向的

C. 在环形拓扑结构中，网络信息的传送路径固定

D. 在环形拓扑结构中，当某个节点发生故障时，会导致全网瘫痪

65. 覆盖全球最大的计算机网络称为（   ）。

A. 银行网   B. 教育网   C. 因特网   D. 校园网

66. 下列关于 Dreamweaver，说法错误的是（   ）。

A. 在 Dreamweaver 中，用户可以定制自己的对象、命令、菜单及快捷键等

B. Dreamweaver 支持跨浏览器的 Dynamic HTML 和层叠样式表

C. Dreamweaver 不能编辑使用其他网页设计软件制作的网页

D. Dreamweaver 不仅提供了强大的网页编辑功能，而且提供了完善的站点管理机制

67. 下列传输介质中，相同体积情况下重量最轻的是（   ）。

A. 屏蔽双绞线   B. 同轴电缆

C. 非屏蔽双绞线   D. 光纤

68. 一个小型公司内各个办公室中的计算机进行联网，这个网络属于（   ）。

A. WAN   B. MAN   C. LAN   D. GAN

69. 电子邮件链接的格式，以下说法正确的是（   ）。

A. mailto：邮件地址   B. Mail：邮件地址

C. E- mailto：邮件地址   D. E- mail：邮件地址

70. 在 Dreamweaver 中，添加背景音乐的 HTML 标签是（   ）。

A. ＜bgmusic＞   B. ＜bgm＞   C. ＜bgsound＞   D. ＜music＞

71. 主机域名 www. sina. com. cn 由四个子域组成，其中（   ）表示最低层域。

A. www   B. edu   C. sina   D. cn

72. 下面关于 TCP/IP 的说法中，（   ）是不正确的。

A. TCP/IP 定义了如何对传输的信息进行分组

B. IP 专门负责按地址在计算机之间传递信息

C. TCP/IP 是一种计算机语言

D. TCP/IP 包括传输控制协议和网际协议

73. 在计算机网络中，表征数据传输有效性的指标是（　　）。

A. 误码率　　　　　B. 信道容量　　　　　C. 传输速率　　　　　D. 频带利用率

74. 有关 IP 地址的说法中错误的是（　　）。

A. 任何接入 Internet 的计算机都必须有一个 IP 地址

B. IP 地址可以静态分配，也可以动态分配

C. IP 地址是 Internet 上主机的数字标识

D. 分配给普通用户使用的 IP 地址有 A、B、C、D 四类

75. 在 Internet 中，凡是以二进制数字 110 开始的地址属于（　　）网络地址。

A. A 类　　　　　B. B 类　　　　　C. C 类　　　　　D. D 类

76. < meta name = "Keywords" content = "师大专升本"/ >，意思是（　　）。

A. 该页面的关键字为"师大专升本"　　　B. 该页面的作者和版权信息

C. 设置刷新时间　　　　　　　　　　D. 设置描述信息

77. 下列关于站点，正确的说法是（　　）。

A. 建立网站无需建立站点

B. 只有建立动态网站时才需要建立站点，静态网站无需建立站点

C. 只有建立静态网站时才需要建立站点，动态网站无需建立站点

D. 建立网站前必须要建立站点，修改某网页内容时，也必须打开站点，然后修改站点内的网页

78. Internet 中使用的最主要的协议是（　　）。

A. TCP/IP　　　　　　　　　　B. 802.11 协议

C. 令牌环协议　　　　　　　　　D. CSMA/CD

79. 我国提出的"三金"工程中不包括（　　）。

A. 金卡　　　　　B. 金网　　　　　C. 金桥　　　　　D. 金关

80. 为了能够在 Internet 中方便地找到所需网站及各种资源，人们采用了（　　）来唯一标识某个网络资源。

A. IP 地址　　　　　B. MAC 地址　　　　　C. URL 地址　　　　　D. USB 地址

二、多项选择题

1. 从逻辑功能上来划分，可以将计算机网络划分为（　　）。

A. 公用网　　　　　B. 资源子网　　　　　C. 通信子网　　　　　D. 有线网络

2. 计算机网络的功能主要有（　　）。

A. 资源共享　　　　　　　　　　B. 分布式处理

C. 数据通信　　　　　　　　　　D. 提高系统的可靠性

3. 以下是 TCP/IP 参考模型的应用层协议的有（　　）。

A. ARP　　　　　B. HTTP　　　　　C. FTP　　　　　D. UDP

4. 以下是衡量传输介质性能的指标有（　　）。

A. 带宽　　　　　B. 传输距离　　　　　C. 抗干扰性　　　　　D. 衰减性

5. 金桥网是建立在金桥工程上的业务网，支持下列（　　）等"金"字头工程的应用。

A. 金卡　　　　　B. 金税　　　　　C. 金门　　　　　D. 金关

6. 可以通过（　　）工具收发电子邮件。

A. Outlook Express　　　　　　　B. Power Point

C. QQ　　　　　　　　　　　　D. Hotmail

7. DreamWeaver CX 提供了哪几种网页视图模式？（　　）

A. 代码　　　　　B. 设计　　　　　C. 预览　　　　　D. 拆分

8. 下列标记中属于文本布局的是（　　）。

A. < hr >　　　　B. < hn >　　　　C. < p >　　　　D. < br >

9. 在 DreamWeaver CX 中，关于框架网页，下列说法不正确的是（　　）。

A. 在框架网页中可以设置框架的大小、框架的边距等属性

B. 可以创建框架超链接

C. 网页中的框架被删除后，此框架网页中的文件也一同被删除

D. 当使用模板创建的框架结构不能满足需要时，可通过拆分框架制作更复杂的框架网页，但只能拆分为列

10. 在 DreamWeaver CX 中，可以创建（　　）超链接。

A. 图片　　　　B. 文本　　　　C. 使用书签　　　　D. 电子邮件

11. 在 DreamWeaver CX 中提供的视图有（　　）。

A. 远程网站视图　　B. 网页视图　　C. 报表视图　　D. 文件夹视图

12. 在 HTML 的字体标记 < font > 中，包括下列哪些属性？（　　）

A. color 属性　　B. src 属性　　C. face 属性　　D. size 属性

13. 在 HTML 文件中，属于字形标记的是（　　）。

A. < a > … </ a >　　　　　　　B. < sup > … </ sup >

C. < b > … </ b >　　　　　　　D. < u > … </ u >

14. 在 HTML 中，标记 < p > 中可以通过 align 属性来控制段落的对齐方式，其值可以是（　　）。

A. justify　　B. right　　C. center　　D. left

15. 在 HTML 中，有关定义表格的标记有（　　）。

A. < th > … </ th >　　　　　　B. < tr > … </ tr >

C. < td > … </ td >　　　　　　D. < table > … </ table >

16. 在页面属性中，可设置页面中文字的哪些链接属性？（　　）

A. 链接颜色　　　　　　　　　B. 已访问链接

C. 变换图像链接　　　　　　　D. 背景

17. 活动链接在 Dreamweaver 中，可以通过行为设置哪些文本？（　　）

A. 设置容量的文本　　　　　　B. 设置文本域文字

C. 设置框架文本　　　　　　　D. 设置状态栏文本

18. 新建 CSS 规则时，选择器的类型有（　　）。

A. 标签　　　　B. 类　　　　C. ID　　　　D. 复合内容

19. 在 Dreamweaver 中，常用的音频格式有（　　）。

A. MP3 格式　　B. RealAudio 格式　　C. wma 格式　　D. mid 格式

20. 网页的基本构成元素有（　　）。

A. 文本　　　　B. 图像　　　　C. 超链接　　　　D. 动画

21. 以下关于 Internet 中，DNS 说法正确的是（　　）。

A. DNS 是域名服务系统的简称

B. DNS 是把难记忆的 IP 地址转换为人们容易记忆的字母形式

C. DNS 按分层管理，CN 是顶级域名，表示中国

D. 一个后缀为 . gov 的网站，表明它是一个政府组织

22. 网页设计原则包括（　　）。

A. 统一原则　　B. 连贯原则　　C. 分割原则　　D. 对比原则

23. 下列关于页面属性中，说法正确的是（　　）。

A. 背景图像和跟踪图像是一回事

B. 背景图像是页面背景上的图像

C. 跟踪图像只供参考，当文档在浏览器中显示时并不出现

D. <title>…</title>此标签内容也可在页面属性中设置

24. 热点工具的形状包括（　　）。

A. 三角形　　　　　B. 矩形　　　　　C. 椭圆形　　　　　D. 多边形

25. 下列有关电子邮件的说法，正确的是（　　）。

A. 发送电子邮件时，通信双方必须都必须同时在线，否则邮件无法送达

B. 在一个电子邮件中可以发送文字、图像信息

C. Outlook Express 和 Foxmail 等软件可用于收发邮件、管理邮件，是电子邮件系统的客户端软件

D. 可以同时向多个人发送电子邮件

26. 以下属于 HTML 标记的有（　　）。

A. <body>…</body>　　　　　　B. <p>…</p>

C. <head>…</head>　　　　　　D. <title>…</title>

27. 链接的路径有下列哪几种表达方式？（　　）

A. 绝对路径　　　　　　　　　B. 相对于文档路径

C. 相对于站点根目录路径　　　　D. 链接路径

28. 下列有关电子邮件的说法中，正确的是（　　）。

A. 电子邮件系统的邮件服务器一般不在个人计算机中

B. 电子邮件服务是 Internet 提供的最基本的服务之一

C. 电子邮件地址是全球唯一的

D. 电子邮件只能发送文本和图像信息

29. 以下有关 Internet 的说法正确的是（　　）。

A. Internet 是世界上最大的计算机网络，是独一无二的

B. Internet 中采用的主要通信协议是 TCP/IP

C. Internet 中，IP 地址和域名都是唯一的

D. Internet 的前身是 NSFNet

30. 下列有关局域网拓扑结构的说法，正确的是（　　）。

A. 星形结构的中心计算机发生故障，整个网络将停止工作

B. 环形结构的网络中，任何一台计算机出现故障，都将导致全网瘫痪

C. 总线型结构的网络中，若某台计算机出现故障，一般不影响全网工作

D. 环形结构的网络中信息的传输方向是双向的

31. 计算机网络的主要功能包括（　　）。

A. 数据通信　　　　　　　　　B. 资源共享

C. 分布式处理　　　　　　　　D. 提高系统执行速度

32. OSI 参考模型采用分层结构，其第一层和第三层分别是（　　）。

A. 物理层　　　　　B. 网络层　　　　　C. 数据链路层　　　　D. 表示层

33. 以下属于有线网络的传输介质的是（　　）。

A. 光纤　　　　　B. 红外线　　　　　C. 电话线　　　　　D. 同轴电缆

34. 下列地址属于 C 类地址的是（　　）。

A. 197.0.0.2　　　　B. 210.44.8.88　　　　C. 10.198.2.13　　　　D. 202.257.4.123

35. Outlook Express 的主要特点有（　　）。

A. 管理多个邮件的新闻账号　　　　B. 可以查看多台服务器上的邮件内容

C. 使用通信簿存储和检索邮件地址　　D. 可添加个人签名

36. 以下有关 Internet 服务的说法中，正确的是（　　）。

A. FTP 是客户机/服务器系统，用于在用户计算机和文件服务器之间传递文件

B. 用户通过 Telnet 可以从一台计算机登录到另一台计算机

C. UseNet 是指计算机连接在一起形成的网络

D. 用户可以直接从网页上、FTP 站点上利用各种软件下载所需内容

37. 以下有关 DreamWeaver CX 的操作，正确的是（　　）。

A. 用户可以通过按 Enter 键划分段落

B. 如果仅需换行，而不是另起一个段落，则需按 < Shift + Enter > 组合键

C. 如果仅需换行，而不是另起一个段落，则需按 < Ctrl + Enter > 组合键

D. 用户可以设置网页的背景颜色、背景图片及超链接的颜色

38. 在 Dreamweaver 中插入表格时，可以设置表格的属性包括（　　）。

A. 表格的行、列数 　　　　　　　B. 单元格填充和间距

C. 表格宽度 　　　　　　　　　　D. 表格边框宽度

39. 资源共享是计算机网络的主要功能，计算机资源包括（　　）。

A. 硬件 　　　　B. 数据资源 　　　　C. 软件 　　　　D. 人力资源

40. 下列有关 IP 的说法正确的是（　　）。

A. IP 地址在 Internet 上是唯一的

B. IP 地址由 32 位二进制数组成

C. IP 地址是 Internet 上主机的数字标识

D. IP 地址指出了该计算机连接到哪个网络上

41. 计算机网络协议主要由以下（　　）要素组成。

A. 语法 　　　　B. 语义 　　　　C. 时序 　　　　D. 语序

42. TCP/IP 中不包括如下（　　）协议层。

A. 物理层 　　　　B. 传输层 　　　　C. 网际层 　　　　D. 数据链路层

43. 以下关于路由器的说法，正确的是（　　）。

A. 路由器的功能比网桥强大

B. 路由器工作在网络层，其主要作用是寻找最优传输路径

C. 路由器在路由选择、拥塞控制、容错性及网络管理等方面都有重要应用

D. 路由器和交换机没有本质的区别，它们都工作在网络层，只是路由器的功能更为强大

44. 以下有关 IP 地址的说法，正确的是（　　）。

A. IP 地址的分配和回收是统一管理的，其管理方式是层次式的

B. 目前常用的 IP 地址有 A 类、B 类和 C 类，而 D 类及 E 类主要用于组播及实验

C. 相对于其他类型的地址，使用 A 类地址的网络拥有最多的主机号

D. IP 地址属于稀缺资源，因此当前正在大力发展 IPv6

45. 以下关于 TCP/IP 说法，正确的是（　　）。

A. TCP 对应 OSI 七层协议中的网络层　　B. TCP 对应 OSI 七层协议中的传输层

C. IP 对应 OSI 七层协议中的网络层　　　D. IP 对应 OSI 七层协议中的传输层

46. 以下哪些属于我国四大网络？（　　）

A. CSTNET（中国科技网）

B. CERNET（国家教育部的教育科研网）

C. CHINANET（中国公用计算机互联网）

D. CHIANGBN（国家公用信息通信网）

47. 关于 user@ public. qz. fj. cn 邮件，说法正确的是（　　）。

A. 该收件人标识为 user

B. 该邮件服务器设在中国

C. 该邮件服务器设在美国

D. 知道该用户的邮件地址，还需知道该用户的口令才能给他发邮件

48. IP 电话业务指的是通过 Internet 实时传送语音信息的服务，它与传统的国际长途电话相比有明显的优点，关于这些优点下列说法正确的是（　　）。

A. 能在特定时间间隔内保证发送声音

B. 相比传统长途电话，Internet 电话成本开支低廉

C. 目前 Internet 电话有着完善的传输可靠性和完善的电话传送协议

D. Internet 电话有普通电话不具备的一些功能

49. 连上 Internet 的计算机受到病毒感染，可采取以下防患措施（　　）。

A. 下载文件时必须事先考虑下载程序的节点是否可靠

B. 收到不明的电子邮件，不要随意把它下载到硬盘上

C. 在计算机上事先装入了最新杀毒软件，使计算机具有一定的免疫力

D. 不要把自己的账号转借他人

50. 以下关于 IP 地址的说法，正确的是（　　）。

A. IP 地址每一个字节的最大十进制整数是 256

B. IP 地址每一个字节的最大十进制整数是 255

C. IP 地址每一个字节的最小十进制整数是 0

D. IP 地址每一个字节的最大十进制整数是 1

三、判断题

1. TCP/IP 实际上是一组协议，是一个完整的体系结构。（　　）

A. 正确　　　　　　B. 错误

2. Windows 7 操作系统中的"网上邻居"主要用来进行网络管理，通过它可以添加网上邻居、访问网上共享资源。（　　）

A. 正确　　　　　　B. 错误

3. Windows 7 操作系统中的 Ping 命令可以判定数据到达目的主机经过的路径，显示路径上各个路由器的信息。（　　）

A. 正确　　　　　　B. 错误

4. 单模光纤的光源可以使用较为便宜的发光二极管。（　　）

A. 正确　　　　　　B. 错误

5. 网卡又叫网络适配器，它的英文缩写为 NIC。（　　）

A. 正确　　　　　　B. 错误

6. Internet 是在美国较早的军用计算机网 ARPAnet 的基础上不断发展变化而形成的。（　　）

A. 正确　　　　　　B. 错误

7. IP 地址可以用十进制形式表示，但不能用二进制数表示。（　　）

A. 正确　　　　　　B. 错误

8. 在网页中想保存某一张图片时，可在网页图片上右击鼠标，并选择其中的"保存"命令。（　　）

A. 正确　　　　　　B. 错误

9. 子网掩码是用来判断任意两台计算机的 IP 地址是否属于同一子网的依据。（　　）

A. 正确　　　　　　B. 错误

10. HTML 对格式要求并不严格，当 HTML 文件被浏览器扫描时，所有包含在文件中的空格、Enter 键将被忽略。（　　）

A. 正确　　　　　　B. 错误

11. HTML 的所有标记一定同时具有起始和结束标记，并且成对出现。（　　）

A. 正确　　　　　　B. 错误

12. 网页的背景音乐不能够一直不停地循环播放。（　　）

A. 正确　　　　　　B. 错误

13. 用 DreamWeaver CX 不可以建立基于本地硬盘的站点。（　　）

A. 正确　　　　　B. 错误

14. 在 HTML 中，HTML 标记负责控制文本显示的外观和版式，并为浏览器指定各种链接的图像、声音和其他对象的位置。（　　）

A. 正确　　　　　B. 错误

15. 在网页中，超链接可以是文字，但不能是图片。（　　）

A. 正确　　　　　B. 错误

16. SMTP 是允许用户从邮件服务器接收邮件的协议，而 POP 通常用于把电子邮件从客户机传送到服务器，以及从一个服务器传送到另一个服务器。（　　）

A. 正确　　　　　B. 错误

17. 在使用 Outlook Express 回复邮件时，系统会根据来信自动填写收件人地址，并将原邮件的主题加上"Re："作为新的邮件主题，用户也可以修改邮件主题。（　　）

A. 正确　　　　　B. 错误

18. 在 Web 网页中超链接有两种表现形式，一种是以文本方式标注的，另一种是以图片方式标注的。（　　）

A. 正确　　　　　B. 错误

19. 多台计算机相连，就形成了一个网络系统。（　　）

A. 正确　　　　　B. 错误

20. DreamWeaver CX 不可以像其他 Office 组件一样，设置文字格式，查找和替换文字。（　　）

A. 正确　　　　　B. 错误

21. 将一群具有独立功能的计算机通过通信设备及互联媒体连接起来，就组成了计算机网络。（　　）

A. 正确　　　　　B. 错误

22. ARPAnet 网的建立使计算机网络的发展进入第二代，它被认为是 Internet 的前身。（　　）

A. 正确　　　　　B. 错误

23. 国际标准化组织（ISO）提出了开放系统互连参考模型 OSI-RM，这是一个国际标准，共分为 7 层结构。（　　）

A. 正确　　　　　B. 错误

24. 从逻辑功能上来分，可以把计算机网络分为通信子网和资源子网两部分。（　　）

A. 正确　　　　　B. 错误

25. TCP/IP 是计算机联入互联网的必备条件，是国际标准。（　　）

A. 正确　　　　　B. 错误

26. 在 Internet 中，一个域名可以对应多个 IP 地址，同样一个 IP 地址也可以对应多个域名。（　　）

A. 正确　　　　　B. 错误

27. 电子邮件服务通过"存储 - 转发"机制为用户传递邮件。（　　）

A. 正确　　　　　B. 错误

28. 在 WWW 上常用的图像格式是 JPEG 和 BMP 格式，它们都是压缩图像格式，适合网络传输。（　　）

A. 正确　　　　　B. 错误

29. IRC 就是在 Internet 上专门指定一个场所，为大家提供即时的信息交流。（　　）

A. 正确　　　　　B. 错误

30. 在 Windows 对等网上，所有打印机、CD-ROM 驱动器、磁盘驱动器都能共享。（　　）

A. 正确　　　　　B. 错误

31. 计算机网络的最终目的是数据交换和资源共享。（　　）

A. 正确　　　　　B. 错误

32. 计算机网络协议是各独立计算机在通信时必须遵从的一套通信规程。（　　）

A. 正确　　　　　B. 错误

33. TCP/IP 是一个完整的体系结构，由 TCP 和 IP 组成。(　　　)

A. 正确　　　　　　　B. 错误

34. 所谓域名解析，就是由域名服务器实现的从域名到 IP 地址，或从 IP 地址到域名的转换过程。(　　　)

A. 正确　　　　　　　B. 错误

35. 在 DreamWeaver CX 中进行文字段落编排时，组合键 < Shift + Enter > 的作用是换行而不另起一个段落。(　　　)

A. 正确　　　　　　　B. 错误

36. DreamWeaver CX 站点计数器可以统计并显示网页的访问次数。(　　　)

A. 正确　　　　　　　B. 错误

37. Dreamweaver 中利用模板和库可以将网站设计得风格一致。(　　　)

A. 正确　　　　　　　B. 错误

38. 在 Dreamweaver 中，编辑好的页面不必保存到站点目录下。(　　　)

A. 正确　　　　　　　B. 错误

39. 在 Dreamweaver 中，一个网站所用到的图片最好保存到网站目录下，名为 images 的文件夹里。(　　　)

A. 正确　　　　　　　B. 错误

40. 图像可以用于充当网页内容，但不能作为网页背景。(　　　)

A. 正确　　　　　　　B. 错误

四、填空题

1. 计算机的网络地址有两种：_____和域名地址。

2. 在 Internet 中，网络互联是通过_____实现的。

3. 在搜索引擎搜狐中，常用的两种搜索法是关键词法和_____法。

4. LAN 中，网卡的作用是将计算机数据转换为能够通过_____传输的信号。

5. 在 WWW 服务中，单击页面上的链接，便会_____。

6. 为了将浏览的网址保存起来，可以利用 IE 的_____功能。

7. 计算机网络由网络_____和网络软件组成。

8. 域名系统（DNS）采用_____结构。

9. 顶级域名分为两大类：机构性域名和_____域名。

10. ISP 是_____的缩写。

11. 常用的通信协议有：IPX/SPX、NetBEUI 和_____。

12. 以拨号方式连入 Internet，方式主要有：通过调制解调器和_____。

13. 常用的网络互联设备有：网关、网桥和_____。

14. 在 Word 里编写的一文件，在发送邮件时可以当作_____发送。

15. 计算机网络是计算机技术与_____技术相结合的产物。

16. 在 TCP/IP 结构中，有两个不同的传输层协议：UTP 和_____。

17. 220.3.18.101 是一个_____类 IP 地址。

18. 按网络覆盖范围可以把计算机网络分成局域网、广域网和_____三类。

19. 网络传真通过_____传输信息。

20. 在 WWW 服务中，在浏览一个页面前，该页面文档存储在_____。

21. 计算机网络的主要功能是资源共享和_____。

22. 在计算机网络中，双绞线、同轴电缆以及光纤等用于传输信息的载体被称为通信_____。

23. 网络工作站是连接到网络上的计算机，它保持原有功能为用户服务，同时又可以按照被授予的_____访问服务器。

24. Internet 在_____上是统一的，在物理上则由不同的网络互联而成。

25. 按照拓扑结构可以把计算机网络分成星形、总线型和_____等结构。

26. 计算机资源主要是指_____、软件资源和数据资源。

27. OSI 参考模型的数据链路层负责在各相邻节点之间的线路上无差错地传输信息，信息的传送单位是_____。

28. 在 Windows 7 操作系统中，可用于检测当前 TCP/IP 网络配置情况的命令是_____。

29. 在 Web 站点中，网页是一种用 HTML 描述的文本，整个 Web 站点是由以_____为纽带建立的相互关联的网页组成的。

30. _____构成了 Internet 应用程序的基础，用于编写 Web 网页。

31. Internet 中每一台计算机都被分配了一个 32 位的二进制地址，这个地址称为_____。

32. 在计算机网络中，能进行数-模（D-A）转换的网络设备称为调制解调器，也叫_____。

33. 数据通信中，计算机之间为相互交换信息而制定了一套严格的通信规程，称为_____。

34. 小王同学用 OutlookExpress 软件发送电子邮件，若他希望同时发送给多个朋友，则可将各收件人的电子邮件地址全部写在"收件人"地址处，并在电子邮件之间用_____分开。

35. 在 Internet 中，"HTTP"的中文含义是_____。

36. 在 OSI-RM 网络参考模型中，网络层数据的传送单位是_____。

37. 在 IE 中，_____按钮指的是移到上次查看过的 Web 页。

38. TCP/IP 所采用的通信方式是_____，简单地说就是数据在传输时分成若干段，每个数据段称为一个数据包，TCP/IP 传输就是这些被编号的数据包。

39. IPv6 协议是为了解决 IPv4 地址资源短缺问题而提出的。在 IPv6 中，一个 IP 地址由_____位二进制数组成。

40. 在我国，CERNet 指的是_____。

41. 为了对 IP 地址进行有效管理和充分利用，国际上对 IP 地址进行了分类，共分为_____类。

42. HTML 的中文名称是_____，它是 Dreamweaver CX 的基础。

43. 在 Dreamweaver CX 中，网页的布局一般是通过_____和框架的使用来实现。

44. FTP 是 Internet 中用于将文件下载到本地计算机或上传到服务器的一种服务，这种服务称为_____。

45. 在一文字网页下的链接可以使用_____。

参考答案

一、单项选择题

1	2	3	4	5	6	7	8	9	10
C	D	B	A	A	C	A	A	A	B
11	12	13	14	15	16	17	18	19	20
C	D	D	C	B	D	A	C	B	B
21	22	23	24	25	26	27	28	29	30
C	D	D	B	C	D	D	B	B	B
31	32	33	34	35	36	37	38	39	40
D	C	C	B	A	B	D	D	D	D
41	42	43	44	45	46	47	48	49	50
C	B	B	D	D	B	C	B	D	A
51	52	53	54	55	56	57	58	59	60
D	C	C	B	D	D	A	D	A	D
61	62	63	64	65	66	67	68	69	70
C	B	C	B	C	C	D	C	A	C
71	72	73	74	75	76	77	78	79	80
A	C	C	D	C	A	D	A	B	C

二、多项选择题

1	2	3	4	5	6	7	8	9	10
BC	ABCD	BC	ABCD	ABD	AD	ABCD	ACD	CD	ABCD
11	12	13	14	15	16	17	18	19	20
ABCD	ACD	BCD	ABCD	ABCD	ABC	ABCD	ABCD	ABCD	ABCD
21	22	23	24	25	26	27	28	29	30
ABCD	ABCD	BC	ABCD	BCD	ABCD	ABC	ABC	ABC	ABC
31	32	33	34	35	36	37	38	39	40
ABC	AB	ACD	AB	ABCD	ABD	ABD	ABCD	ABC	ABCD
41	42	43	44	45	46	47	48	49	50
ABC	AD	ABC	ABCD	BC	ABCD	AB	ABD	ABCD	BC

三、判断题

1	2	3	4	5	6	7	8	9	10
A	A	B	B	A	A	B	B	A	A
11	12	13	14	15	16	17	18	19	20
B	B	B	A	B	B	A	A	B	B
21	22	23	24	25	26	27	28	29	30
B	A	A	A	B	B	A	B	A	A
31	32	33	34	35	36	37	38	39	40
A	A	B	A	A	A	A	B	A	B

四、填空题

1. IP 地址
2. TCP/IP
3. 分类搜索
4. 介质
5. 打开相关网页
6. 收藏夹
7. 硬件
8. 分层
9. 国家或地区
10. 网络服务提供商
11. TCP/IP
12. ISDN
13. 路由器
14. 附件
15. 通信
16. TCP
17. C
18. 城域网
19. Internet
20. Web 服务器
21. 数据通信
22. 介质
23. 权限
24. 逻辑
25. 环形
26. 硬件资源
27. 帧（或 Frame）
28. IPconfig
29. 超级链接
30. HTML
31. IP 地址
32. MODEM
33. 网络协议
34. 或者；
35. 超文本传输协议
36. 分组（或包，或 Packet）
37. 后退
38. 分组交换
39. 128
40. 中国教育与科研计算机网
41. 5
42. 超文本标记语言
43. 表格
44. 文件传输服务
45. 锚点

第八章

多媒体技术基础知识

本章主要考点如下：

多媒体技术的概念，多媒体技术的特点，多媒体技术中的媒体元素。多媒体计算机系统的组成。音频处理技术、图像处理技术和视频处理技术。虚拟现实和流媒体，多媒体技术的应用领域。

 知识点分析

1. 多媒体技术的概念

媒体在计算机领域中：一是指存储信息的实体，如磁盘等；二是指传递信息的载体，如数字、文字、声音、图形、图像等。多媒体技术中的媒体指后者。

多媒体：是指能够同时获取、处理、编辑、存储和展示两个以上不同类型的信息媒体，这些信息媒体包括文字、声音、图形、图像、动画、视频等。

多媒体技术：就是利用计算机综合处理声、文、图等信息的综合技术，包括数字化信息的处理技术、音频和视频技术、计算机硬件和软件技术、人工智能和模式识别技术、通信和图像技术等，是一门跨学科的综合技术。

媒体的分类：感觉媒体、表示媒体、表现媒体、存储媒体、传输媒体。

多媒体技术中的媒体元素包括以下几种：

1）文本。

2）图形：由直线、圆、圆弧、任意曲线等组成的画面，以矢量形式存储。

3）图像：通过扫描仪、数字照相机、摄像机等设备捕捉的真实场景的画面，数字化后以位图格式存储。

4）动画：格式有 FLC、MMM、GIF、SWF。

5）视频。

6）音频。

『经典例题解析』

多媒体信息包括（ ）等媒体元素。①音频②视频③动画④图形图像⑤声卡⑥光盘⑦文本

A. ①③③④⑤⑦   B. ①②③④⑦   C.①②③④⑥⑦   D. 以上都是

【答案】B。

2. 多媒体计算机

多媒体计算机是指具有能捕获、存储并展示包括文字、图形、图像、声音、动画和活动

影像等信息处理能力的计算机，简称为 MPC。

多媒体计算机具有多样性、集成性、实时性和交互性的特点。

『经典例题解析』

1. 多媒体计算机是指（　　）。

A. 必须与家用电器连接使用的计算机　　B. 能玩游戏的计算机

C. 能处理多种媒体信息的计算机　　　　D. 安装有多种软件的计算机

【答案】C。

2. 下列选项中不属于多媒体技术特征的是（　　）。

A. 交互性　　　　B. 实时性　　　　C. 不变性　　　　D. 趣味性

【答案】CD。

3. 多媒体技术的研究

多媒体技术研究的内容：多媒体信息的压缩与编码、多媒体信息的特性与建模、多媒体信息的组织与管理、多媒体信息的表现与交互、多媒体通信与分布处理、虚拟现实技术、多媒体技术的标准化、多媒体应用的研究与开发。

多媒体技术研究的主要方向：多媒体数据的表示技术、多媒体数据的存储技术、多媒体的应用开发、多媒体创作和编辑工具的研究开发。

4. 多媒体计算机系统的组成

（1）多媒体计算机硬件系统

包括主机、内存储器、软盘驱动器、硬盘驱动器、光盘驱动器、显示器、网卡、音频信息处理硬件、视频信息处理硬件。

（2）多媒体计算机软件系统

多媒体系统软件：多媒体驱动软件和接口程序、多媒体操作系统。

多媒体工具：多媒体编辑工具和多媒体创作工具。

多媒体应用软件。

5. 音频处理

音频卡又称声卡，是处理音频信号的硬件，包括：实现录音和放音的部件、支持乐器合成的 MIDI 合成器（决定声卡音质的关键部件）、连接声音设备的各种端口。音频信号的处理过程如图 8-1 所示。

模拟信号——→ 采样 ——→ 量化 ——→ 编码 ——→数字信号

图 8-1　音频信号的处理过程

声卡的功能：录制和编辑音频文件（voc、wav、au）；合成和播放音频文件；压缩和解压缩音频文件（ADPCM、ACM）；具有 MIDI 设备和 CD 驱动器的连接功能。

每秒钟存储声音容量的公式为

采样频率（单位为 Hz）× 采样精度（单位为 bit）× 声道数/8 = 字节数

例如：用 44.10kHz 的采样频率，16 位的精度存储，录制 1s 的立体声节目，其 WAV 文件所需的存储量为

$$44100 \times 16 \times 2/8B = 176400B$$

6. 视频处理

视频卡分类：视频叠加卡、视频捕捉卡、电视编码卡、MPEG 卡、TV 卡。

数码摄像机的性能指标如下：

1）分辨率：分辨率越高，所拍图像的质量也越高。

2）颜色深度：对色彩的分辨率，现在一般都可以达到 24 位，生成真彩色的图像。

3）存储介质：闪速存储器。

4）数据输出方式：输出接口为串行口、USB 接口或 IEEE 1394 接口。

5）连续拍摄。

7. 图像处理

1）位图图像：图像是指由输入设备捕捉的实际场景画面，或以数字化形式存储的任意画面。由像素点阵构成位图。缩放时会丢失细节产生锯齿而失真。存储格式有多种，如 BMP、WMF、PCX、TIF、TGA、GIF（动画）与 JPG 等。

2）图形：一般指用计算机绘制的画面，如直线、圆、矩形、任意曲线和图表等。可缩放，不会失真的矢量图。如微机上常用的图形文件有".3DS"（用于 3D 造型），".DXF"（用于 CAD），".WMF"（用于桌面出版）等。

图像文件的分辨率和像素位的颜色深度决定了图像文件的大小，计算图像存储大小公式为

$$列数 \times 行数 \times 像素的颜色深度/8 = 字节数$$

例如：分辨率为 640×480 像素的真彩色屏幕的帧存储器的容量是

$$640 \times 480 \times 24/8B = 921600B$$

又如：分辨率 640×480 像素的 256 色屏幕的帧存储器的容量是

$$640 \times 480 \times 8/8B = 307200B$$

『经典例题解析』

下列选项中属于动画制作软件的是（　　　）。

A. Goldwave　　　　B. MIDI　　　　C. Flash　　　　D. Maya

【答案】CD。

8. 流媒体技术

流媒体：指在数据网络上按时间先后次序传输和播放的连续音/视频数据流。

流媒体数据的特点：连续性、实时性、时序性。

流媒体传输技术：顺序流式传输、实时流式传输。

流媒体的应用主要有：视频点播（VOD）、视频广播、视频监视、视频会议、远程教学、交互式游戏等。

『经典例题解析』

1. 视频会议是基于流媒体技术的应用。（　　　）

A. 正确　　　　B. 错误

【答案】A。

2. 流媒体数据流具有三个特点：连续性（Continuous）、实时性（Real-time）、_____。

【答案】时序性

9. 多媒体技术的应用

多媒体技术的应用场合有：教育与培训、办公自动化、电子出版、影视创作、旅游与地图、家庭应用、商业、新闻出版、电视会议、广告宣传等。

10. 虚拟现实技术

虚拟现实技术：也称灵境技术或人工环境，是一种创建和体验虚拟世界的计算机系统。

主要特点：①操作者能够真正进入一个由计算机生成的交互式三维虚拟环境中，与之产生互动，进行交流；②沉浸/临场感和实时交互性是虚拟现实的实质性特征，对时空环境的现实构想是虚拟现实的最终目的。

网络、多媒体、虚拟现实技术被称为 21 世纪最具应用前景的三大技术。

分类：桌面式虚拟现实系统、沉浸式虚拟现实系统、增强式虚拟现实系统、分布式虚拟现实系统。

组成：输入部分、输出部分、虚拟环境数据库、虚拟现实软件。

应用：远程教育、工程技术、建筑、电子商务、交互式娱乐、远程医疗、大规模军事训练。

习 题

一、单项选择题

1. 图像编码、文字编码和声音编码属于（　　　）。

A. 感觉媒体 　　　　 B. 表示媒体 　　　　 C. 表现媒体 　　　　 D. 存储媒体

2. 以下各类媒体之中属于传输媒体的是（　　　）。

A. 光缆 　　　　 B. 喇叭 　　　　 C. 话筒 　　　　 D. 磁盘

3. 在数据网络上按照时间先后次序传输和播放的连续的音频、视频数据流服务叫作（　　　）。

A. 视频点播 　　　　 B. 流媒体 　　　　 C. 网络音乐 　　　　 D. 文件传输

4. 以下各类媒体之中属于感觉媒体的是（　　　）。

A. 文本编码 　　　　 B. 声音 　　　　 C. 扫描仪 　　　　 D. 双绞线

5. 多媒体和电视、报纸、杂志具有的相同功能是（　　　）。

A. 信息交流和传播 　　　　　　　　　 B. 人机交互

C. 以数字的形式传播 　　　　　　　　 D. 传播信息的媒体种类多

6. 在计算机辅助教学中，最能体现多媒体的（　　　）这一特性。

A. 交互性 　　　　 B. 智能性 　　　　 C. 集成性 　　　　 D. 多样性

7. MMM 属于以下选项中（　　　）文件的格式。

A. 文本 　　　　 B. 图像 　　　　 C. 动画 　　　　 D. 视频

8. 多媒体的（　　　）这一特性满足了人的感官对多媒体信息的需求。

A. 多样性 　　　　 B. 交互性 　　　　 C. 集成性 　　　　 D. 实时性

9. 多媒体的（　　　）为用户提供了更加有效的控制和使用信息的手段和方法。

A. 集成性 　　　　 B. 多样性 　　　　 C. 交互性 　　　　 D. 实时性

10. MOV 和 AVI 属于以下选项中（　　　）文件的格式。

A. 视频　　　　　　　B. 声音　　　　　　　C. 图像　　　　　　　D. 动画

11. 多媒体计算机的软件系统由多媒体系统软件、多媒体工具和多媒体应用软件组成，下列软件属于多媒体应用软件的是（　　　）。

A. 媒体播放软件　　　　　　　　　　　　B. 多媒体操作系统

C. 多媒体驱动软件　　　　　　　　　　　D. 接口程序

12. DVD-RW 光盘的特点是（　　　）。

A. 只读　　　　　　　　　　　　　　　　B. 一次写，多次读

C. 可重写十万次以上　　　　　　　　　　D. 可重写几千次

13. CD-ROM 在存储方面（　　　）。

A. 能存储文字、声音和图像　　　　　　　B. 仅能存储图像

C. 仅能存储声音　　　　　　　　　　　　D. 仅能存储文字

14. 多媒体计算机软件系统的核心是（　　　）。

A. 多媒体创作软件　　　　　　　　　　　B. 多媒体操作系统

C. 多媒体应用软件　　　　　　　　　　　D. 多媒体驱动软件

15. 下列关于电子出版物的说法中，不正确的是（　　　）。

A. 检索信息迅速，能及时传播

B. 存储容量大，一张光盘可以存储几百本长篇小说

C. 具有评价和反馈功能

D. 媒体种类多，可以集成文本、图形、图像、动画、视频和音频等多媒体信息

16. 数码相机的性能指标不包括（　　　）。

A. 颜色深度　　　　B. 分辨率　　　　　　C. 存储介质　　　　　D. 采样频率

17. RCA 线缆包含了红色、白色、黄色三个接头，其中（　　　）代表视频线路。

A. 黄色　　　　　　　　　　　　　　　　B. 白色

C. 红色　　　　　　　　　　　　　　　　D. 没有正确答案

18. 以下选项中，不属于多媒体计算机应用软件的是（　　　）。

A. 多媒体教学课件　　　　　　　　　　　B. 多媒体模拟系统

C. 多媒体编辑与创作工具　　　　　　　　D. 多媒体演示系统

19. 声卡与 CD-ROM 的连接线是（　　　）。

A. 音频输入线　　　　B. IDE 接口　　　　C. 跳线　　　　　　　D. 电源线

20. 如果要把录音带上的模拟信号节目存入计算机，则需要使用的设备是（　　　）。

A. 声卡　　　　　　　B. 网卡　　　　　　　C. 显卡　　　　　　　D. 光驱

21. 下列采集的波形声音，（　　　）的质量最好。

A. 单声道、16 位量化、22.05kHz 采样频率

B. 双声道、16 位量化、44.1kHz 采样频率

C. 双声道、8 位量化、44.1kHz 采样频率

D. 单声道、8 位量化、22.05kHz 采样频率

22. （　　　）适用于互联网上的图像传输，常在广告设计中作为图像素材，在存储容量有限的条件下进行携带和传输。

A. JPEG 格式　　　　B. PNG 格式　　　　　C. GIF 格式　　　　　D. BMP 格式

23. （　　　）标准采用基于模型的编码、分形编码等方法，获得了极低码率的压缩效果，涉及的应用范围覆盖了有线、无线、移动通信、Internet 以及数字存储回放等各个领域。

A. MPEG-4　　　　　B. MPEG-1　　　　　C. MPEG-2　　　　　D. MPEG-3

24. 一般说来，量化位数越多和采样频率越高，则声音的质量（　　　）。

A. 越差　　　　　　　　　　　　　　　　B. 越高

C. 不确定　　　　　　　　　　　　　D. 声音质量与量化位数和采样频率无关

25. 下列选项中，（　　）不属于流媒体数据流的特点。

A. 交互性　　　　　B. 实时性　　　　　C. 连续性　　　　　D. 时序性

26. 连续的图像变化每秒超过（　　）画面时，被称为视频；而低于此值时则叫作动画。

A. 20 帧　　　　　B. 25 帧　　　　　C. 30 帧　　　　　D. 24 帧

27. 下列文件格式特别适合于动画制作的是（　　）。

A. GIF　　　　　B. JPEG　　　　　C. PNG　　　　　D. BMP

28. 分辨率是影响图像质量的重要参数，它基本分为三类，其中不包括（　　）。

A. 颜色分辨率　　　　　　　　　　　B. 像素分辨率

C. 图像分辨率　　　　　　　　　　　D. 显示分辨率

29. （　　）文件不能直接复制到硬盘上播放，需要使用音频抓轨软件进行格式转换。

A. WMA　　　　　B. CDA　　　　　C. MP3　　　　　D. WAV

30. 下列说法正确的是（　　）。

A. 无损压缩不会减少信息量，可以原样恢复原始数据

B. 无损压缩可以减少冗余，但不能原样恢复原始数据

C. 无损压缩也有一定的信息量损失，但是人的感官觉察不到

D. 无损压缩的压缩比一般都比较大

二、多项选择题

1. 多媒体技术主要有以下哪些特征？（　　）

A. 数字化　　　　　B. 集成性　　　　　C. 多样性　　　　　D. 交互性

2. 多媒体中的媒体指的是（　　）。

A. 声音、文本　　　　B. 图形、图像　　　　C. 动画、视频　　　　D. 报纸、电视

3. 下列属于声音三要素的是（　　）。

A. 音调　　　　　B. 音色　　　　　C. 音律　　　　　D. 音强

4. 对于流媒体技术应用的优势，下列说法正确的是（　　）。

A. 减少服务器端的负荷，同时最大限度地节省带宽

B. 依赖于网络的传输条件、媒体文件的编码压缩效率

C. 流式传输大大地缩短了播放延时

D. 较少占用了用户的缓存容量

5. 虚拟现实中的场景模式综合了（　　）。

A. 全景模式　　　　B. 物体模式　　　　C. 三维模式　　　　D. 动画模式

6. 流媒体技术可以应用在以下（　　）几方面。

A. 视频会议　　　　B. 交通监控　　　　C. 远程教育　　　　D. Internet 直播

7. 虚拟现实系统主要由（　　）等组成。

A. 硬件系统　　　　　　　　　　　B. 软件系统

C. 输入/输出设备　　　　　　　　　D. 演示设备

8. 虚拟现实的基本特征包括（　　）。

A. 交互性　　　　　B. 感知性　　　　　C. 传递性　　　　　D. 感染性

9. 利用流媒体技术能从 Internet 上获取以下（　　）多媒体数据。

A. 文本　　　　　B. 音频　　　　　C. 视频　　　　　D. 图像

10. CCITT 把媒体分成五类，除表示媒体、表现媒体外，还有（　　）。

A. 感觉媒体　　　　B. 存储媒体　　　　C. 网络媒体

D. 传输媒体　　　　E. 视觉媒体

三、判断题

1. 表示媒体是为了加工、处理和传输感觉媒体而人为地研究、构造出来的一类媒体。（　　）

A. 正确　　　　　　　　B. 错误

2. 多媒体的集成性仅仅体现在多媒体信息方面的集成。（　　）

A. 正确　　　　　　　　B. 错误

3. 视频或影像是具有交互性的图像。（　　）

A. 正确　　　　　　　　B. 错误

4. 视频和动画实际上就是一回事，只是说法不同而已。（　　）

A. 正确　　　　　　　　B. 错误

5. 常用的音频压缩编码方法有 ADPCM 和 ACM 等，压缩比为 2∶1～5∶1。（　　）

A. 正确　　　　　　　　B. 错误

6. 光盘上的光道是螺旋形的而不是同心圆。（　　）

A. 正确　　　　　　　　B. 错误

7. DVD 盘与现在使用的 CD 盘相比，在形状、尺寸、面积、重量、存储密度方面都一样。（　　）

A. 正确　　　　　　　　B. 错误

8. 视频的播放只能通过软件来实现。（　　）

A. 正确　　　　　　　　B. 错误

9. 电子工具书和电子百科全书也属于多媒体应用软件。（　　）

A. 正确　　　　　　　　B. 错误

10. 一片 DVD 的存储容量可以高达 17GB，相当于 25 片 CD-ROM（650MB）的容量。（　　）

A. 正确　　　　　　　　B. 错误

11. cda 文件并不是真正地包含声音信息，而只包含声音索引信息。（　　）

A. 正确　　　　　　　　B. 错误

12. 图形和图像实际上就是一回事，只是说法不同而已。（　　）

A. 正确　　　　　　　　B. 错误

13. 对于灰度图像来说，颜色深度决定了该图像可以使用的亮度级别数目。（　　）

A. 正确　　　　　　　　B. 错误

14. 图像数字化就是把连续的空间位置和亮度离散化。（　　）

A. 正确　　　　　　　　B. 错误

15. 显示器属于表现媒体，而鼠标却不属于表现媒体。（　　）

A. 正确　　　　　　　　B. 错误

16. JPEG 标准适合于静止图像。（　　）

A. 正确　　　　　　　　B. 错误

17. 数码相机的感光器件是光耦合器（CCD）。（　　）

A. 正确　　　　　　　　B. 错误

18. 计算机对文件采用有损压缩，可以将文件压缩得更小，减少存储空间。（　　）

A. 正确　　　　　　　　B. 错误

19. 视频卡就是显卡。（　　）

A. 正确　　　　　　　　B. 错误

20. 动画是利用快速变换帧的内容而达到运动的效果。（　　）

A. 正确　　　　　　　　B. 错误

21. 显示器属于表现媒体，而鼠标却不属于表现媒体。（　　）

A. 正确　　　　　　　　B. 错误

22. 视频或影像是具有交互性的图像。（　　）

A. 正确　　　　　　　B. 错误

23. 视频的播放只能通过软件来实现。（　　）

A. 正确　　　　　　　B. 错误

24. 图形和图像实际上就是一回事，只是说法不同而已。（　　）

A. 正确　　　　　　　B. 错误

25. 多媒体作品的信息结构形式一般是超媒体结构，超媒体结构是一种网状结构。（　　）

A. 正确　　　　　　　B. 错误

26. 计算机只能加工数字信息，因此，所有的多媒体信息都必须转换成数字信息，再由计算机处理。（　　）

A. 正确　　　　　　　B. 错误

27. 媒体信息数字化以后，体积减小了，信息量也减少了。（　　）

A. 正确　　　　　　　B. 错误

28. 矢量图形适用于逼真照片或要求精细细节的图像。（　　）

A. 正确　　　　　　　B. 错误

29. 位图图像的分辨率是固定不变的。（　　）

A. 正确　　　　　　　B. 错误

30. 图像量化位数越大，记录图像中每个像素点的颜色种类就越多。（　　）

A. 正确　　　　　　　B. 错误

四、填空题

1. 数字化主要包括采样和_____两个方面。

2. 多媒体计算机技术是指运用计算机综合处理多媒体信息的技术，包括将多种信息建立_____逻辑连接，进而集成一个具有的系统。

3. 目前常用的压缩编码方法分为两类：无损压缩法和_____。

4. 构成位图图像的最基本单位是_____。

5. 按照信号在信道中的传输形式，可以将其分为两种：基带传输和_____传输。

6. 对声音采样时，数字化声音的质量主要受三个技术指标的影响，它们是声道数、量化位数和_____。

7. 便携式网络图像格式文件的扩展名是_____。

8. 影响图像文件数据量大小的主要因素是颜色质量和_____。

9. MIDI 的中文全称为_____。

10. 颜色的三要素是亮度、色调和_____。

参考答案

一、单选题

1	2	3	4	5	6	7	8	9	10
B	A	B	B	A	A	C	A	A	A
11	12	13	14	15	16	17	18	19	20
A	D	A	B	C	D	A	C	A	A
21	22	23	24	25	26	27	28	29	30
B	A	A	B	A	B	A	D	B	A

二、多项选择题

1	2	3	4	5	6	7	8	9	10
BCD	ABC	ABD	ACD	AB	ABCD	ABCD	AB	BCD	ABD

三、判断题

1	2	3	4	5	6	7	8	9	10
A	B	B	B	A	A	B	B	A	A
11	12	13	14	15	16	17	18	19	20
A	B	A	A	B	A	A	A	B	A
21	22	23	24	25	26	27	28	29	30
B	B	B	B	A	A	B	B	A	A

四、填空题

1. 量化　　2. 交互性　　3. 有损压缩法　　4. 像素　　5. 宽带

6. 采样频率　　7. png　　8. 分辨率　　9. 乐器数字接口　　10. 饱和度

第九章

信息安全

本章主要考点如下：

信息安全的基本知识，网络礼仪与道德。计算机犯罪、计算机病毒、黑客。常用的信息安全技术，防火墙的概念、类型、体系结构。Windows 7 操作系统安全，无线局域网安全，电子商务和电子政务安全。信息安全政策与法规。

 知识点分析

1. 信息安全面临的威胁

信息安全面临的威胁可以分为自然威胁和人为威胁。

自然威胁包括：自然灾害、恶劣的场地环境、电磁辐射和电磁干扰、网络设备自然老化等。

人为威胁包括：人为攻击、安全缺陷、软件漏洞。

人为攻击包括：偶然事故和恶意攻击。

恶意攻击包括：被动攻击和主动攻击。

被动攻击是指在不干扰网络信息系统正常工作的情况下，进行侦听、截获、窃取、破译和业务流量分析及电磁泄漏等。

主动攻击是指以各种方式有选择地破坏信息，如修改、删除、伪造、添加、重放、乱序、冒充、制造病毒等。

『经典例题解析』

1. 由于软件编程的复杂性和程序的多样性，在网络信息系统的软件中很容易有意或无意地留下一些不易被发现的（　　），它们同样会影响网络信息的安全。

A. 安全漏洞　　　　　B. 黑客　　　　　　C. 病毒检测功能　　D. 安全防范措施

【答案】A。

2. 软件与书籍一样，借来复制一下再归还就不会损害他人。（　　）

A. 正确　　　　　　　B. 错误

【答案】B。

3. 信息安全所面临的威胁来自于很多方面。这些威胁大致可分为（　　）。

A. 不可防范的　　　B. 可防范的　　　　　C. 自然威胁　　　　D. 人为威胁

【答案】CD。

4. 在网络信息安全中，（　　）是指以各种方式有选择的破坏信息。

A. 必然事故　　　　　B. 被动攻击　　　　C. 偶然事故　　　　D. 主动攻击

【答案】D。

5. 以下恶意攻击方式不属于主动攻击的是（　　　）。

A. 制造病毒　　　　B. 截获、窃取　　　C. 伪造、添加　　　D. 修改、删除

【答案】B。

2. 防火墙技术

防火墙：用于在企业内网和 Internet 之间实施安全策略的一个系统或一组系统。它决定网络内部服务中哪些可被外界访问，外界的哪些人可以访问哪些内部服务，同时还决定内部人员可以访问哪些外部服务。

『经典例题解析』

1. 防火墙（Firewall）是（　　　）。

A. 用于预防计算机被火灾烧毁　　　　B. 对计算机房采取的防火设施

C. 是 Internet（因特网）与 Intranet（内部网）之间所采取的一种安全措施

D. 用于解决计算机使用者的安全问题

【答案】C。

2. ＿＿＿＿＿＿＿＿＿是一种保护计算机网络安全的访问控制技术。它是一个用以阻止网络中的黑客访问某个机构网络的屏障，在网络边界上，通过建立起网络通信监控系统来隔离内部和外部网络，以阻挡外部网络的入侵。

【答案】防火墙。

3. 在企业内部网与外部网之间，用来检查网络请求分组是否合法，保护网络资源不被非法使用的技术是（　　　）。

A. 防病毒技术　　　B. 防火墙技术　　　C. 差错控制技术　　　D. 流量控制技术

【答案】B。

『你问我答』

问题一：防火墙将企业内部网与其他网络分隔开这句话对吗？

答：对。

问题二：防火墙能防止病毒入侵吗？

答：不能。

问题三：防火墙常用于 LAN 内部？还是 LAN 和 WAN 之间？还是 PC 和 WAN 之间？还是 PC 和 LAN 之间？

答：防火墙用于在企业内网和 Internet 之间。

3. 信息安全技术

信息安全技术主要有：密码技术、防火墙技术、虚拟专用网技术、病毒与防病毒技术。密码技术是信息安全与保密的核心和关键。

『经典例题解析』

1. 虚拟专用网是一种利用公用网络来构建的（　　　）。

A. 私有专用网站　　　B. 物理独立网络　　　C. 公用广域网络　　　D. 私有专用网络

【答案】D。

2. 国际标准化组织已明确将信息安全定义为信息的（　　　）。

A. 诊断性、同步性　　　　　　　B. 完整性、可用性

C. 保密性、可靠性　　　　　　　D. 确认性、可控性

【答案】BC。

【解析】根据国际标准化组织的定义，信息安全性的含义主要是指信息的完整性、可用性、保密性和可靠性。

3. 信息安全技术是基础保障，所以只需安装一个防火墙或一个 IDS。（　　）

A. 正确　　　　　　B. 错误

【答案】B。

4. 在设置帐户密码时，为了保证密码的安全性，要注意将密码设置为＿＿＿＿＿＿＿＿位以上的字母数字符号的混合组合。

【答案】8。

5. 加密算法和解密算法是在一组仅有合法用户知道的秘密信息的控制下进行的，该密码信息称为＿＿＿＿＿＿＿＿。

【答案】密钥。

【解析】加密算法和解密算法是在一组仅有合法用户知道的秘密信息的控制下进行的，该密码信息称为密钥，加密和解密过程中使用的密钥分别称为加密密钥和解密密钥。

6. 网络信息安全的技术特征中，（　　）是系统安全的最基本要求之一，是所有网络信息系统建设和运行的基本目标。

A. 运行速度　　　B. 运行质量　　　C. 稳定性　　　D. 可靠性

【答案】D。

『你问我答』

问题：在计算机网络安全领域中，发送方要发送的消息称为（　　）。

A. 原文　　　B. 正文　　　C. 明文　　　D. 密文

答：答案是 C。明文是待加密的字符序列；密文是加密后得到的字符序列。

4. 计算机犯罪

计算机犯罪是指行为人以计算机作为工具或以计算机资产作为攻击对象实施的严重危害社会的行为。

特点：犯罪智能化、犯罪手段隐蔽、跨国性、犯罪目的多样性、犯罪分子低龄化、犯罪后果严重。

手段：制造和传播计算机病毒、数据欺骗、特洛伊木马、意大利香肠战术、超级冲杀、活动天窗、逻辑炸弹、清理垃圾、数据泄漏、电子嗅探器。

『经典例题解析』

1. 一个完整的木马程序包含（　　）。

A. 网络线路　　　B. 服务器　　　C. 控制器　　　D. 网络节点

【答案】BC。

【解析】完整的木马程序一般由两个部分组成：一个是服务器程序，一个是控制器程序。

2. 以下 Internet 应用中违反《计算机信息系统安全保护条例》的是（　　）。

A. 侵入网站获取机密　　　　　　B. 参加网络远程教学

C. 通过电子邮件与朋友交流　　　D. 到 CCTV 网站看电视直播

【答案】A。

3.（　　）是用来约束网络从业人员的言行，指导他们思想的一整套道德规范。

A. 网站建设能力　　　　　　　　B. 计算机网络道德

C. 信息技术　　　　　　　　　　D. 软件系统开发能力

【答案】B。

4. 以下不属于计算机犯罪的手段的是（　　）。

A. 特洛伊木马　　　　　　　　　B. 数据欺骗

C. 电磁辐射和电磁干扰　　　　　D. 逻辑炸弹

【答案】C。

5. 黑客

黑客泛指那些专门利用计算机搞破坏或恶作剧的人。

按特征分类：恶作剧型、隐蔽攻击型、定时炸弹型、制造矛盾型、职业杀手型、窃密高手型、业余爱好型。

『经典例题解析』

网上"黑客"是指（　　）的人。

A. 总在晚上上网　　　　　　　　B. 匿名上网

C. 不花钱上网　　　　　　　　　D. 在网上私闯他人计算机系统

【答案】D。

6. 计算机病毒

计算机病毒是一组人为设计的程序。这些程序隐藏在计算机系统中，通过自我复制来传播，满足一定条件就被激活，从而给计算机造成一定损害甚至严重破坏。其特点为：1）可执行性；2）破坏性；3）传染性；4）潜伏性；5）针对性；6）衍生性；7）抗反病毒软件性。

也可以把病毒特点分为九大类：非授权可执行性、广泛传染性、潜伏性、可触发性、破坏性、衍生性、攻击的主动性、隐蔽性、寄生性。

计算机病毒的类型：引导区病毒、文件型病毒、混合型病毒、宏病毒。

预防病毒方法：1）防邮件病毒；2）防木马病毒；3）防恶意"好友"，通过 MSN、QQ 等即时通信软件或电子邮件传播。

『经典例题解析』

1. 计算机病毒是一种（　　）。

A. 特殊的计算机部件　　　　　　B. 特殊的生物病毒

C. 游戏软件　　　　　　　　　　D. 人为编制的特殊的计算机程序

【答案】D。

2. 多数情况下，由计算机病毒程序引起的问题会破坏（　　）。

A. 计算机硬件　　B. 文本文件　　C. 计算机网络　　D. 软件和数据

【答案】D。

3. 反病毒软件（　　）。

A. 只能检测清除已知病毒　　　　B. 可以让计算机用户永无后顾之忧

C. 可以检测清除所有病毒　　　　D. 自身不可能感染计算机病毒

【答案】A。

4. 不是计算机病毒的特征的是（　　）。

A. 传染性、隐蔽性　　　　　　　　B. 破坏性、可触发性

C. 破坏性、传染性　　　　　　　　D. 兼容性、自灭性

【答案】D。

5. 计算机病毒的特征包括（　　）。

A. 传染性　　　　B. 破坏性　　　　C. 隐蔽性　　　　D. 可触发性

【答案】ABCD。

6. 计算机病毒的特点包括（　　）、针对性、衍生性、抗病毒软件性等。

A. 可执行性、破坏性　　　　　　　B. 传染性、潜伏性

C. 自然生长　　　　　　　　　　　D. 单染道传播性

【答案】AB。

7. 计算机病毒也像人体中的有些病毒一样，在传播中发生变异。（　　）

A. 正确　　　　　B. 错误

【答案】B。

8. 木马不是病毒。（　　）

A. 正确　　　　　B. 错误

【答案】B。

9. 下列有关计算机病毒的说法正确的是（　　）。

A. 计算机病毒是人操作失误造成的　　B. 计算机病毒具有潜伏性

C. 计算机病毒是生物病毒传染的　　　D. 计算机病毒是一段程序

【答案】BD。

10. 计算机病毒是指（　　）。

A. 编制有错误的计算机程序　　　　B. 设计不完善的计算机程序

C. 计算机的程序已被破坏　　　　　D. 以危害系统为目的的特殊的计算机程序

【答案】D。

11. 计算机病毒是可以使整个计算机瘫痪，危害极大的（　　）。

A. 一种芯片　　　B. 一段特制程序　　C. 一种生物病毒　　D. 一条命令

【答案】B。

12. 计算机病毒重要的传播途径是（　　）。

A. 键盘　　　　　B. 打印机　　　　C. 计算机网络　　　D. 计算机配件

【答案】C。

13. 病毒清除是指（　　）。

A. 去医院看医生　　　　　　　　　B. 请专业人员清洁设备

C. 安装监控器监视计算机　　　　　D. 从内存、磁盘和文件中清除掉病毒

【答案】D。

14. 预防计算机病毒，应该从（　　）两方面进行，二者缺一不可。

A. 管理　　　　　B. 发现　　　　　C. 清除　　　　　D. 技术

【答案】AD。

15. 如果发现计算机感染了病毒，可采用（　　）两种方式立即进行清除。

A. 关闭计算机 　　　　　　　　　　B. 人工处理

C. 安装防火墙 　　　　　　　　　　D. 反病毒软件

【答案】BD。

习　题

一、单项选择题

1. 若按照密钥的类型划分，加密算法可以分为（　　　）两种。

A. 公开密钥加密算法和对称密钥加密算法

B. 公开密钥加密算法和算法分组密码

C. 序列密码和分组密码

D. 序列密码和公开密钥加密算法

2. 关于防火墙的描述不正确的是（　　　）。

A. 防火墙不能防止内部攻击

B. 如果一个公司信息安全制度不明确，拥有再好的防火墙也没有用

C. 防火墙可以防止伪装成外部信任主机的 IP 地址欺骗

D. 防火墙可以防止伪装成内部信任主机的 IP 地址欺骗

3. RSA 属于（　　　）。

A. 秘密密钥密码 　　　　　　　　　B. 公用密钥密码

C. 保密密钥密码 　　　　　　　　　D. 对称密钥密码

4. 防火墙是指（　　　）。

A. 一个特定软件 　　　　　　　　　B. 一个特定硬件

C. 执行访问控制策略的一组系统 　　D. 一批硬件的总称

5. 计算机病毒通常是（　　　）。

A. 一条命令 　　　　　　　　　　　B. 一个文件

C. 一个标记 　　　　　　　　　　　D. 一段程序代码

6. 在下列选项中，不属于计算机病毒特征的是（　　　）。

A. 潜伏性 　　　　　B. 传播性 　　　　　C. 免疫性 　　　　　D. 激发性

7. 关于入侵检测技术，下列哪一项描述是错误的？（　　　）

A. 入侵检测系统不对系统或网络造成任何影响

B. 审计数据或系统日志信息是入侵检测系统的一项主要信息来源

C. 入侵检测信息的统计分析有利于检测到未知的入侵和更为复杂的入侵

D. 基于网络的入侵检测系统无法检查加密的数据流

8. 入侵检测系统提供的基本服务功能包括（　　　）。

A. 异常检测和入侵检测 　　　　　　B. 入侵检测和攻击告警

B. 异常检测和攻击告警 　　　　　　D. 异常检测、入侵检测和攻击告警

9. SET 的含义是（　　　）。

A. 安全电子支付协议 　　　　　　　B. 安全数据交换协议

C. 安全电子邮件协议 　　　　　　　D. 安全套接层协议

10. CA 属于 ISO 安全体系结构中定义的（　　　）。

A. 认证交换机制 　　　　　　　　　B. 通信业务填充机制

C. 路由控制机制 　　　　　　　　　D. 公证机制

11. 防火墙是计算机网络安全中常用到的一种技术，它往往被用于（　　　）。

A. LAN 内部　　　　　　　　　　　　　B. LAN 和 WAN 之间

C. PC 和 WAN 之间　　　　　　　　　　D. PC 和 LAN 之间

12. （　　）是指非法篡改计算机输入、处理和输出过程中的数据，从而实现犯罪目的的手段。

A. 特洛伊木马　　　B. 电子嗅探　　　　C. 病毒　　　　　D. 数据欺骗

13. 电子商务和电子政务都以（　　）为运行平台。

A. Office 办公软件　　　　　　　　　　B. Linux 操作系统

C. 计算机网络　　　　　　　　　　　　D. Windows 操作系统

14. 电子政务的安全要从三个方面解决，即"一个基础，两根支柱"，其中的一个基础指的是（　　）

A. 法律制度　　　　B. 管理　　　　　　C. 人员　　　　　D. 技术

15. 电子政务主要指政府部门内部的数字办公，政府部门之间的信息共享和实时通信及（　　）三部分组成。

A. 政府部门访问 Internet 的管理

B. 政府部门通过网络与公众进行双向交流

C. 政府部门通过网络与国外政府进行双向交流

D. 政府部门内部的财务安全保证

16. 合法接受者从密文恢复出明文的过程称为（　　）。

A. 加密　　　　　　B. 解密　　　　　　C. 破译　　　　　D. 逆序

17. 计算机病毒不可以在计算机的（　　）中长期潜伏。

A. 移动磁盘　　　　B. 引导区　　　　　C. 内存　　　　　D. 硬盘

18. 计算机病毒由安装部分、（　　）、破坏部分组成。

A. 传染部分　　　　B. 计算部分　　　　C. 衍生部分　　　D. 加密部分

19. 加密算法和解密算法是在一组仅有合法用户知道的秘密信息的控制下进行的，该秘密信息称为（　　）。

A. 密码　　　　　　B. 密钥　　　　　　C. 编码　　　　　D. 破译

20. 密码学包含两个分支，即密码编码学和（　　）。

A. 密钥学　　　　　B. 密码分析学　　　C. 密码加密学　　D. 算法学

21. 数据库系统是计算机信息系统的核心部件，保证数据库系统的安全就是实现数据的保密性、完整性和（　　）。

A. 有效性　　　　　B. 实时性　　　　　C. 连续性　　　　D. 耦合程度

22. 为了防范黑客，我们不应该做的行为是（　　）。

A. 不随便打开来历不明的邮件　　　　　B. 安装杀毒软件并及时升级病毒库

C. 做好数据的备份　　　　　　　　　　D. 暴露自己的 IP 地址

23. 下列不属于影响网络安全的软件漏洞的是（　　）。

A. 陷门　　　　　　　　　　　　　　　B. 数据库安全漏洞

C. 网络连接设备的安全漏洞　　　　　　D. TCP/IP 的安全漏洞

24. 下面不是计算机病毒的破坏性的是（　　）。

A. 破坏或删除程序或数据文件　　　　　B. 让计算机操作人员生病

C. 干扰或破坏系统的运行　　　　　　　D. 占用系统资源

25. 以下（　　）不是网络防火墙的功能。

A. 防范不经由防火墙的攻击　　　　　　B. 封堵某些禁止的访问行为

C. 记录通过防火墙的信息内容和活动　　D. 管理进出网络的访问行为

26. 以下不是电子商务采用的安全技术的是（　　）。

A. 软件动态跟踪技术　　　　　　　　　B. 数字签名

C. 加密技术　　　　　　　　　　　　　D. 安全电子交易规范

27. 用数论构造的，安全性基于"大数分解和素性检测"理论的密码算法是（　　）。

A. IDEA 算法　　　　　B. RSA 算法　　　　　C. LOKI 算法　　　　　D. DES 算法

28. 在电子商务的安全技术中，实现对原始报文的鉴别和不可抵赖性是（　　）技术的特点。

A. 虚拟专用网　　　　B. 数字签名　　　　C. 认证中心　　　　D. 安全电子交易规范

29. 在使用屏蔽主机防火墙的情况下，（　　）是这种防火墙安全与否的关键。

A. 过滤路由器是否正确配置　　　　　　　B. 外部主机与堡垒主机是否相连

C. 是否存在代理服务　　　　　　　　　　D. 是否存在"非军事区"

30. 下列（　　）不属于影响网络安全的软件漏洞。

A. 网络连接设备的安全漏洞　　　　　　　B. TCP/IP 的安全漏洞

C. Windows 中的安全漏洞　　　　　　　　D. 数据库安全漏洞

31. 宏病毒一般寄居在（　　）上。

A. Office 文档　　　　B. . Exe 文件　　　　C. . COM 文件　　　　D. . Mac 文件

32. 以下属于信息安全所面临的自然威胁的有（　　）。

A. 网络系统的安全缺陷　　　　　　　　　B. 恶劣场地环境

C. 软件漏洞　　　　　　　　　　　　　　D. 网络拓扑结构隐患

33. 以下有关信息安全的说法中，不正确的是（　　）。

A. 信息安全技术主要有密码技术、防火墙技术、VPN 技术以及病毒与防病毒技术等

B. 合法接受者从密文恢复出明文的过程称为破译

C. 在通信过程中，发送方要发送的消息称为明文，明文被变换成表面无意义的信息后，称为密文

D. 密码学分为密码编码学和密码分析学

34. 有关计算机犯罪的特点，下列说法错误的是（　　）。

A. 以计算机作为犯罪工具的犯罪行为

B. 计算机犯罪的犯罪手段非常隐蔽，破案难度较大

C. 传播病毒不属于计算机犯罪

D. 以计算机资产作为攻击对象的犯罪行为

35. 为了保证数据在遭到破坏后能及时恢复，必须定期进行（　　）。

A. 数据维护　　　　B. 病毒检测　　　　C. 数据备份　　　　D. 数据加密

36. 以下有关病毒的说法错误的是（　　）。

A. 有的病毒具有潜伏性，只有触发条件满足了才表现症状

B. 感染了病毒的计算机就不能正常工作了

C. 计算机病毒是一组人为设计的软件

D. 病毒可能破坏硬件

37. 有关防火墙的说法，下列正确的是（　　）。

A. 防火墙可决定网内人员可以访问外部哪些服务，以及外界哪些人可以访问内部的哪些服务

B. 防火墙可以防止病毒入侵

C. 防火墙就是一种特殊的防病毒软件

D. 防火墙拒绝感染了病毒的软件及文件的传输

38. 目前，电子商务已经在人们的日常生活中发挥着越来越大的作用。为了保证电子商务的安全，下列（　　）安全技术没有使用在电子商务活动中。

A. 数字签名　　　　B. 认证中心（CA）　　　　C. 自动连接　　　　D. 安全套接层（SSL）协议

39. 在各种信息安全事故中，很大一部分是由人们的不良安全习惯造成的。下列选项属于良好的密码设置习惯的是（　　）。

A. 使用自己的生日作为密码

B. 在邮箱、微博、聊天工具中使用同一个密码

C. 使用好记的数字作为密码，如 123456

D. 使用 8 位以上包含数字、字母、符号的混合密码，并定期更换

40. （ ）是指行为人通过逐渐侵吞少量财产的方式来窃取大量财产的犯罪行为。

A. 电子嗅探器   B. 活动天窗

C. 意大利香肠战术   D. 传播计算机病毒

二、多项选择题

1. 计算机信息系统安全的三个相辅相成，互补互通的有机组成部分是（ ）。

A. 安全策略   B. 安全法规   C. 安全技术   D. 安全管理

2. 为了正确获得口令并对其进行妥善保护，应认真考虑的原则和方法有（ ）。

A. 口令/账号加密   B. 定期更换口令

C. 限制对口令文件的访问   D. 设置复杂的、具有一定位数的口令

3. 信息安全性要求可以分解为（ ）。

A. 可靠性   B. 保密性   C. 可用性   D. 完整性

4. 互联网上网服务营业场所经营单位和上网消费者不得进行（ ）危害信息网络安全的活动。

A. 在 BBS 上留言或利用 QQ 聊天

B. 故意制作或者传播计算机病毒以及其他破坏性程序

C. 非法侵入计算机信息系统或者破坏计算机信息系统功能、数据和应用程序

D. 法律、行政法规禁止的其他活动

5. 为解决好我国电子政务安全问题，国家信息化领导小组提出"一个基础，两个支柱"的概念，其中"两个支柱"是指（ ）。

A. 技术   B. 管理   C. 法律制度   D. 加强领导   E. 以人为本

6. 信息安全是一门以人为主，涉及（ ）的综合学科，同时还与个人道德意识等方面紧密相关。

A. 技术   B. 管理   C. 法律   D. 人文   E. 艺术

7. 以下（ ）是良好的安全习惯。

A. 定期更换密码

B. 为计算机安装防病毒软件和防火墙

C. 总是把重要信息打印出来存放

D. 查看发给自己的所有电子邮件，并回复

E. 经常把机器的硬盘卸下来存放

8. 关于预防计算机病毒，下面说法不正确的是（ ）。

A. 谨慎地使用公用软件或硬件

B. 对系统中的数据和文件定期进行备份

C. 预防病毒只能使用杀毒软件，不可以通过增加硬件设备来保护系统

D. 对机器中系统盘和文件等关键数据进行写保护

E. 不可以使用计算机病毒疫苗来预防病毒

9. 关于 Windows 7 操作系统，可以采取的安全策略有（ ）。

A. 使用个人防火墙   B. 把系统组件安装的更多、更全

C. 安装杀毒软件   D. 及时更新和安装系统补丁

E. 停止不必要的系统服务

10. 从管理角度来说，以下是预防和抑制计算机病毒传染的正确做法的是（ ）。

A. 对所有系统盘和文件等关键数据要进行写保护

B. 任何新使用的软件或硬件必须先检查

C. 对系统中的数据和文件要定期进行备份

D. 定期检测计算机上的磁盘和文件并及时清除病毒

11. 电子政务安全中普遍存在的安全隐患有（ ）。

A. 篡改信息　　　　B. 恶意破坏　　　　C. 冒名顶替　　　　D. 窃取信息

12. 防火墙的体系结构很多，目前流行的有（　　　）。

A. 线性防火墙　　　　　　　　　B. 屏蔽主机防火墙

C. 双宿网关防火墙　　　　　　　D. 屏蔽子网防火墙

13. 计算机病毒可以通过以下几种途径传播（　　　）。

A. 通过计算机网络　　　　　　　B. 通过移动存储设备

C. 通过不可移动的计算机硬件　　D. 通过点对点通信系统

14. 以下是常见计算机犯罪手段的有（　　　）。

A. 制造和传播计算机病毒　　　　B. 超级冲杀

C. 逻辑炸弹　　　　　　　　　　D. 特洛伊木马

15. 以下属于计算机犯罪的特点是（　　　）。

A. 犯罪智能化　　　B. 犯罪手段隐蔽　　　C. 跨国性　　　D. 犯罪分子低龄化

16. 与传统商务相比，电子商务的特点是（　　　）。

A. 电子商务没有风险

B. 借助于网络，电子商务能够提供快速、便捷、高效的交易方式

C. 电子商务是在公开环境下进行的交易，可以在全球范围内进行交易

D. 在电子商务中，电子数据的传递、编制、发送、接收都由精密的计算机程序完成，更加精确、可靠

17. 计算机病毒的类型包括以下（　　　）。

A. 引导区病毒　　　B. 文件型病毒　　　C. 宏病毒　　　　D. 混合型病毒

18. 计算机病毒的特点包括（　　　）。

A. 可执行性　　　B. 潜伏性　　　C. 遗传性　　　D. 传染性

19. 信息系统安全问题层出不穷的根源在于（　　　）

A. 病毒总是出现新的变种　　　　B. 风险评估总是不能发现全部的问题

C. 信息系统的复杂性和变化性　　D. 威胁来源的多样性和变化性

20. 保障帐号及口令安全，通常应当（　　　）

A. 使用尽量复杂的帐号　　　　　B. 使用尽量复杂的口令

C. 修改默认的管理帐号名称　　　D. 设置定期修改口令及错误尝试次数

三、判断题

1. 计算机病毒对计算机网络系统威胁不大。（　　　）

A. 正确　　　　　B. 错误

2. 黑客攻击是属于人为的攻击行为。（　　　）

A. 正确　　　　　B. 错误

3. 信息根据敏感程度一般可为成非保密的、内部使用的、保密的、绝密的几类。（　　　）

A. 正确　　　　　B. 错误

4. 防止发送数据方发送数据后否认自己发送过的数据是一种抗抵赖性的形式。（　　　）

A. 正确　　　　　B. 错误

5. 密钥是用来加密、解密的一些特殊的信息。（　　　）

A. 正确　　　　　B. 错误

6. 在非对称密钥密码体制中，发信方与收信方使用不同的密钥。（　　　）

A. 正确　　　　　B. 错误

7. 数据加密可以采用软件和硬件方式加密。（　　　）

A. 正确　　　　　B. 错误

8. 加强网络道德建设，有利于加快信息安全立法的进程。（　　　）

A. 正确　　　　　B. 错误

9. 在密码学中，加密算法和解密算法必须是可逆的、对称的。（　　）
A. 正确　　　　　　B. 错误

10. 电子政务的安全建设中，管理的作用至关重要，重点在于人和策略的管理。（　　）
A. 正确　　　　　　B. 错误

11. 被动攻击因不对传输的信息做任何修改，因而是难以检测的，所以抗击这种攻击的重点在于预防而非检测。（　　）
A. 正确　　　　　　B. 错误

12. 防火墙可以阻止感染了病毒的软件或文件的传输。（　　）
A. 正确　　　　　　B. 错误

13. 计算机犯罪造成的犯罪后果并不严重，所以我们不需要太在意这种犯罪形式。（　　）
A. 正确　　　　　　B. 错误

14. 双钥加密算法的特点是加、解密速度快。（　　）
A. 正确　　　　　　B. 错误

15. 特洛伊木马是在计算机中隐藏地作案的计算机程序，在计算机仍能完成原有任务的前提下，执行非授权的功能。（　　）
A. 正确　　　　　　B. 错误

16. 我国至今为止没有推出与计算机信息系统安全相关的法律法规。（　　）
A. 正确　　　　　　B. 错误

17. 电子政务的安全建设中，管理的作用至关重要，重点在于人和策略的管理。（　　）
A. 正确　　　　　　B. 错误

18. 数据欺骗是指非法篡改计算机的输入、处理和输出过程中数据或者输入假数据，从而实现犯罪目的的一种高科技手段。（　　）
A. 正确　　　　　　B. 错误

19. 计算机犯罪主体多为具有专业知识、技术熟练且掌握系统核心机密的人。（　　）
A. 正确　　　　　　B. 错误

20. 系统安全主要指保护信息系统，使其没有危险、不受威胁、不出事故地运行。（　　）
A. 正确　　　　　　B. 错误

四、填空题

1. 信息系统安全的四个特性是保密性、完整性、可用性和_____。

2. 身份认证和消息认证存在差别，身份认证只证实主体的真实身份与其所称的身份是否符合，消息认证要证实消息的真实性和完整性，消息的顺序性和时间性。实现身份认证的有效途径是_____。

3. 防火墙的结构主要有_____、双宿网关防火墙、屏蔽主机防火墙和屏蔽子网防火墙。

4. 在密码学中，我们通常将源信息称为明文，将加密后的信息称为密文。这个变换处理过程称为加密过程，它的逆过程称为_____。

5. 信息安全受到的威胁有人为因素的威胁和非人为因素威胁，非人为因素的威胁包括_____、系统故障和技术缺陷。

6. 密码学是一门关于信息加密和密文破译的科学，包括密码编码学和_____两门分支。

7. _____是指在公共网络中建立专用网络，数据通过安全的"加密通道"在公共网络中传播。

8. _____是指国家机关在政务活动中，全面应用现代信息技术、网络技术以及办公自动化技术等进行办公、管理和为社会提供公共服务的一种全新的管理模式。

9. _____就是在信息活动领域中，利用计算机信息系统或计算机信息知识作为手段，或者针对计算机信息系统，对国家、团体或个人造成危害，依据法律规定，应当予以刑罚处罚的行为。

10. Office 中的 Word、Excel、PowerPoint 等很容易感染_____病毒。

11. 在计算机网络安全领域，非授权者试图从密文中分析出明文的过程称为_____。

12. _____一般指网络拓扑结构的隐患和网络硬件的安全缺陷。

13. 为了提高 IE 的安全性，IE 中的安全级别一般设为_____。

14. _____问题是电子政务的首要问题。

15. 按照防火墙保护网络使用方法的不同，防火墙分为三种类型：_____、应用层防火墙和链路层防火墙。

 参考答案

一、单选题

1	2	3	4	5	6	7	8	9	10
A	C	B	C	D	C	A	D	B	D
11	12	13	14	15	16	17	18	19	20
B	D	C	A	B	B	C	A	B	B
21	22	23	24	25	26	27	28	29	30
A	D	C	B	A	A	B	B	A	A
31	32	33	34	35	36	37	38	39	40
A	B	B	C	C	C	A	C	D	C

二、多项选择题

1	2	3	4	5	6	7	8	9	10
ABD	ABCD	ABCD	BCD	AB	ABC	AB	CE	ACDE	ABCD
11	12	13	14	15	16	17	18	19	20
ABCD	BCD	ABCD	ABCD	ABCD	BCD	ABCD	ABD	CD	BCD

三、判断题

1	2	3	4	5	6	7	8	9	10
B	A	B	A	A	A	A	A	B	A
11	12	13	14	15	16	17	18	19	20
A	B	B	B	A	A	A	A	A	A

四、填空题

1. 可靠性 2. 数字签名 3. 包过滤防火墙 4. 解密过程 5. 自然灾害

6. 密码分析学 7. VPN 8. 电子政务 9. 计算机犯罪 10. 宏

11. 破译 12. 结构隐患 13. 中 14. 安全性 15. 网络层防火墙

山东省 2018 年普通高等教育专升本
计算机（公共课）考试要求

一、指导思想

本考试要求依据《中国高等院校计算机基础教育课程体系 2008》和教育部高等学校计算机科学与技术教学指导委员会编制的《关于进一步加强高等学校计算机基础教学的意见暨计算机基础课程教学基本要求（试行）》及山东省教育厅《关于加强普通高校计算机基础教学的意见》，根据当前山东省高校计算机公共基础课程教学的实际情况而制订；旨在考查考生使用计算机解决实际问题的意识、考生的计算思维和计算机应用能力。

二、总体要求

要求考生达到新时期计算机文化的基础层次：

（一）具备信息技术和计算机文化的基础知识，了解计算机系统的组成和各组成部分的功能。

（二）了解操作系统的基本知识，掌握 Windows 7 的基本操作和应用，熟练掌握信息采集、信息存储、信息传输和信息处理的常用方法。

（三）了解文字处理的基本知识，掌握 Word 2010 的基本操作和应用。

（四）了解电子表格软件的基本知识，掌握 Excel 2010 的基本操作和应用。

（五）了解演示文稿的基本知识，掌握 PowerPoint 2010 的基本操作和应用。

（六）了解数据库的基本知识及简单应用。

（七）了解计算机网络及 Internet 的初步知识，掌握 Internet 的简单运用。了解 HTML 的基本知识，会使用 Dreamweaver 制作网页。

（八）了解多媒体的基础知识，掌握常用多媒体软件的简单使用。

（九）了解网络信息安全的基本知识。

三、内容范围

（一）计算机基础知识

数据和信息，信息社会，信息技术，"计算机文化"的内涵等基本知识。计算机的概念、起源、发展、特点、类型、应用及其发展趋势。

有关进制的相关概念，二进制、八进制、十进制、十六进制之间的相互转换。数值、字符（西文、汉字）在计算机中的表示，数据的表示和存储单位（位、字节、字）。

计算机硬件系统的组成和功能：CPU、存储器（ROM、RAM）以及常用的输入输出设备的功能。计算机软件系统的组成：系统软件和应用软件，程序设计语言（机器语言、汇编语言、高级语言）及语言处理程序的概念。微型计算机硬件配置及常见硬件设备。

（二）操作系统

操作系统的概念、功能、特征及分类，Windows 7 的基本知识及基本操作，桌面及桌面操作，窗口的组成，对话框和控件的使用，剪贴板的基本操作。

文件及文件夹管理：文件和文件夹的概念、命名规则，掌握"计算机"和"资源管理器"的操作，文件和文件夹的创建、移动、复制、删除及恢复（回收站操作）、重命名、查找和属性设置、快捷方式的创建、文件的压缩等，库操作。

Windows 7 中控制面板的操作：设置时钟、语言和区域，声音设置，打印机设置，设备管理器的使用，程序的添加和卸载，管理用户和用户组。

Windows 7 的系统维护与性能优化：磁盘的格式化、磁盘的清理、磁盘的碎片整理，磁盘的检查和备份，文件的备份和还原，使用 Windows 组策略增强系统安全防护。

Windows 7 中实用程序的使用："记事本""写字板""画图""截图工具""录音机""计算器""数学输入面板"等。

（三）字处理软件

Office 2010 的基本知识：Office 2010 版本及常用组件，典型字处理软件，Office 2010 应用程序的启动与退出，Office 2010 应用程序界面结构，Backstage 视图，Office 2010 界面的个性定制，Office 2010 应用程序文档的保存、打开，Office 2010 应用程序帮助的使用。

Word 2010 的主要功能，文档视图，文本及符号的录入和编辑操作，文本的查找与替换，撤消与恢复，文档校对。

字符格式、段落格式的基本操作，项目符号和编号的使用，分节、分页和分栏，设置页眉、页脚和页码、边框和底纹，样式的定义和使用，版面设置。

Word 2010 表格操作：表格的创建、表格编辑、表格的格式化，表格中数据的输入与编辑，文字与表格的转换；表格计算。

图文混排：屏幕截图，插入和编辑剪贴画、图片、艺术字、形状、数学公式、文本框等，插入 SmartArt 图形。

文档的保护与打印，邮件合并，插入目录，审阅与修订文档。

（四）电子表格系统

Excel 2010 的窗口组成，工作簿和工作表的基本概念，单元格和单元格区域的概念，工作簿的新建、打开、保存、关闭。

工作表的插入、删除、复制、移动、重命名和隐藏等基本操作，行、列的插入与删除，行、列的锁定和隐藏。单元格区域的选择，各种类型数据的输入、编辑及数据填充功能的使用。

绝对引用、相对引用和三维地址引用，工作表中公式的输入与常用函数的简单使用，批注的使用。

工作表格式化及数据格式化，调整单元格的行高和列宽，自动套用格式和条件格式的使用。

数据清单的概念，记录的排序、筛选、分类汇总、合并计算，数据透视表，获取外部数据，模拟分析。

图表的创建和编辑，迷你图，页面设置及分页符使用，表格打印。

（五）演示文稿软件

演示文稿的创建、打开、保存及演示文稿的视图。

幻灯片及幻灯片页面内容的编辑操作，创建 SmartArt 图形。

幻灯片页面外观的修饰，幻灯片上内容的动画效果，超级链接和动作设置，幻灯片切换，排练计时。

播放和打印演示文稿，演示文稿的打包，将演示文稿转换为直接放映格式，广播幻灯片，演示文稿的网上发布。

（六）数据库管理系统与 Access 2010

有关数据库的基本概念，数据管理技术的发展，数据库系统的组成，数据模型关系数据库的基本概念及关系运算。

数据库管理系统的概念及常见数据库管理系统，Access 2010 数据库对象，数据库的基本操作，表的概念和基本操作。SQL 基本语句的使用。

（七）计算机网络基础与网页设计

计算机网络的概念、发展趋势、组成、分类、功能，计算机网络新技术。

Internet 的起源及发展，接入 Internet 的常用方式，Internet 的 IP 地址及域名系统，WWW 的基本概念和工作原理，使用 IE，电子邮件服务。Internet 的其他服务：文件传输 FTP、远程登录 Telnet、即时通信、网络音乐、搜索引擎的使用、流媒体应用、网络视频及文档下载的方法。

网站与网页的概念，Web 服务器与浏览器，网页内容，动态网页和静态网页，常用网页制作工具，网页设计的相关计算机语言，HTML 的基本概念、常用 HTML 标记的意义和语法。

使用 Dreamweaver 创建与管理站点。使用 Dreamweaver 编辑网页：文字编辑及格式化，图像的插入与编辑，媒体对象的插入，创建超链接。使用 Dreamweaver 进行网页布局，创建表单页面，网页的发布。

（八）多媒体技术基础知识

多媒体技术的概念，多媒体技术的特点，多媒体技术中的媒体元素。多媒体计算机系统的组成。音频处理技术、图像处理技术和视频处理技术。虚拟现实和流媒体，多媒体技术的应用领域。

（九）信息安全

信息安全的基本知识，网络礼仪与道德。计算机犯罪、计算机病毒、黑客。常用的信息安全技术，防火墙的概念、类型、体系结构。Windows 7 操作系统安全，无线局域网安全，电子商务和电子政务安全。信息安全政策与法规。

四、考试形式与试卷结构

考试形式：采用闭卷、笔试形式。考试限定用时为 120min。

试卷结构：单项选择题、多项选择题、判断题和填空题，满分 100 分。

题　　型	分　　值
单项选择题 50 题	50 分
多项选择题 20 题	20 分
判断题 20 题	10 分
填空题 20 题	20 分

五、参考教材

《计算机文化基础》（高职高专版·第十版）中国石油大学出版社

《计算机文化基础实验教程》（高职高专版·第十版）中国石油大学出版社

《计算机文化基础》（高职高专版·第十一版）中国石油大学出版社

《计算机文化基础实验教程》（高职高专版·第十一版）中国石油大学出版社

参 考 文 献

［1］ 山东省教育厅. 计算机文化基础：高职高专版［M］. 10 版. 东营：中国石油大学出版社，2014.

［2］ 山东省教育厅. 计算机文化基础实验教程：高职高专版［M］. 10 版. 东营：中国石油大学出版社，2014.

［3］ 山东省教育厅. 计算机文化基础：高职高专版［M］. 11 版. 东营：中国石油大学出版社，2017.

［4］ 山东省教育厅. 计算机文化基础实验教程：高职高专版［M］. 11 版. 东营：中国石油大学出版社，2017.

［5］ 黄逸凡，黄建华. 计算机应用基础［M］. 长春：东北师范大学出版社，2016.

［6］ 雷正桥. 计算机文化基础习题与实训教程［M］. 北京：机械工业出版社，2015.

［7］ 靳敏. 计算机文化基础教程［M］. 北京：机械工业出版社，2016.